本书系国家社科基金青年项目"普京时代俄罗斯价值观教育研究"（编号：18CKS052；结项证书号：20232429）最终成果

当代俄罗斯价值观教育战略研究

雷蕾◎著

光明日报出版社

图书在版编目（CIP）数据

当代俄罗斯价值观教育战略研究 ／ 雷蕾著 . -- 北京：

光明日报出版社，2024.6. -- ISBN 978 - 7 - 5194 - 8047 - 9

Ⅰ. B821-4

中国国家版本馆 CIP 数据核字第 2024SG6424 号

当代俄罗斯价值观教育战略研究

DANGDAI ELUOSI JIAZHIGUAN JIAOYU ZHANLÜE YANJIU

著　者：雷　蕾

责任编辑：杜春荣　　　　　　　责任校对：房　蓉　乔宇佳

封面设计：中联华文　　　　　　责任印制：曹　净

出版发行：光明日报出版社

地　　址：北京市西城区永安路 106 号，100050

电　　话：010-63169890（咨询），010-63131930（邮购）

传　　真：010-63131930

网　　址：http：//book. gmw. cn

E - mail：gmrbcbs@ gmw. cn

法律顾问：北京市兰台律师事务所龚柳方律师

印　　刷：三河市华东印刷有限公司

装　　订：三河市华东印刷有限公司

本书如有破损、缺页、装订错误，请与本社联系调换，电话：010-63131930

开　　本：170mm×240mm

字　　数：260 千字　　　　　　印　　张：14. 5

版　　次：2024 年 6 月第 1 版　　印　　次：2024 年 6 月第 1 次印刷

书　　号：ISBN 978 - 7 - 5194 - 8047 - 9

定　　价：89. 00 元

序

当前，世界百年未有之大变局加速演进。变局之"变"不止于经济领域、政治领域，深刻的价值秩序变革以及伴随产生的价值冲突也同样悄然发生。从复杂的世界局势出发，面对"人类社会向何处去"这个重大的时代之问，各国政府对意识形态领域的关注已然上升到前所未有的历史新高度。其中，建构本国核心价值观以及面向社会成员实施价值观教育，更于当下突显其不可替代的价值和使命。这是因为，任何一个国家的核心价值观不仅投射出这一国家的自我理解、自我认识和自我建构，同时还引领所属社会的价值秩序，凝聚社会成员的价值共识，塑造民族的文化自信，以价值观教育凝聚价值共识、培育时代人才、维护国家安全成为当今世界各国共有的教育追问。

纵览世界教育图景，由于不同国家在意识形态、政治制度、基本国情等方面存在显著差异，自然地，价值观教育的目的之维、内容之域、方法之略也不尽相同，但价值观教育在巩固主流意识形态、塑造社会成员价值共识、促进社会稳定发展等方面具有目的的一致性，这也构成了开展中外价值观教育比较研究的重要前提基础。俄罗斯作为中国近邻和新时代全面战略协作伙伴，长久以来备受我国政界、学界和民众的关注；又因其特有的理性与浪漫交融交织的民族性格与文化基因，更是平添了一份揭开俄罗斯民族文化神秘面纱的学术憧憬。进入 21 世纪以来，伴随着社会转型与国家核心价值观重塑，俄罗斯价值观教育以国家意志显性地表现出来，并以"战略"的形态投射在教育领域，其本质更是对"回归"意识形态建构和教育话语权的集中表达。在意识形态领域，对俄罗斯民族传统文化的尊重和回归、弘扬具有保守主义倾向的传统价值观成为俄罗斯国家核心价值观建构的根本遵循；在教育领域，俄罗斯政府不再"放任"教育自主发展，而是回归权威，重拾教育话语权，全面制定和统筹实施价值观教育战略。

立足以文明交流互鉴推动人类命运共同体的战略高度，对话当代俄罗斯价值观教育的理论创新与实践范式，系统总结典型经验与失败教训，有助于深刻认识意识形态工作的极端重要性，客观把握价值观教育的普遍规律和特殊规律，进而为我国培育和践行社会主义核心价值观提供有益借鉴。同以往的同类研究相比，本研究侧重在三方面做出努力：一是在社会转型与文化转向中追踪俄罗斯国家核心价值观的演变历程；二是在理论维度做出探索性尝试，分析和研究当代俄罗斯教育科学领域的重要学派及其教育思想，寻找支撑价值观教育实践范式的理论基础；三是在实践维度搭建学校课程体系、校园文化建设和校外价值观教育的价值观教育战略实践场域，全方位考察俄罗斯价值观教育的特色模式与协同机制。

针对俄罗斯价值观教育的研究还有诸多问题需要进一步深化。本书所关注的几类问题，总体上聚焦了当前俄罗斯价值观教育领域的核心命题，努力呈现了俄罗斯学界的最新思想前沿，但仍具有可完善的空间。希望能够以此引发更多俄罗斯问题研究热爱者的思想共振和情感共鸣。

目　录
CONTENTS

绪 论

"人类社会发展的历史表明，对一个民族、一个国家来说，最持久、最深层的力量是全社会共同认可的核心价值观。核心价值观，承载着一个民族、一个国家的精神追求。"① 进入 21 世纪以来，世界大变局的调整呈现出一系列前所未有的新特征、新表现，世界各国越来越重视核心价值观的塑造、传播、培育和践行，并将其作为国家战略的核心环节和关键内容积极推进。与全球其他国家一样，俄罗斯于深刻变革的世界版图中，面临时代嬗变带来的机遇与挑战。在某种程度上，俄罗斯社会各领域面临的境遇是更为严峻和复杂的。客观产生的根本性变革不仅出现在作为社会发展基础的社会经济关系的结构内部，同时也发生在俄罗斯社会意识和个体意识、世界观和精神道德价值观等上层建筑领域的范式转换之中。② 作为一个处于转型阶段且"仅仅建立起公民社会骨架"的国家，俄罗斯要发展成为"一个文明国家存在下去"，就必然要"付出极其艰辛的努力"。③ 在此过程中，关于人的价值观塑造与道德发展问题、社会失范现象的消弭问题、教育与经济高质量发展的内在关系等问题，再次进入俄罗斯政府和公众视野，并以国家意志的形态投射在教育领域，集中体现为制定和实施价值观教育战略。总的来说，俄罗斯从国家顶层设计高度大力推行价值观教育战略的政府行为，在塑造合格公民、维护社会稳定、提升国家认同等方面发挥了巨大作用，对此我们应当予以关注、考察、思索与探究。

---

① 习近平. 青年要自觉践行社会主义核心价值观：在北京大学师生座谈会上的讲话［N］. 人民日报，2014-05-04.

② Филонов Г. Н. Воспитательный процесс. Методология и стратегия развития［M］. Москва：Издательство Институт семьи и воспитания，2012：1.

③ Послание Президента Федеральному Собранию［EB/OL］. Президент России，2000-07-08.

第一节 意识形态建构的理性审视：从"真空"转向核心价值观重塑

苏联解体后，占据社会 70 余年的共产主义意识形态宣告退出历史舞台，生发于本土的东正教传统价值观以及大量源自西方的社会思潮，在俄罗斯社会迅速完成了释放、融合、碰撞等一系列物质反应，发展成为过渡阶段社会民众的精神救赎。遗憾的是，此时充当俄罗斯社会精神救赎的价值理念缺乏统一标准，东方、西方、历史、现代、现实、虚拟等繁杂的价值要素相互交织，甚至以一种矛盾化的形式共存于俄罗斯社会，有俄罗斯学者将其称为"意识形态真空"，也有学者称其为"世界观的灾难"①。意识形态领域各种社会思潮的纷繁羁绊"影响俄罗斯公民社会，并对其自我认同发生作用"，"关于'什么是俄罗斯''我们是谁''俄罗斯人是谁'得到的答案，令人吃惊的不一致"②。

一直以来，围绕俄罗斯是否需要建构意识形态的问题存在"实体论"和"建构论"之争。持有"实体论"观点的一派坚持"去意识形态化"，认为俄罗斯的国家认同将会自动生成，无须人为构建。③ 然而，一段时间以来，统一价值理念的缺失带给俄罗斯社会的不仅是价值取向迷茫、精神道德滑坡、社会局势动荡等一系列并不理想的现实境遇，社会发展的诸多领域也逐渐呈现出了发展停滞或退后的不良现象，国家民主化道路的建设进度与质量也受到了严重影响，仅凭借"实体论"的认识已然无法破解俄罗斯社会面临的问题。对此，普京坚持"建构论"主张，果断聚焦了"社会统一的价值观和思想倾向"的建设命题，并在就任俄罗斯总统后发表的第一部《国情咨文》（2000 年）中明确指出："不就共同的目标达成一致，就不可能有社会的发展。这些目标不仅仅指物质方面的目标，精神和道德方面的目标也同样重要。"④

---

① Слободчиков В. И. Духовные проблемы человека в современном мире［J］. Педагогика，2008（9）：33-39.

② А. А. 尼基申科夫. 现代文明背景中俄罗斯国家和民族认同形态［J］. 中央社会主义学院学报，2020（1）：155-161.

③ 张昊琦. 思想之累：东西之争之于俄罗斯国家认同的意义［J］. 俄罗斯学刊，2016（5）：35-46.

④ Послание Президента Федеральному Собранию［EB/OL］. Президент России，2000-07-08.

　　建设"社会统一的价值观和思想倾向"需要跨越诸多障碍,其中之一就是如何处理好它与俄罗斯民主道路以及俄联邦现行宪法对"意识形态多样化"规定之间的关系。虽然俄罗斯在这一问题上受到不少来自西方国家的批判与指责,但是普京始终秉持强势态度,从不讳言自己的治国理念,并通过"统一俄罗斯党"的指导思想和理论构建持续公开发声。按照普京的理解,"一个社会,只有在它具有共同的道义方向体系时,只有在国内人民对祖国的语言、对自己独特的文化和独特的文化价值、对自己祖先的记忆、对我们祖国历史的每一页都抱有尊重的感情时,它才能提出和解决规模巨大的国家任务"①。

　　1999 年 12 月 30 日,时任俄罗斯总理的普京在著名政治文献《世纪之交的俄罗斯》中首次提出"俄罗斯新思想",拉开了俄罗斯意识形态建设序幕。普京提出的"俄罗斯新思想",是将"全人类共同的价值观与经过时间考验的俄罗斯传统价值观,尤其是与经过 20 世纪波澜壮阔的一百年考验的价值观有机地结合在一起"②,具体包括爱国主义、强国意识、国家观念和社会团结四部分内容。从本质上看,"俄罗斯新思想"是建立在"观照现实"基础上的"回归传统",突出强调了传统价值观念的当代意义,即强化具有深刻历史根源和文化底蕴的俄罗斯民族自古以来崇尚的传统价值观念,将其作为新时代全体社会成员的思想引领,既有利于规避意识形态领域仍然存在的争论议题,同时能够最大限度唤起俄罗斯民众广泛的思想共鸣。"俄罗斯新思想"提出后,作为第一要义的"爱国主义"得到迅速发展,成为 20 余年来俄罗斯政府在意识形态领域建设进程中高扬的一面旗帜。我们认为,"爱国主义"之所以能够发展成为在承认"意识形态多样性"的语境下仍可公开彰显的一种价值追求,是由其内蕴的强大民族文化根源决定的——既刻画出 18 世纪俄国启蒙主义者在探索祖国"好公民"教育理念进程中生成的"祖国之子"的思想痕迹,亦内蕴着"两个罗马倒下了,第三个罗马屹立不倒,而第四个罗马将不再有"③ 的"第三罗马"思想包含的救世情怀和大国意识,同时也鲜明地彰显出斯拉夫主义者始终坚持的"民族性"与"包容性"等文化基因。因而,对传统的继承与延续成为了"爱国主义"肩负时代使命的坚实文化支撑。以爱国价值观为核心的"俄罗斯新思想"表明了

---

① Послание Президента Федеральному Собранию［EB/OL］. Президент России, 2007-04-26.

② Владимир Путин. Россия на рубеже тысячелетия［N］. Независимая газета, 1999-12-30.

③ Тимошина Е. В. Теория《Третьего Рима》в сочинениях《Филофеева цикла》［J］. Правоведение, 2005（3）: 181-208.

俄罗斯国家发展的基本价值立场，由此也确立了普京强国战略和特色发展模式的重要思想基础。① 正如普京曾指出的："我们的人民所固有的爱国主义、文化传统以及共同的历史记忆使俄罗斯更加紧密地团结。"② "除爱国主义之外，我们没有也不能有任何其他的统一思想。这也是国家思想。"③

　　在将高扬爱国主义旗帜作为强化意识形态建设首要阵地的同时，俄罗斯政府不断挖掘、凝塑、宣传、弘扬俄罗斯民族具有保守主义价值取向的传统价值观，努力从本民族历史文化中寻找回应时代问题的答案，并持续将此类代表民族精神财富的价值理念注入俄罗斯社会。如果将"俄罗斯新思想"视为意识形态建设的序幕，那么这一重要事业取得里程碑式发展的标志是 2022 年 11 月 9 日《保护和巩固俄罗斯传统精神道德价值观的国家政策基础》的颁布。总统普京在这部文件中，首次以法律形式正式提出了俄罗斯国家核心价值观——俄罗斯传统精神道德价值观（традиционные российские духовно-нравственные ценности），简称"传统价值观"（традиционные ценности）。普京指出，世代相传的传统价值观是俄罗斯公民世界观得以形成的道德基础和准则，也是形成全体俄罗斯公民身份认同以及建设统一国家文化空间的重要基础，具体包括人的生命、尊严、人权和自由、爱国主义、公民意识、报效祖国和对国家命运的责任感、崇高的道德理想、纽带牢固的家庭、创造性劳动、精神优先物质、人道主义、仁慈、公正、集体主义、互相帮助和互相尊重、铭记并传承历史、俄罗斯民族团结。④ "俄罗斯传统精神道德价值观"的正式提出，意味着可代表俄罗斯社会最大价值公约数的价值观念已然在本阶段得以确定。作为俄罗斯政府建设社会统一思想倾向的标志性成果，"传统价值观"仍然表征了对具有保守主义色彩的俄罗斯传统价值文化的复归，为俄罗斯国家核心价值观建构历程增添了历史性的一笔重彩。

---

① 庞大鹏. 从"主权民主"到"普京主义"：普京的治国理念［J］. 世界知识，2019（3）：42-44.

② Послание Президента Федеральному Собранию［EB/OL］. Президент России，2007-04-26.

③ 普京：俄罗斯的国家思想就是爱国主义［EB/OL］. 新华网，2016-02-14.

④ Об утверждении Основ государственной политики по сохранению и укреплению традиционных российских духовно-нравственных ценностей［EB/OL］. Президент России，2022-11-09.

第二节 价值观教育实践的现实审察：战略统筹布局与一体化空间搭建

推动国家发展的思想倾向和精神力量已经初步确定，应如何将其普及宣传并最终转化为社会成员的普遍共识？我们看到，从意识形态序幕拉开之始，俄罗斯政府就从国家顶层设计高度研判形势、制定策略，做出迅速和及时的战略回应——以爱国主义教育体系搭建为起点，在全国范围内启动价值观教育战略系统工程。客观来看，俄罗斯政府逾越了 20 世纪 90 年代末社会经济危机对教育发展产生的阻碍，从"国家在很大程度上抛弃了教育，迫使教育自谋生路"的"内部封闭和自给自足状态"，实现了重新拾起教育领域主导权与话语权的重要跨步。在一定意义上，我们可将其视为一场由上而下的教育革命，从中深刻反映出俄罗斯政府为巩固意识形态领域阶段性建设成果并积极促其落地生根的强烈愿望，以及如何将国家意志从抽象化到现实化的实践智慧。事实上，这也是由教育与意识形态建设所具有的天然内在关系决定的，只不过与西方民主国家不同，俄罗斯选择做出更为"旗帜鲜明"的国家行为，通过实施价值观教育国家战略服务意识形态建设。

俄罗斯政府选择以"战略"统筹推动价值观教育的政府行为，集中凝结了国家发展与民族振兴的本质诉求，反映了国家明确的教育意图和价值观教育的基本立场。"战略"不同于一般的策略，是对所要实现目标的全方位规划，也正如我们研究所见，当代俄罗斯价值观教育战略首先体现为战略目标的明确性。俄罗斯政府在不同时期、不同阶段颁布的价值观教育相关政策，均从国家顶层设计高度规定了价值观教育的目标任务以及优先方向，且完全符合国家利益以及国家整体战略发展的根本要求。价值观教育领域采取的一系列整体性、前瞻性计划和策略也均服务于价值观教育，并在价值观教育战略目标的框架下落实和推进。其次体现为战略主体的权威性。俄罗斯政府已多次强调，决定当前价值观教育目标任务和内容的核心主体不是某一个社会个体，而是具有权威性、话语权且可代表国家意志的俄罗斯政府和国家权力机关，当然，政府同时也充分倡导价值观教育主体的合力协作。最后体现为教育战略具有可更订性。一般来说，价值观教育战略相对稳定，但并不是选定不变的。结合国家发展需要、核心价值观建设的现实样态，以及价值观教育战略目标完成的具体情况，俄罗斯价值观教育战略始终在阶段性的调整与完善中逐步趋向科学性与合理性。

从俄罗斯价值观教育战略的实施轨迹来看，确保"战略"得以顺利实施的一个重要支撑是政策保障。近些年来，俄罗斯政府颁布了一系列针对不同教育对象、不同教育内容的价值观教育相关政策，如面向少年儿童健康成长的国家纲要、面向青年群体的发展规划、针对爱国主义教育的国家专项纲要等，为俄罗斯教育改革、发展与进步提供了重要保障，也为俄罗斯价值观教育战略的统筹布局提供了坚实支撑，使价值观教育能够做到有法可依、有章可循和有域可践，这也深刻反映出俄罗斯政府积极推进价值观塑造和价值观教育战略的主动性与预先性。特别是2015年颁布的战略性政策——《2025年前俄罗斯联邦德育发展战略》，更进一步强化了价值观教育的"战略"定位，推动了价值观教育战略布局的全方位发展。通过对政策文本的研究不难发现，俄罗斯价值观教育相关政策一方面聚焦了价值构建，即通过"理想的价值符号"明确人应当以何种存在方式固定在社会共有的生存空间，以此促进达成价值共识，提升公民身份认同。另一方面聚焦了教育现实，即重点关注价值观教育领域理论与实践维度的高水平发展，进一步明确了教育领域主导权与话语权的"归属"问题以及价值观教育一体化发展格局的建构问题。客观来看，价值观教育领域的相关政策充分兼顾了国家需要与人才培养，集中考量了管理运行与财政支持，明确强化了跨地区跨部门的教育合力以及地区教育的均衡发展等问题，从根本上推动了价值观教育以国家需要为导向、有效实施"步调一致"的战略发展。

"战略"推动俄罗斯价值观教育发展的另一个优势体现为教育理论与教育实践的同步深耕。特别是近几年来，俄罗斯政府非常重视激励和推动教育科学领域科学学派的建设与发展，鼓励各学派在继承和超越本民族教育传统与育人理念的基础上，不断实现当代教育理论产出，以理论滋养、指导教育实践。其中，柳·伊·诺维科娃（Л. И. Новикова）院士创建的"青少年德育与社会化的系统论方法"科学学派（Системный подход к воспитанию и социализации детей и молодежи）、阿·维·穆德里克（А. В. Мудрик）教授创建的"社会化与德育"科学学派（Социализация и воспитание）、弗·瓦·拜卢克（В. В. Байлук）教授创建的"社会领域主体的自我实现"科学学派（Самореализация субъектов социальной сферы в современном социуме），以及米·尼·阿普列塔耶夫（М. Н. Аплетаев）院士创建的"道德活动中的个体教育与发展"科学学派（Воспитание и развитие личности в нравственной деятельности）发展迅速，上述学派提出的关于"德育系统""德育空间""精神维度、内部维度和外部维度的自我实现"等的思想观点，为当代俄罗斯价值观教育赋予了崭新的理论视域和实践基础，引导教育工作者基于系统论和跨学科的思维优势，理性审视、科学推动俄式价值观教育的本土化发展。

当代俄罗斯价值观教育的"战略"思维还体现在对实践领域的积极关照——搭建价值观教育文化一体化空间。从本质上看，一体化空间在俄罗斯教育领域是以"情境"的身份出场的，具有可创设性，确切地说是由多维社会主体协力创造并于其中积极发挥协同作用的教育情境（педагогические событиия）。①遵循这一教育理念，当代俄罗斯价值观教育跨越传统学校教育的固有边界，倡导基于主客体关系多元化以及主体价值观形成复杂性等问题的思考，② 建构价值观教育文化一体化空间，即运用整体思维将价值观教育和文化甚至同与之相关的更为宽泛的社会领域放置于一个统一的空间。人为设定的"空间"为价值观教育与文化提供了相互供给、相互作用的存在场域，在实践层面积极搭建与之匹配的教育模式，从系统性和一体化的立场对教育进行理论和实践层面的双重建构。"一体化"的定位，不仅规定了各个空间相互对话的基本方式，强调在保持各自领域自身独立属性基础上协同促进、共赢发展的存在原则，同时也有效规避了传统教育场域的单一与狭隘，延展了价值观教育的时空向度，同时也从资源配置层面优化了价值观教育的社会资源，拓宽了价值观教育的实践进路。柳·伊·诺维科娃院士认为，对社会成员而言，个体发展不仅受到学校的影响，学校周边的环境也是非常重要的影响因素。由于环境中存在诸多不良现象，且学校无法做到与之隔绝，因而有必要整合学校及其周边环境的德育潜力。当学校与周围环境能够按照一体化的方向协同发展，这些要素就构成统一的德育空间，其中的各主体相互促进、相互制约，共同服务于人的培养。这也正如我们所看到的，当前在俄罗斯政府的积极推动下，价值观教育一体化空间正在迅速完成从理念倡导到项目推动的实践转化，并已创造性地开发了一系列围绕价值观塑造和培育的教育文化合作项目，呈现出极富代表性的俄式价值观教育实践特色。

---

① Григорьев Д. В. Школьник как субъект воспитания：Модель становления и развития внутришкольного детского самоуправления ［J］. Классный руководитель, 2002（2）：10-15.
② 雷蕾，叶·弗·布蕾兹卡王琳娜. 普京时代俄罗斯核心价值观建构及价值观教育 ［J］.比较教育研究，2019（3）：3-9.

第三节　学术命题价值的客观审思：研究聚焦的合理性及其现实意义

从"战略"视角审视教育问题，意味着人们有意识地对教育现象开启了更为深刻与全面的关注、思考以及更富目标性的规划、探索与改造。本研究之所以用"战略"界定当代俄罗斯价值观教育实践活动，还基于研究者对俄罗斯价值观教育的前瞻性、长期性、整体性战略导向，一体化建构的价值观教育文化空间布局，以及价值观教育发生、运行和实践基本逻辑的综合考察。本研究以马克思主义为思想之舵，坚持自信自立的中华民族立场，坚守和美共进的中华文化立场，从加强意识形态建设和培养担当民族复兴大任时代新人的现实需要出发，以当代俄罗斯价值观教育战略为学术聚焦，自觉省思俄罗斯价值观教育战略的时代境遇与发展历程，力图全景式、整体式呈现其战略布局、经验策略与存在问题，进而获得理性反思与启示借鉴，从而回应我国价值观教育研究的理论关切，解决我国价值观教育实践发展的现实诉求。

研究的第一章重点聚焦当代俄罗斯价值观教育战略研究的前提性问题。一是厘清价值、价值观与价值观教育战略的内在规定，澄明作为研究对象的问题边界与关照领域。二是探索性地对当代俄罗斯国家核心价值观建构的发展历程进行三个阶段的分期，提出国家核心价值观建构的"三阶段发展说"——价值共识提出阶段、主权民主建构阶段、普京主义形成阶段，着重阐释俄罗斯意识形态领域的思想演进以及价值观教育的内容遵循。三是探寻孕育俄罗斯价值观教育战略的民族文化心理，重点对聚合性思想、弥赛亚精神、新欧亚主义思想进行追溯与分析，揭示俄罗斯核心价值观建构的民族文化基因。四是立足俄罗斯社会面临的现实境遇——社会转型与全球化，基于对俄罗斯意识形态领域、政治领域、文化领域、教育领域等多重维度社会"转向"的理性思考，探讨俄罗斯价值观教育战略布局的现实根源。

第二章主要研究当代俄罗斯价值观教育战略的理论基础与政策保障。一是梳理俄罗斯主流教育科学学派，重点阐述以"德育系统论"教育思想、"社会化与德育"教育理论、"社会领域主体的自我实现"教育理论和"道德活动中的个体教育与发展"教育理论为代表的俄罗斯前沿教育理论，着重分析上述理论对当代俄罗斯价值观教育合理性的理论支持。二是集中考察《2025 年前俄罗斯联邦德育发展战略》《2001—2005 年俄罗斯联邦公民爱国主义教育国家纲要》《2006—2010 年俄罗斯联邦公民爱国主义教育国家纲要》《2011—2015 年俄罗斯联邦公民爱国主义教育国家纲要》《2016—2020 年俄罗斯联邦公民爱国主义教育国家纲要》《2030 年前儿童补充教育发展构想》《2030 年前国家文化政策战略》等俄罗斯教育文化领域的国家政策，归纳总结俄罗斯价值观教育的目标任务、财政支持以及组织管理等情况，分析国家政策对价值观教育的战略引导与实践推动，从根本上把握当代俄罗斯价值观教育战略的国家顶层设计。

　　第三章至第五章集中聚焦当代俄罗斯价值观教育战略的实践运行。俄罗斯价值观教育战略是一个国家主导、全社会协同配合的系统工程。本部分立足学校课程体系、校园文化建设以及校外价值观教育三个典型维度，全方位探讨俄罗斯学校"专门课程—综合课程—活动课程"三位一体的系统化、开放式价值观教育课程体系，"价值引领、价值渗透、价值约束、价值体验"一体化校园文化育人模式，以及儿童补充教育机构、青年组织、文化场馆、大众传媒等社会力量基于"社会伙伴关系"协同育人机制的现实发展。本部分同时还注重价值观教育实践的生动叙事，依托俄罗斯价值观教育中最具代表性的提案类、体验式和搜寻类本土化教育项目，分析考察价值观教育特色项目对公民责任意识涵养、青年政治领袖培育与爱国主义精神提升等问题的理性回应。

　　第六章重点围绕当代俄罗斯价值观教育战略开展理性审思。基于文明交流互鉴的认识前提，将马克思主义的根本立场、自信自立的中华民族立场、和美共进的中华文化立场作为研究的思想之舵，理性辨析当代俄罗斯价值观教育战略的发生机理、运行机理和实践机理，在此基础上结合俄罗斯国情对价值观教育的局限性进行客观把握，进而反观我国价值观教育的现实发展，提出深刻认识意识形态工作的"极端重要性"、科学把握立德树人的普遍规律和特殊规律、实质搭建优化价值观教育的广阔时空场域、切实以优秀传统文化丰盈价值观教育实践的基本认识，实现域外经验的理性参照与本土化发展。

　　审思他国价值观教育是一项立足中国立场、彰显国际视野的科学研究工作，同时也是一项放眼世界、胸怀祖国，以我为主、为我所用的科学研究工作。党的十八大以来，以习近平同志为核心的党中央高度重视社会主义核心价值观在全社会的培育与践行，坚持用社会主义核心价值观铸魂育人，积累形成了一系列规律性认识和宝贵的成功经验，思想政治教育理论基础不断夯实，实践策略不断优化，党的思想政治教育工作不断迈向新高度。这些经过实践检验的思想政治教育的成熟经验体现了鲜明的中国特色和中国风格，其蕴含的深刻民族基因以及产生的教育成效，是我们在价值观教育领域理应保有的自信与底气，更是我们不断坚持以自信自立民族立场开展国际比较研究的现实根基。

　　进入 21 世纪，俄罗斯政府将价值观教育提高至国家战略高度，并将其作为国家治理现代化的关键领域积极推动建设，其中蕴含了深刻的社会发展诉求，也反映出俄罗斯政府统筹推动价值观教育的坚定决心。从"俄罗斯新思想"提出至今，俄罗斯价值观教育战略已经走过了 20 余年的发展历程，并从起初"自上而下"的国家助推式建设轨迹发展至多维主体联动协作的立体式结构布局。整体看来，俄罗斯价值观教育战略日渐成熟。国家层面，俄罗斯政府持续加强价值观教育战略的政策引领和制度保障，为价值观教育营造良好的生态环境；社会层面，社会主体秉持高度育人自觉并协同配合，逐渐构建了由文化机构、教育组织、非营利组织等社会力量合力搭建的价值观教育文化一体化空间；理论研究领域，俄罗斯学者笔耕不辍，试以对价值、价值观、价值观教育战略的理论和实践问题开展分析研究工作，并通过学术会议、圆桌会议、论坛等形式促进学术思想的交流与发展。上述这些宝贵的理论探索和实践推动，有效促进了当代俄罗斯价值观教育战略的现实发展。

　　当前，世界各国都置身于全球化语境之下，不同民族、不同国家的文化跨越地理边界相互影响、交融碰撞，文化的多元共存已然成为世界文化发展的典型趋势。中俄两国同处于社会发展关键期，加强意识形态领域建设，以价值观教育增强社会凝聚力和引领力、强化主导政治文化、培育新时代人才，是中俄两国适应国际国内形势并实现自身发展的必然要求。以"他国研究者"的身份探讨当代俄罗斯价值观教育战略也因此更具时代意义，既有助于在国家主导意识形态与价值观教育实践的互动关系中，着重探究价值观教育凝聚社会共识和稳定社会的功能，强化意识形态建设极端重要性的基本认识；也有助于在深入把握俄罗斯价值观教育的内在规定、理论基础、战略布局、运行机理、现实困境等研究问题中，进一步丰富我国对俄罗斯价值观教育战略逻辑主线与经验策略的本质理解，并以此为俄罗斯国内学者提供相对有效的反馈式研究思想与素材；同时也将有助于从比较研究视角认清中俄两国价值观教育重心的异同及各自实践特色，在实现"了解""比较""批判""借鉴"四个维度的预期价值中探索立德树人的普遍规律，服务我国价值观教育科学化水平的提升，并为促进我国价值观教育的民族化、时代化和本土化发展，提供建设性的理论启示和实践支持。

第一章

当代俄罗斯价值观教育战略概述

随着全球化时代的到来，世界各国对教育领域的关注、管理与规划已经上升到前所未有的历史新高度。其中，建构国家核心价值观以及面向社会成员实施价值观教育，更是在各国意识形态建设、国家安全维护以及国家文化软实力建设等领域，日益彰显出不可替代的价值和使命。这是因为，任何一个国家的核心价值观不仅投射出这一国家的自我理解、自我认识和自我建构，同时还引领所属社会的价值秩序，凝聚社会成员的价值共识，塑造民族的文化自信。①如何探索出一条契合本国民族文化心理、适合本国历史文化传统、符合国家现代化发展需求且具有鲜明时代特征的价值观教育之路，是当今世界各国共有的教育追问。

进入 21 世纪以来，俄罗斯政府重新审视"全盘西化"为俄罗斯带来的根本性变革，在客观分析国家发展困境及改革失败成因的基础上，冲破意识形态领域中各种社会思潮的纷繁羁绊，基于俄罗斯民族特有的精神道德价值观和文化传统，积极推动国家核心价值观建设，制定符合社会发展需要的价值观教育战略，努力实现提高青少年道德水平、提升社会凝聚力、强化国家文化认同、重振国家强国形象的战略目标。客观来看，在重返世界大国序列进程中，俄罗斯能够在短期内取得一系列建设成效，不仅凭借国家经济和军事实力的发展，价值观教育战略的制定与实施也同样发挥了极为重要的作用。

第一节　当代俄罗斯价值观教育战略的内涵解读

价值观教育的现象古已有之，并伴随着人类社会发展至今。从人类发展进程来看，每一个时代都进行着主流价值观念的再生产，价值观以及与之密切相关的价值观教育通常有极强的历史印迹与时代属性。人们试图通过价值观教育

---

① 雷蕾，叶·弗·布蕾兹卡王琳娜. 普京时代俄罗斯核心价值观建构及价值观教育 [J]. 比较教育研究，2019（3）：3-9.

帮助社会成员理解所在的世界、所处的社会，也通过价值观教育寻找"自我"以及对所属社会群体的归属感，进而不断凝塑一个民族、一个国家的精神气质。"凡一国之能立于世界，必有其国民独具之特质，上至道德法律，下至风俗习惯、文学艺术，皆有一种独立之精神。祖父传之，子孙继之，然后群乃结，国乃成。"① 秉持理论自觉的研究意识，厘清价值、价值观、价值观教育等概念的内在规定，澄明作为研究对象的问题边界与关照领域是研究当代俄罗斯价值观教育战略的重要前提。

一、价值与价值观

（一）价值

价值追求是人之为人的重要本质特征。在实践生活中，对真善美的自觉追求使人不断超越自我，不断努力接近更有意义和更有价值的生活。那么，何为价值？"价值"首先是一个经济学概念，指的是"体现在商品里的社会必要劳动"②。随着"价值"一词的使用范围不断扩大、使用时间不断演进，其概念解读与意义认知也逐渐从经济学领域转向更为广泛的人文社会科学领域。从理论层次来看，人们在现实中使用"价值"一词主要包括三种类型：一是政治经济学意义上的价值，特指劳动产品和商品的内在社会本质特征；二是在日常生活和一些社会学科中所说的价值，是指"有用"或功利效用，这是从狭义角度理解的使用价值；三是在哲学的最高抽象意义上所理解的"价值一般"，是对包括功利、道德、审美等在内的所有具体价值的共同概括，即考察它们的共性。③作为价值学和哲学的基本范畴，科学界定"价值"的内涵关涉一个重要问题，即价值是主观的还是客观的。总的来看，围绕价值本质的探讨集中体现为两类观点——"属性说"和"关系说"。其中，持有"属性说"观点的学者还存在"客体属性说"和"主体属性说"之分。

"客体属性说"认为价值是客观存在的，是价值客体固有的内在属性，对价值的判断并不依赖于评价主体。只要客体存在，那么其价值也相应存在。德国社会与伦理哲学家马克斯·舍勒（Max Scheler）认为，"我们能够在诸多事物中直接地确认价值的性质，如'可爱的''诱人的''美的'等。这些性质完全不

---

① 易鑫鼎. 梁启超选集：下卷 [M]. 北京：中国文联出版社，2006：593.
② 中国社会科学院语言研究所词典编辑室. 现代汉语词典：第7版 [M]. 北京：商务印书馆，2016：629.
③ 李德顺. 价值学大词典 [M]. 北京：中国人民大学出版社，1995：261.

依赖于我们的意见，而属于具有自己的依存法则和等级次序法则的价值世界"①。简而言之，"客体属性说"强调价值的"客观性"，"这种价值客观主义通常具有价值绝对主义倾向，认为世界上存在着某种终极价值，事物所具有的价值是这种终极价值的体现"②。不同于"客体属性说"的基本观点，"主体属性说"认为事物本身是不具有价值的，价值是由人所决定的。离开了人，事物的价值就会消逝。一般来说，这种观点被认为是主观主义的，是将价值看作"主体的人自身所固有的本性、意识、意志等本身"，是"把价值的实现和创造归结为人的内在潜质和意识的自我运动"。"这种主张往往只限于从肯定人的地位出发做出种种宣示或断言，并不对价值做进一步的科学界定"③，同时也否定了"纯粹客观、独立自存、永恒不变的终极价值"的存在④。

"关系说"主要强调的是在主体与客体之间相互作用而产生的特定关系的基础上理解"价值"。所谓"价值"，"是对主客体相互关系的一种主体性描述，它代表着客体主体化过程的性质和程度，即客体的存在、属性和合乎规律的变化与主体尺度相一致、相符合或相接近的性质和程度"⑤。"价值离不开客体，但是不能归结为客体；它也离不开主体，但也不能归结为主体。诚如马克思所说，是从人们对待满足他们需要的外界物的关系中产生的。价值是主体和客体之间的一种基本关系。"⑥ 李德顺教授在吸收"关系说"成果的基础上，立足人的世界本身，进一步提出了"实践说"的主张。作为新型价值学说，"实践说"首先承认价值是一种关系现象，进而在此基础上指出"价值的客观基础，是人类生命活动即社会实践所特有的对象性关系——主客体关系，价值是这种关系的基本内容和要素；价值产生于人按照自己的尺度去认识世界改造世界的现实活动；价值的本质，是客体属性同人的主体尺度之间的一种统一，是'世界对人的意义'"⑦。"实践说"的提出赋予了解读"价值"的又一视角，即在认识人类特有的存在方式和活动特征的基础上理解价值。

在当代俄罗斯人文社会科学领域，不同学科基于自身特有的理论视角也对"价值"提出了本学科的概念界定。在教育学领域，"价值"（ценность）通常

---

① 施太格缪勒. 当代哲学主流［M］. 王炳文，等译. 北京：商务印书馆，1986：144.
② 江畅. 论当代中国价值观［M］. 北京：科学出版社，2017：3.
③ 李德顺. 价值论［M］. 北京：中国人民大学出版社，2017：28.
④ 江畅. 论当代中国价值观［M］. 北京：科学出版社，2017：3.
⑤ 李德顺. 价值论［M］. 北京：中国人民大学出版社，2017：53.
⑥ 袁贵仁. 价值观的理论与实践［M］. 北京：北京师范大学出版社，2006：6.
⑦ 李德顺. 价值论［M］. 北京：中国人民大学出版社，2017：29.

指的是"客体对人、社会群体、社会所具有的积极意义或者消极作用，价值决定着客体是否能够参与人类活动，以及能否满足人的兴趣与利益需求"①。所谓"有价值的客体"，即"对主体（个体、群体、阶层、民族）而言具有重要意义的客体"②。"作为在物质或精神层面具有积极意义的现象和事物，它们或是满足人的某种需求（个体价值），或是满足社会群体、阶级、社会的某种需求（社会价值），并为他们的利益和目的服务。通常来说，人们不仅了解这些现象和事物的属性，同时从其对个体生命、社会、自然等是否有益或有害的角度评价它们。"③

在理解何为"价值"的问题上，俄罗斯哲学界也倾向于"关系论"的理论视角，即立足主客体关系，将"价值"视为揭示客观世界满足人主体需要的意义关系范畴。这里需要强调的是，俄罗斯哲学领域界定价值概念的"关系论"认识立场，同时兼具价值客观主义和价值主观主义倾向，是建立在价值客观性与价值主观性相统一基础上的"关系论"。具体而言，一方面肯定"价值"的客观性，将"价值"理解为"社会及其构成的属性"。另一方面，在肯定价值客观性的同时也强调"价值"对主体的依赖——"只有当我们从主客体关系的角度审视人的社会存在之时，才能定位和捕捉到价值的现象"；"价值与事物本身不可分离，然而其价值并非仅指代这一事物的物理特征或者化学属性。某一事物获得价值特征的前提是该事物需要进入到人类活动领域和人的关系领域"。④

在心理学领域，俄罗斯学者同样将"价值"视为"对主体而言具有重要意义的'客体'"⑤。"广义上理解，价值不仅体现为那些抽象的、美好的思想或者情景价值，同时也包括对个体极为重要的具体的物质财富。狭义理解价值，主要将其视为概念上具有高度概括性的思想精神。"⑥ 此外，俄罗斯心理学家还

---

① Загвязинский В. И., Закирова А. Ф., Строкова Т. А. и др. Педагогический словарь［М］. Москва : Издательский центр « Академия », 2008：156–157.

② Олешков М. Ю., Уваров В. М. Современный образовательный процесс: основные понятия и термины［М］. Москва : Компания Спутник+, 2006：189.

③ Новиков А. М. Педагогика. Словарь системы основных понятий［М］. Москва：Издательский центр ИЭТ, 2013：36.

④ Ответственный редактор А. П. Алексеев, Г. Г. Васильев. Краткий философский словарь［М］. Москва：РГ-Пресс, 2015：436.

⑤ Сост. Л. А. Карпенко, Под общ. ред. А. В. Петровского, М. Г. Ярошевского. Краткий психологический словарь［М］. Москва：Политиздат, 1985：389.

⑥ Под общ. ред. А. В. Петровский, М. Г. Ярошевский. Краткий психологический словарь［М］. Ростов-на-Дону: Издательство « Феникс », 1998：436.

关注了价值生成与文化的关系，提出"价值形成于意识之中，而人能否真正理解价值，则需要置身于学习和掌握文化的过程之中"① 的理论判断。社会学意义上的"价值"一般被理解为"一种特殊的社会关系。正是由于存在此种社会关系，个体或社会群体的需求和利益才转化为物品、事物和精神现象；也正因为这一社会关系，才赋予了物品、事物和精神现象与其自身所具有的实用主义价值取向不同的社会属性"②。

综上，中俄两国学界均广泛关注并围绕何为"价值"的问题进行了学术探讨。两国学界在认识和把握"价值"的问题上，最大的共性是重视价值解读的"关系论"立场，尤为关注了与价值密切相关的人的意义。具体而言，客体是否具有价值，"决定性因素是客体对人类活动、利益和需求的满足程度"③，即将人的需要视为客体是否具有价值的首要条件④。换言之，事物和现象所具有的价值并不拘泥于自身天然的内部结构，其客观价值存在的前提在于其是否与人类活动相关联。

（二）价值观

"在任何一种文化体系中，价值观都扮演着文化核心的角色，决定着文化的根本性质、基本气质与深层的意义世界。"⑤ 与"价值"一样，学界对价值观的解读也各持己见。李德顺教授认为，"'价值观'一词原本有两种理解：一种就像时空观、物质观、运动观、历史观等一样，是指一套学问。这是在严格学术意义上使用的概念。另一种理解，是指'价值观念'"⑥。江畅教授认为价值观是"人们在关于各种事物所具有的各种价值的观点或看法基础上所形成的对这些事物所具有的这些价值的信念"⑦，是"人们在进行价值判断和选择过程中自发起作用的标准，也是人们确立价值取向和追求的范型和定势"⑧。韩震教授认为，价值观"是一种价值意识，是对价值关系的反映，是指导人们思想行为的

① Под общ. ред. А. В. Петровский, М. Г. Ярошевский. Краткий психологический словарь ［М］. Ростов-на-Дону: Издательство «Феникс», 1998：436.

② Редактор - координатор Г. В. Осипов. Социологический энциклопедический словарь ［М］. Москва：Издательская группа ИНФРА・М-НОРМА, 1998：403.

③ Загвязинский В. И., Закирова А. Ф., Строкова Т. А. и др. Педагогический словарь ［М］. Москва：Издательский центр «Академия», 2008：156-157.

④ Ответственный редактор А. П. Алексеев, Г. Г. Васильев. Краткий философский словарь ［М］. Москва：РГ-Пресс, 2015：436.

⑤ 沈壮海. 文化之魂兴国之魂 ［N］. 光明日报, 2011-11-02.

⑥ 李德顺. 价值观教育的哲学理路 ［J］. 中国德育, 2015 (9)：26-32.

⑦ 江畅. 理论伦理学 ［M］. 武汉：湖北人民出版社, 2000：51.

⑧ 江畅. 论当代中国价值观 ［M］. 北京：科学出版社, 2016：13.

根本的价值意识"。作为人们对物质世界和精神世界的判断、评价、取向和选择，价值观"在深层上表现为人生处世哲学，包括理想信念和人生的目的、意义、使命、态度，而在表层上则表现为对利弊、得失、真假、善恶、美丑、义利、理欲等的权衡和取舍"①。

总的来看，价值观首先关涉了人的意识。哲学意义上的"价值观"通常与"价值观念"作为同一概念理解和使用。"如果说价值是一个主客体关系的产物，价值观则是更加主观的、观念的东西，作为人头脑中形成的观念，以观念的形式反映或再现客体。"② 需要指出的是，价值观不是单一的价值观念，而是"成体系的，因而也可以说是观念的价值体系"③。李德顺教授提出了解读哲学意义上价值观念的三个思想进路。第一，"价值观念是人们关于基本价值的信念、信仰、理想的系统"。价值观念"不同于以认识和知识为内容，以概念、判断、推理为形式的科学和知识体系"，是"以价值关系为对象和内容，以信念、信仰、理想为其特有的思想形式"。第二，"价值观念是人们价值生活状况的反映和实践经验的凝结"，换言之，"价值观念不是人头脑中随意自生的东西，它的根基在于人的社会存在、地位、需要、能力、利益等，是它们的精神反映和主观表达"。第三，"价值观念的作用在于成为人们心目中的天平、尺子，即主体的评价标准体系"，"是人们进行价值判断、选择的思想根据，是决策和行动的动机与出发点"④。第四，价值观关涉了人的行为。在日常生活中，当人们需要进行价值判断或者行为选择时，价值观能够作为一个内在标准和评价尺度，从根本上规范人们的行为，并起到指导和决定的作用。

近年来，随着"社会主义核心价值体系"与"社会主义核心价值观"的提出，"核心价值观"作为一个特定概念在学界受到广泛关注。"所谓核心价值观，主要是相对价值观在整个价值观体系中所处地位而言的，它在体系中处于根本的、核心的地位，而不是边沿的、从属的地位。"⑤ "核心价值观与一种社会价值观中的其他价值观之间的不同在于，它是一种社会价值观的根本性规定，所体现的是这种价值的根本性质。"⑥ 对一个国家、一个社会而言，"核心价值观，是一个社会中居统治地位、起支配作用的价值理念，是一种社会制度、一种社

① 韩震. 社会主义核心价值观五讲 [M]. 北京：人民出版社，2012：9-10.
② 韩丽颖. 当代大学生核心价值观研究 [D]. 长春：东北师范大学，2012.
③ 江畅. 论当代中国价值观构建 [J]. 马克思主义与现实，2014 (4)：147-154.
④ 李德顺. 价值观教育的哲学理路 [J]. 中国德育，2015 (9)：26-32.
⑤ 高地. 中国共产党社会主义核心价值观教育研究 [D]. 长春：东北师范大学，2011.
⑥ 江畅. 论当代中国价值观 [M]. 北京：科学出版社，2016：13.

会形态长期普遍遵循的、相对稳定的根本价值准则，是一个社会的价值观、价值体系和核心价值体系的灵魂”①。也有学者将其“概括为'制度精神'，它实际上是一种国家制度、一个国家运作模式赖以立足、借以扩展、得以持续的灵魂，因而是国家意识形态的内核”②。“马克思主义价值观是以对价值及其相关概念的正确解释为基础，产生和发展于认识世界和改造世界的实践过程之中，是指导人们进行社会实践活动的科学理论武器。”③ 社会主义核心价值观的提出，进一步厘清了“我们要建设什么样的国家、建设什么样的社会、培育什么样的公民的重大问题”④。

俄罗斯是一个对道德、伦理和价值问题有着浓厚思辨兴趣和意识的民族。俄罗斯人对这类问题的自觉思辨从基辅时代延续至今，贯穿了民族历史和文化的全过程。早在古罗斯时代和中世纪时期，诸多代表性思想，特别是宗教思想在提出过程中均关涉了价值观的问题。13 世纪古罗斯文学作品《丹尼尔·扎托奇尼克的祈祷词》（*Моление Даниила Заточника*）中提出的“真、善、美”三位一体思想，⑤ 触及的正是价值观层面的内容，同时也是对这一时期主流宗教价值观的高度凝练和概括。19 世纪末，随着价值论作为独立的哲学理论分支在俄罗斯发展起来，关于价值观本质等问题获得了进一步发展。当代俄罗斯哲学意义上的价值观既是指“整个人类活动所具有的普遍目标和理想（规范、标准），如真、善、美、公平、正义等”，具体包括有“科学价值观、经济价值观、道德价值观和政治价值观等”⑥，同时也代表了“人们对待物质价值和精神价值的态度，并且这一态度通常反映在人的行为和活动之中”⑦。因而，“价值观不仅反映出人类生活的质量与状态，同时也是人类社会以及人自身得以进一步发

① 戴木才. 中国特色核心价值的传统、现实与前景［M］. 南宁：广西人民出版社，2011：15-16.

② 侯惠勤. “普世价值”与核心价值观的反渗透［J］. 马克思主义研究，2010（11）：5-12，159.

③ 罗国杰. 马克思主义价值观研究［M］. 北京：人民出版社，2013：31.

④ 习近平. 习近平谈治国理政［M］. 北京：外文出版社，2014：169.

⑤ Баева Л. В. Ценности изменяющегося мира: экзистенциальная аксиология истории［M］. Астрахань：издательство Астраханского государственного университета，2004：52.

⑥ Лебедев С. А. Философия науки: Словарь основных терминов［M］. Москва：Академический Проект，2004：320.

⑦ Сурженко Л. В. Ценности личности: философский и психологический анализ понятия［J］. Научный журнал КубГАУ，2011（1）：241-252.

展的重要基础"，且具有存在的普遍性——"价值观渗透在人类生活的各个领域"①。

如同对"价值"的认识一样，当代俄罗斯社会学领域强调从社会属性理解"价值观"，视其为"产生于人类文化进程之中的社会产物"②，并突出强调价值观与社会化的内在联系。社会学家认为"价值观在自然界中并不存在"，而是"存在于主客体辩证关系之中"。作为"联结人、人的内部世界以及现实活动的重要一环"③，价值观"产生于人与外部世界相互作用的进程之中，表达了人对世界的主观看法和态度"④。对个体而言，"价值观充当着'调解员'的角色，能够调节人的行为并使其适应社会"⑤。换言之，价值观代表了某种"道德指令和审美指令"，而"个体掌握价值观以及实现价值观内化的过程是在个体社会化进程中完成的"⑥。对任一社会而言，"生成于自身历史进程中的价值观，指明了所处社会的发展方向、价值取向及其优先立场；保障了社会发展的稳定性、统一性、连续性，并确保不同时代之间的相互联系，以及社会不断走向未来的可能性。因而，价值观是任一社会发展的重要支撑结构，不仅构成了社会成员的心理基础，同时在其传递进程中发展成为我们所谓的'传统'"⑦。

俄罗斯教育学家也倾向于从"观念"的角度解读价值观，认为"价值观是个体重要的观念之一"，"其重要组成部分包括理想和价值取向（ценностные ориентации）"⑧。按照不同的分类标准，价值观可以分为自然价值观，即人类存在所需的自然条件（阳光、空气、水分等）；生活价值观（健康、对身边人的

① Авдеева И. А. Формирование ценностей как философская, социальная и культурологическая проблема [J]. Вестник Тамбовского университета, 2012 (3)：257-268.

② Редактор - координатор Г. В. Осипов. Социологический энциклопедический словарь [M]. Москва：Издательская группа ИНФРА · М-НОРМА, 1998：402.

③ Сурженко Л. В. Ценности личности：философский и психологический анализ понятия [J]. Научный журнал КубГАУ, 2011 (65)：241-252.

④ Авдеева И. А. Формирование ценностей как философская, социальная и культурологическая проблема [J]. Вестник Тамбовского университета, 2012 (3)：257-268.

⑤ Грязнова Е. В. О соотношении понятий «ценности», «духовные ценности» и «культурные ценности» [J]. Инновационая экономика：перспективы развития и совершенствования, 2019 (5)：38-44.

⑥ Редактор - координатор Г. В. Осипов. Социологический энциклопедический словарь [M]. Москва：Издательская группа ИНФРА · М-НОРМА, 1998：402.

⑦ Ситаров В. А. Ценностные ориентиры в воспитании современной молодёжи [J]. Знание. Понимание. Умение, 2018 (1)：47-57.

⑧ Новикова А. М. Педагогика：словарь системы основных понятий [M]. Москва：Издательская центр ИЭТ, 2013：256-257.

爱等）；经济价值观（商品、生产工具、物质财富）；社会价值观，包括物质和意识形态关系（自由、平等、公正等）；伦理价值观（善、真诚、忠于职责等）；审美价值观（美）；科学价值观（真理）。与哲学家和社会学家的观点一致，俄罗斯教育学家同样强调"价值观"对个体行为具有重要影响。"每一个人都具有自身独特的价值体系和价值取向，价值取向是直接激励人们采取行为的影响因素。相对而言，成熟的个体通常可建构更为清晰的价值排序"①。"个体在青少年时期所掌握的价值观，一般来说决定着个体对待现实及其自身内心世界的态度。其结果不仅影响着个体的日常活动，同时也影响着承担社会繁荣发展重任的青年一代的精神发展。"②

综上，俄罗斯学界对价值观的理解同我国学界大体相同。广义上的价值观是关于价值的基本理论、观点与方法；狭义的价值观则是指人们对于好坏、善恶、美丑等价值的态度、看法和选择。③ 其次，中俄两国学者普遍认识到价值观与人所具有的天然内在关系：脱离了人这一主体，价值观便不复存在；作为重要的内在标准和尺度，价值观规范并决定着个体行为。此外，中俄两国均从国家治理和发展的战略高度认识到价值观所具有的重要意义。正如俄罗斯学者指出的，"价值观反映了一个种族、民族，乃至全体社会经过时代和历史检验的重要的生活规范、行为模式和世界观"，"占领价值观领域的话语权，就是掌握了社会管理的钥匙。谁能够占领价值观领域的话语权，谁就能有效管理社会及其成员"④。对一个国家而言，塑造民族基本价值共识是极为必要的，这是形成一个民族稳定、坚实文化认同的重要前提。

二、价值观教育与当代俄罗斯价值观教育战略

（一）价值观教育

教育具有广义与狭义之分。从广义层面理解，"凡是有目的地增进人的知识技能，影响人的思想品德的活动"就是教育；狭义的教育则指的是"教育者根据一定的社会要求和年青一代身心发展的规律，对受教育者所进行的有目的、

① Новикова А. М. Педагогика：словарь системы основных понятий［М］. Москва：Издательская центр ИЭТ，2013：256-257.
② Ириндеева А. Ю.，Булынин А. М. Ценностное воспитание как основа гармоничного развития личности школьников современных условия［EB/OL］. КиберЛенинка，2017-02-10.
③ 孙杰. 当代中国社会主义核心价值观研究［D］. 北京：中共中央党校，2014.
④ Ситаров В. А. Ценностные ориентиры в воспитании современной молодёжи［J］. Знание. Понимание. Умение，2018（1）：47-57.

有计划、有组织地传授知识技能，培养思想品德，发展智力和体力的活动"①。一般地，狭义的教育是指学校教育，广义的教育还包括家庭教育和社会教育等方面。在本研究中，我们聚焦的"价值观教育"是指广义层面上的教育，包括但不仅限于学校教育。

价值观教育是国际教育界自 20 世纪 90 年代以来兴起的一种国际性的教育思潮，是面对现代性价值危机的一种新的教育理念和教育思想，也是一种教育实践的操作形式。作为一种教育思潮，价值观教育倡导在多元民主社会形成共享的价值观，在教育中进行直接的价值观教育。② 我国教育学界认为，所谓价值观教育，是"用人文主义的价值取向，引导青少年用正确的价值标准来看待社会、人生以及自己的生活、生命，教育他们正确看待社会的作用和认识人生的意义，正确理解生命的价值，懂得关注自己的灵魂，形成自己坚定的信仰，具有健全的人文精神，养成自己的关爱情怀，学会过现代文明生活"③。从教育目的来看，一方面强调价值观教育对个体的影响，有助于促进人们对生存目的和生存价值的自我认知，另一方面着重关注了价值观教育对社会的作用，将其理解为社会存在与发展的重要前提；从教育内容来看，侧重强调了价值观教育的人文主义倾向。在当代中国，培育和践行社会主义核心价值观是价值观教育最鲜明的时代主题。对于这一问题的理解，通常可以从广义和狭义的角度进行思考。广义上讲，社会主义核心价值观教育是指一定社会、阶级或政党有目的、有组织、有计划地向其成员施加影响，促使其形成社会主义的价值取向、价值标准和价值目标的社会实践活动。从狭义上讲，社会主义核心价值观教育是指在学校教育中，教育者用社会主义的价值取向、价值标准和价值目标对受教育者施加有目的、有计划、有组织的影响，使他们形成符合社会主义所要求的思想品德与价值观念的教育活动。④

俄罗斯学界同样关注了价值观教育的问题。对这一问题的理解，俄罗斯学者首先强调价值观教育对青少年的重要意义，认为"价值观教育是一个有目的的教育进程，具体来看是通过帮助学生了解和掌握基本文化素养，促其实现个体的和谐发展。价值观教育目标的实现需要历经一个连续和辩证发展的运动过程，其结果在于促进未成年人价值体系和道德理想体系的形成，精神需求和兴

---

① 柳海民. 教育学 [M]. 北京：中央广播电视大学出版社，2011：2.
② 吴亚林. 价值与教育 [M]. 北京：北京师范大学出版社，2009：10.
③ 刘济良，等. 价值观教育 [M]. 北京：教育科学出版社，2007：2.
④ 高地. 中国共产党社会主义核心价值观教育研究 [D]. 长春：东北师范大学，2011.

趣的拓展，以及自我反思经验的增强"①。其次，肯定人的发展是不断趋向自我完善的进程。有学者基于个体由"不完善"到"完善"的进化过程提出"理性的评价"——"人从自身构成来看是存在不合理性的，人并不是以一种'一切就绪'的成熟方式存在的，而是需要通过进化不断实现自我完善。但是，人之所以成为人，正是因为意识到了自身的不完善"②。再次，重视价值观教育与人自我完善的内在关系，强调人的自我完善脱离不开教育，价值观教育对人具有重要意义。从个体层面来看，"个体价值观的确立不是偶然性的，而主要取决于个体所处的教育系统"。换言之，价值观教育是促进个体逐渐趋向自我完善的重要路径。最后，还关注了价值观教育对个体行为的影响。"遵循着一定的价值取向，人才能在社会文化活动中做出相应的道德选择。"③ 与之相似的，还有俄罗斯学者探讨了价值观教育与人的理性意识、人的理性行为三者之间的关系，将价值观教育视为"一种理性意识的再生产。所谓理性意识，可促进个体的社会活动远离'操纵'，引导人们更充分地实现个人的理性需求和利益。人只有理解和掌握不同生活资源所具有的客观价值，才能做出理性行为"④。

（二）当代俄罗斯价值观教育战略

"战略问题是一个政党、一个国家的根本性问题。战略上判断得准确，战略上谋划得科学，战略上赢得主动，党和人民事业就大有希望。"⑤ 战略的俄文为"стратегия"，出自希腊语"στρατηγiα"，含义为"将略"，即统帅、将领、战略家的作战艺术与谋略。战略这一概念最初主要运用于军事领域，早在 2500 年前，诞生于春秋战国时期的《孙子兵法》就曾论及"用兵之道，以计为首"，这里"计"所指即为"战略"。现代社会所使用的战略一词源自西方，是由法国人梅齐乐（Paul Gideon Joly de Maizeroy）在其 1777 年出版的著作《战争理论》（*Theorie de laguere*）中首次使用的，作为"作战指导"之义。⑥ 战略不同

① Ириндеева А. Ю., Булынин А. М. Ценностное воспитание как основа гармоничногоразвития личности школьников современные условия［EB/OL］. КиберЛенинка，2017-02-10.

② Соколов А. Б. Мифы об эволюции человека［M］. Москва：Издательство «Альпин а нон-фикшн»，2015：192.

③ Ириндеева А. Ю., Булынин А. М. Ценностное воспитание как основа гармоничного развития личности школьников современные условия［EB/OL］. КиберЛенинка，2017-02-01.

④ Эйдман. И. В. Прорыв в будущее：социология интернет - революции［M］. Москва：ОГИ，2007：21.

⑤ 习近平. 习近平谈治国理政：第二卷［M］. 北京：外文出版社，2017：10.

⑥ 钮先钟. 战略研究［M］. 桂林：广西师范大学出版社，2003：3.

于战术，军事领域的战略通常是指作用于实现全局目标的整体性军事活动计划。德国军事理论家和军事历史学家卡尔·冯·克劳塞维茨（Карл фон Клаузевиц）在其著名的《战争论》中指出，战争可以包含两种截然不同的活动：一是组织、管理个别战斗，二是与战争总体目标相捆绑的活动。第一类活动可以称为战术，第二类活动才是战略。① 毛泽东在《中国革命战争的战略问题》（1936）中也曾指出，"研究带全局性的战争指导规律，是战略学的任务。研究带局部性的战争指导规律，是战役学和战术学的任务"，"战略问题是研究战争全局的规律的东西"②。

　　从 20 世纪下半叶起，战略作为一种方法论和实践策略从俄罗斯军事领域逐渐扩大到"看似毫无共同点的"③ 社会各领域，如管理领域、金融领域、文化领域、教育领域等。不同领域的学者开始关注、探索和形成本领域关于战略的本质解读。俄罗斯著名语言学家安·彼·叶夫根耶娃（А. П. Евгеньева）在其 1999 年主编出版的权威俄语词典中为"战略"提供了两个词语释义：一是大规模军事行动和战争的整体行动艺术和作战艺术；二是专指社会和政治斗争的领导艺术。④ 在经济学领域，莫斯科大学政治经济学教授弗拉基米尔·昆特（Владимир Квинт）指出，经济学领域的战略是致力于理论探索、形成与发展的体系，能够确保在持续、充分实现某一理论的过程中获得长期胜利。⑤ 在文化领域，文化战略被视为"政府、国家权力机关在文化领域采取相应活动的目标、制度、观点、原则和优先方向的总和"⑥，旨在"全面保持自身文化的独特性（文化稳定性），并保护基于广泛接受和吸收外部文化影响而逐渐形成的文化

① Клаузевиц К. О войне［EB/OL］. Военная литература，2018-10-11.

② 毛泽东. 毛泽东选集：第一卷［M］. 北京：人民出版社，1991：175.

③ Резниченко А. П. Категория 《 образовательная стратегия 》，как методологический конструкт анализа образовательного пространства региона［J］. Вестник ТОГУ，2015（4）：237-242.

④ Под ред. А. П. Евгеньевой. Словарь русского языка：в 4 - х т.［EB/OL］. Фундаментальная электронная библиотека " Русская литература и фольклор"，2020-11-26.

⑤ Квинт В. Л. Стратегическое управление и экономика на глобальном формирующемся рынке［M］. Москва：БЮДЖЕТ，2012：353.

⑥ Стратегия развития сферы культуры Белгородской области на 2013—2017 годы［EB/OL］. Правительство белгородской области，2012-12-24.

现代性（文化可变性）"①。俄罗斯著名文化学家安·雅·佛莱尔（А. Я. Флиер）认为，文化战略"既可以是聚焦文化保护的，也可以是侧重文化变革（发展）的"，"在某些情况下，不同文化政策中或多或少反映的是两种趋势的建设性融合"②。这一观点与文化学专家、莫斯科国立管理大学奥·尼·阿斯塔菲耶娃（О. Н. Астафьева）教授的研究结论存在共通之处。阿斯塔菲耶娃教授认为，具有保护性质的文化战略，"可使民族文化远离他文化的影响"，但也可能导致"文化孤立"；侧重文化发展的文化战略，更有可能"促进民族文化与共存于世的他文化之间的相互联系"③。总体来看，战略具有目标的针对性、结构的系统性、执行的长期性等现实特征。任何领域的战略任务均服务于一定目标的实现，且一切战略任务均体现为对所要实现战略目标的全方位规划。

将"战略"引入教育领域，从"战略"视角来审视全球化时代的教育问题，意味着人们有意识地对教育现象开启了更为深刻与全面的关注、思考以及更富目标性的规划、探索与改造。在教育学领域，教育战略被视为集中聚焦教育战略目标的教育行为与规划，其既要回答"要获得什么"的问题，即关注教育目标，如获得教养、价值、动机等；也要回答"如何获得"的问题，即关涉教育行为，包括设计具体教育阶段和环节、采用相关教育路径等，④ 旨在"通过营造教育环境，达到具有前景性的教育目标和教育水平，并取得相应教育成效"⑤，"促进人和社会不断趋向绝对理想化发展"⑥。

基于上述认识，本书聚焦的研究命题——当代俄罗斯价值观教育战略，主要特指 21 世纪以来，俄罗斯政府以提高青少年道德水平、提升社会凝聚力、强

---

① Под общ. ред. В. К. Егорова. Межкультурный и межрелигиозный диалог в целях устойчивого развития : материалы международной конференции［М］. Москва：РАГС, 2007：120–138.

② Флиер А. Я. Три культурные стратегии межнациональных коммуникаций в полиэтническом обществе［EB/OL］. Знание. Понимание. Умение, 2014–06–20.

③ Под общ. ред. В. К. Егорова. Межкультурный и межрелигиозный диалог в целях устойчивого развития : материалы международной конференции［М］. Москва：РАГС, 2007：120–138.

④ Константиновский Д. Л. Неравенство и образование. Опыт социологических исследований жизненного старта российской молодежи（1960 - е годы - начало 2000 - х）［М］. Москва：ЦСП, 2008：552.

⑤ Заборова Е. Н. Образовательные стратегии：подходы к определению понятия и традиции исследования［J］. Известия Уральского федерального университета. Сер. 1, Проблемы образования, науки и культуры, 2013（3）：105–111.

⑥ Тестов В. А. Стратегия обучения в современных условиях［EB/OL］. Порталус, 2007–11–01.

化国家文化认同、重振国家强国形象为目标，在价值观教育领域采取的前瞻性、长期性、整体性的战略导向、结构布局与实践策略。当代俄罗斯价值观教育战略集中凝结了国家发展与民族振兴的本质诉求，反映了国家教育意图、价值观教育的基本立场及战略行为，是当前俄罗斯价值观教育的指导性纲领。理解和把握当代俄罗斯价值观教育战略有必要明确三个问题。首先，当代俄罗斯价值观教育战略目标明晰。俄罗斯政府在不同时期、不同阶段颁布的价值观教育相关政策，均从国家顶层设计高度规定了价值观教育的目标任务以及优先方向，且完全符合国家利益以及国家整体战略发展的根本要求。价值观教育领域所采取的一系列整体性、前瞻性计划和策略也均服务于价值观教育并在价值观教育战略目标的框架下落实和推进。其次，当代俄罗斯价值观教育战略主体明确，其主体不是单独的社会个体，而是具有权威性、话语权且可代表国家意志的俄罗斯政府和国家权力机关。当然，俄罗斯政府同时也充分倡导价值观教育主体的合力协作。最后，当代俄罗斯价值观教育战略具有可更订性。一般来说，价值观教育战略相对稳定，但并不是选定不变的。结合国家发展需要、核心价值观建设的现实样态，以及价值观教育战略目标完成的具体情况，当代俄罗斯价值观教育战略在阶段性的调整与完善中逐步趋向科学性与合理性。

第二节　当代俄罗斯国家核心价值观建构的发展历程

一国核心价值观的凝塑、传播、培育与践行从根本上决定着一国文化的精神气质、社会的道德风气、民族的向心凝力、文化的前进方向以及国家的综合国力。当代俄罗斯国家核心价值观建构历经 20 余年，总体经历了三个发展阶段，分别是确立爱国主义国家思想地位的价值共识提出阶段、强化独立自主俄式民主理念的主权民主建构阶段、塑造俄罗斯传统精神道德价值观的普京主义形成阶段。需要强调的是，当代俄罗斯国家核心价值观建构历程的三个阶段并不是孤立存在的，也不是依次更替的，阶段划分主要参照的是这一时期国家核心价值观建构的任务重心。

一、价值共识提出阶段：确立爱国主义的国家思想地位

1999 年 12 月 31 日晚，时任俄罗斯总统叶利钦（Борúс Николáевич Éльцин）突然宣布辞职，由普京代行总统职务。客观来看，普京从上届政府手中接过的俄罗斯健康指数并不乐观，面临着国内外复杂局势带来的多重压力与

严峻挑战。在意识形态领域，充当俄罗斯社会精神救赎的价值理念缺乏统一标准，东方、西方、历史、现代、现实、虚拟等繁杂的文化要素相互交织，甚至以一种矛盾化的形式共存于俄罗斯社会。不可否认的是，俄罗斯在转型初期无法避免地遭遇了核心价值观缺失带来的冲击与挑战，有俄罗斯学者将其称为"世界观的灾难"①。围绕如何实现"俄罗斯由乱到治的转变"② 等问题，普京在第一部《国情咨文》中就公开提出倡议——"社会各个领域、所有机构和各级权力机关亟待迅速做出应对反应巩固国家"③。我们看到，俄罗斯政府冲破了意识形态"真空"与"混沌"的现实藩篱，由此开启了核心价值观探索与建构的时代序幕。总体来看，核心价值观建构的第一阶段集中聚焦了价值共识问题，将爱国主义确立为重要的国家思想。

在正式出任俄罗斯代总统前夕，普京以"世纪之交的俄罗斯"为题公开发表了具有纲领性的重要讲话。在讲话中，普京围绕"面临的机遇和挑战""强大国家"等七个核心问题，对处于转型时期的俄罗斯政治、经济、文化、教育等领域进行了客观总结与深刻剖析。在讲话中，普京向俄罗斯社会民众提出了一个制约俄罗斯社会发展的尖锐命题，即"怎样的战略才能够统一俄罗斯民族?"关于这一问题，普京给出的答案既明确亦坚定——"目前有利于俄罗斯社会团结统一的主要问题是意识形态方面的，确切地说是思想领域、精神领域和道德领域的问题"④。由此提出了由"爱国主义""强国意识""国家观念""社会团结"四部分内容构成的"俄罗斯新思想"，集中聚焦到寻求价值共识的现实问题。

从本质上看，"俄罗斯新思想"包含的四部分内容是对俄罗斯民族自古以来崇尚的传统价值观的高度提炼与概括，同时也是可在当代俄罗斯社会体现出最强大的价值公约性，唤起俄罗斯民众普遍思想共识的代表性、典型性的俄罗斯保守主义价值观。在四部分结构中，"爱国主义"是核心。普京认为，"爱国主义是一种为自己的祖国、自己的历史和成就而产生的自豪感，憧憬着自己的国家变得更美丽、更富足、更强大和更幸福的心愿"，"是人民英勇顽强和力量的

---

① Слободчиков В. И. Духовные проблемы человека в современном мире［J］. Педагогика, 2008（9）：33-39.

② 左凤荣. 普京：强人治理大国的逻辑［J］. 中国领导科学, 2018（1）：111-116.

③ Послание Президента Федеральному Собранию［EB/OL］. Президент России, 2001-04-03.

④ Владимир Путин. Россия на рубеже тысячелетия［N］. Независимая газета, 1999-12-30.

源泉。丧失爱国主义精神，就将丧失民族自豪感和尊严，将丧失人民创造伟大创举的能力"①。将传统爱国价值观置于"俄罗斯新思想"第一要义的重要位置，既突出强调了当前形势下每一位俄罗斯公民持有热爱祖国的坚定立场的极端重要性，亦表明了国家以爱国主义抵制存在于俄罗斯社会的极端民族主义、民族虚无主义、个人主义等社会思潮的战略选择。"强国意识"是支柱。普京强调"俄罗斯过去是，将来也还会是一个伟大的国家"，即通过强化千百年来内蕴于俄罗斯民族思想深处的大国情结，唤起当代俄罗斯社会强烈的凝聚力与民族自豪感，同时激发人们建设强大俄罗斯的理想追求。当然，普京也指出强国意识在"如今应当充实新的内容"——强国应具体指的是"能够保障人民高水平的生活，能够可靠地保障自己的安全和国际舞台上捍卫国家的利益"。"国家观念"是保障。普京特别强调了国家的作用，他认为有必要在俄罗斯社会牢固树立国家是"秩序的源泉和保障"，是改革"倡导者和主要推动力"，是在民主法治和公平自由基础上规范、调节社会秩序，并努力营造全社会美好生活、推动社会发展的国家形象认知。这也成为普京就任后通过加强中央联邦制、打击寡头政治、整治腐败等一系列国家行为，修复遭受破坏的国家机器的直接思想指导。"社会团结"是基石。通过弘扬集体主义，一方面对抗一度泛滥的以个人主义为核心的西方文化，同时促进人们不断正视和谐社会氛围与国家、民族稳定发展的良性互动关系。总的来看，俄罗斯新思想是一个合成体，"它把全人类共同的价值观与经过时间考验的俄罗斯传统价值观，尤其是与经过 20 世纪波澜壮阔的一百年考验的价值观有机地结合在一起"②，以价值公约数的身份获得了全社会的普遍共识并发挥了重要的价值引领作用。

普京就任代总统之后，将建设与巩固"俄罗斯新思想"的任务重心首要落实在第一要义"爱国主义"的价值弘扬与精神塑造上，通过颁布《2001—2005年俄罗斯联邦公民爱国主义教育国家纲要》《2001—2005 年俄罗斯文化》联邦专项纲要等一系列教育、文化等领域的国家政策，全面提升和保障爱国主义在当代俄罗斯社会的价值引领性、思想共鸣性、普遍接受性和广泛传播性，突出强调爱国主义在"俄罗斯新思想"和国家核心价值观建构中的重要地位。需要明确的是，爱国主义能够"首当其冲"被选定为转型初期俄罗斯核心价值观的重要构成要素，成为承认"意识形态多样性"语境下仍可彰显的一种价值追求，

---

① Владимир Путин. Россия на рубеже тысячелетия［N］. Независимая газета，1999‑12‑30.

② Владимир Путин. Россия на рубеже тысячелетия［N］. Независимая газета，1999‑12‑30.

是由其内蕴的丰富时代价值和强大民族文化根源决定的。正如普京曾指出："我们的人民所固有的爱国主义、文化传统以及共同的历史记忆使俄罗斯更加紧密地团结。"① 在当代俄罗斯文化语境下，爱国主义有着多样化的价值诠释，既是"一种社会情感，深刻反映了个体对祖国紧密依存的深厚感情，是个体对乡土、民族和文化的归属感、认同感和荣誉感的多维情感统一"，也是"一种道德行为准则，充分表达了对个体心理和道德维度的自我约束，是个体调整个人与祖国关系的行动指南"，也是"一种大国情怀，集中反映了民族传统文化的延续与积淀，是'大国强国'民族潜意识的现实演进"，更是"一种价值导向，明确体现了俄罗斯在未来较长一段时期的道路选择，是促进民族发展的当代俄罗斯国家思想"②。从文化根源来看，当代俄罗斯爱国主义的多层次内在价值规定是对俄罗斯传统文化和民族思想的传承、延续与发展，从中既能捕捉到 18 世纪俄国启蒙主义者探索祖国"好公民"教育理念进程中生成的"祖国之子"的思想痕迹，亦能省察到"第三罗马"思想蕴含的救世情怀和大国意识，同时也鲜明地彰显出斯拉夫主义者始终坚持的"民族性"与"包容性"等文化基因。

因而，普京赋予爱国主义"俄罗斯新思想"第一要义的重要地位，恰是在充分审视俄罗斯历史与现实发展基础上做出的价值判断，同时也突出彰显了"爱国主义"在当代俄罗斯国家核心价值观凝塑进程中的不可替代性。一方面，通过巩固爱国主义的价值公约性，努力弥合俄罗斯国家意识形态领域的真空状态，为俄罗斯社会的稳定发展注入强劲的凝聚力和发展动力；另一方面，通过推动爱国主义蕴含的传统价值与当代意义的积极碰撞，为全体民众提供一种相对稳定的价值观念，提升公民文化认同，使其在精神层面有所"寄托"，在道德维度有所"规范"，进而不断推动当代俄罗斯社会的道德发展，培养公民对所属文化体系价值规范的尊重态度，从而消除思想领域、文化领域、道德领域存在的矛盾与问题。正如普京曾指出，"国家的民主制度、新生的俄罗斯对世界的开放与我们的特性和爱国主义并不矛盾，不会妨碍我们去寻找自己对精神和道德问题的答案。也无须特意寻求民族思想，这一思想本身就在我们的社会中孕育着"③，"我们找不到像苏联所选择的那样的东西。我认为，我们没必要向遥远的过去寻找这种东西，如果有一种能代替过去不错做法的东西，那就是全俄爱

---

① Послание Президента Федеральному Собранию［EB/OL］．Президент России，2000-07-08.

② 雷蕾．当代俄罗斯爱国主义教育研究［M］．北京：商务印书馆，2021：3-6.

③ Послание Президента Федеральному Собранию［EB/OL］．Президент России，2000-07-08.

国主义"①。

实践表明，俄罗斯积极推动爱国主义的价值弘扬与精神塑造，选择以爱国主义作为当代俄罗斯意识形态建设重心的国家行为是富有成效的。近年来，俄罗斯社会成员的道德水平和文化认同普遍提高。在格鲁吉亚、乌克兰、吉尔吉斯斯坦等独联体地区一些国家发生"颜色革命"的外部局势威胁下，俄罗斯公民仍然表现出强烈且稳定的国家凝聚力、向心力，不可否认，这与爱国主义引领文化发展、凝聚社会共识、破解社会问题的思想武器作用密不可分，同时也在一定程度上回应了俄罗斯政府构建以爱国主义为核心的"社会统一的价值观和思想倾向"，以及选择通过爱国主义教育引领社会道德建设，促进社会和谐发展的合理性与有效性。直至今日，作为促进俄罗斯民族持续发展的重要精神动力，爱国主义仍是国家积极倡导的核心价值观以及价值观教育战略的价值导向。亦如普京公开肯定了爱国主义的时代地位——"除爱国主义之外，我们没有也不能有任何其他的统一思想。这也是国家思想"②。

二、主权民主建构阶段：强化独立自主的俄式民主理念

总统普京的第一任期是俄罗斯国家政治、经济、军事、文化、外交等各领域恢复秩序与稳定发展的重要阶段。经过 4 年的建设与发展，俄罗斯国家经济日益稳定，人民生活水平得到提高，"居民的实际收入增加了 50%，收入低于最低生活保障的人减少了三分之一"；国家"经济增长速度为 7.3%"，"2004 年前 4 个月达到 8%"。普京在 2004 年发表的《国情咨文》中也做出相应总结："过去 4 年我们越过了一个艰难的，但是非常重要的分界线。多少年来我们首次成为一个政治经济稳定的国家，一个在财政和国际事务中独立的国家。"在客观肯定俄罗斯进入国家崛起上升期的同时，我们也应关注到俄罗斯社会发展进程中仍然存在的问题。普京指出，"在长期的经济危机中，俄罗斯的经济潜力几乎丧失一半。最近 4 年我们已弥补了 40%的下降。我们还没能达到 1989 年的水平"，"有约 3000 万人收入低于最低生活保障"③，"每年有近 4 万人因酒精中毒致

---

① Владимир Путин. Россия на рубеже тысячелетия ［N］. Независимая газета, 1999 - 12 - 30.

② 普京：俄罗斯的国家思想就是爱国主义［EB/OL］. 新华网，2016 - 02 - 04.

③ Послание Президента Федеральному Собранию ［EB/OL］. Президент России, 2004 - 05 - 26.

死"①。作为"肩负着将俄罗斯新一代公民培养成身体健康、能保持前辈的传统和宝贵精神素质的有教养的人的重任"的"我国极其丰富的文化和精神遗产的保存者"——教师、医生、文化工作者、科技人员和军人的工资也亟待改善。②随着俄罗斯经济和国力的不断恢复、国际形象的不断提升、国际话语权的不断增强，西方社会对超级大国复活充满了警惕与防范。特别是 2004 年年底以来，俄罗斯在国际舞台频繁呈现出强势的外交态度，如回击美国和欧洲对独联体事务的干涉，积极维护俄罗斯在独联体的利益；加强控制本国石油资源，积极介入世界能源政策制定等。俄罗斯在重大事件面前做出的快速、强势反应令西方世界感到不安，以美国为首的西方国家不断向俄罗斯施加压力，挤压俄罗斯战略空间。从外部环境来看，"世界上远非所有人都愿意与一个独立、强大而自信的俄罗斯打交道"，甚至在"全球竞争中，广泛使用各种手段施加政治、经济和信息压力，我们刚一加强国家权力，就立即被蓄意说成是独裁"。③ 面对国内外的复杂局势，俄罗斯大国发展进程仍然面临诸多考验，强国复兴道路仍然充满挑战。普京对此有着坚定的判断且充满信心，他指出"俄罗斯在当代世界上的地位只取决于它是否强大和是否发展顺利"④，"如今为了在全球竞争的困难条件下占据主要位置，我们应当比世界其他国家增长得更快。应该在增长速度上，产品和服务质量上以及教育、科学和文化的水平上超过其他国家。这是我们经济上能否生存下去的问题，俄罗斯能否在变化了的国际条件下取得应有地位的问题。我知道，这是极其艰巨的任务。但是我们能够解决这个任务，而且只有我们自己去解决"⑤。

进入总统第二任期的新的历史阶段，以普京为核心的俄罗斯政府在综合考察国家发展需要与建设现状的基础上，提出了俄式主权民主的治国理念。这既是俄罗斯国家发展道路的最新指导思想，同时也是破除西方误解、改善俄罗斯国家形象的重要国家战略。2005 年 4 月 25 日，普京发表了具有浓厚意识形态色

---

① Послание Президента Федеральному Собранию ［EB/OL］. Президент России, 2004-05-25.

② Послание Президента Федеральному Собранию ［EB/OL］. Президент России, 2004-05-25.

③ Послание Президента Федеральному Собранию ［EB/OL］. https：//www.prlib.ru/item/438197, 2004-05-26.

④ Послание Президента Федеральному Собранию ［EB/OL］. Президент России, 2004-05-25.

⑤ Послание Президента Федеральному Собранию ［EB/OL］. https：//www.prlib.ru/item/438197, 2004-05-26.

彩的新一年《国情咨文》。在《国情咨文》中，普京客观评价了苏联解体的国家历史。他指出，"正是在这个时期，俄罗斯发生了意义极其重大的事件。我们的社会不仅锻炼出了自我保护的毅力，而且培育了争取新的自由生活的意志。在那些不平凡的年代，俄罗斯人民同时面临着两个任务——捍卫国家主权和准确无误地选择自己上千年历史的新的发展方向。当时需要解决一个十分艰巨的任务：如何保住自己有价值的东西，不丢掉肯定的成就和证明俄罗斯民主制度的生命力。当时我们必须找到自己建设民主、自由和公正的社会和国家的道路"。在寻找自己道路的进程中，俄罗斯发展成为"按照本国人民的意愿，选择了自己的民主制度的国家。它遵循所有通行的民主规则，走上了民主之路。它将就如何贯彻自由和民主原则做出自己的独立决定，这必须从本国的历史、地缘政治及其他国情出发。作为一个主权国家，俄罗斯能够也将自由地决定民主道路上的一切时间期限，以及推进民主的条件"①。

《国情咨文》发表后，俄罗斯国内政治精英展开了热烈讨论。4月28日，《独立报》前总主编、俄罗斯著名政治评论家维·托·特列季亚科夫（В. Т. Третьяков）围绕普京在《国情咨文》中涉及的"一连串的原则性的意识形态和政治问题"的讲话内容，在《俄罗斯报》发表了《主权民主：普京的政治哲学》一文，总结凝练了普京的"主权民主"思想。② 2006年2月，时任俄罗斯总统办公厅副主任的弗·尤·苏尔科夫（В. Ю. Сурков）在"统一俄罗斯党"干部培训中进一步总结和宣传了普京的主权民主思想，强调了俄罗斯将以主权民主大国身份实现自身发展的时空定位——"俄罗斯将成为主权民主的国家。它将是经济繁荣、政治稳定和高度文明的国家。它将拥有对世界政治施加影响的杠杆。它作为自由国家，将与其他自由国家一起建立公正的社会秩序"③。2007年，普京在与"瓦尔代"国际俱乐部代表见面会上再次强调了俄罗斯主权民主的内涵。普京指出，"主权讲的是我国与外部世界相互关系的性质，而民主则是内部的状态，我们社会的内容"④。总的来看，这一国家发展战略一直延续至梅德韦杰夫（Д. А. Медведев）任期。2008年，完成总统第二任期的

---

① Послание Президента Федеральному Собранию［EB/OL］. Президент России，2004 - 05 - 25.

② Виталий Третьяков. Суверенная демократия：О политической философии Владимира Путина［N］. Российская газета，2005 - 04 - 28.

③ Сурков В. Ю. Суверенитет - Это политический синоним конкурентоспособности［EB/OL］. Livejournal，2006 - 03 - 09.

④ 普京. 普京文集：2002—2008［M］. 北京：中国社会科学出版社，2008：532.

普京正式卸任，由其提名的梅德韦杰夫就任俄联邦总统，普京出任国家总理。在梅德韦杰夫当政的四年里，俄罗斯呈现一种弱总统、强总理的权力格局，俄罗斯实际上也是在普京的领导之下。① 早在普京就任总统第二任期时，他就曾在《国情咨文》中开篇表达，"我请求将去年（2004 年）和今年（2005 年）的两篇《国情咨文》看作是统一的行动纲领，是我们今后 10 年的共同纲领"②。因而，梅德韦杰夫执政期间，普京并没有离开最高权力中心，俄罗斯社会各领域仍继续发展和践行普京主权民主的治国思想。

我们也看到，普京主权民主思想提出后，包括俄罗斯邻国在内的一些国家警惕性倍增，担心俄罗斯恢复传统的独裁统治，西方社会更是对俄罗斯及普京表达了异常强烈的反对声音——"野蛮的国家""暴力""专制""腐败""寡头"等负面国家形象常见于西方媒体，纷纷指责俄罗斯的"独裁""攻击性""不民主"。曾担任过法国文化部长的法国作家莫里斯·德吕翁（Морис Дрюон）就曾总结过，"我们还没有摆脱苏联帝国带给我们的潜在恐惧"，"在法国乃至西方的新闻报道里，存在着一种针对俄罗斯的情感痼疾"③。也曾有俄罗斯学者研究评测了西方主流媒体的"仇俄"情绪，结果显示，持有负面评价的媒体占到 74%。④ 英国有媒体甚至直接以"粗鲁、肮脏的俄罗斯熊——俄罗斯文化将侵犯欧洲文明"⑤ 为题发表负面评价文章。在放弃了原有共产主义意识形态，选择了"符合"西方标准的民主选举制度和市场经济模式之后，俄罗斯理论上应当成为西方的盟友，现实中却遭受来自西方社会持续的负面评价。客观来看，西方社会对俄罗斯负面形象的塑造与强化，对俄罗斯加强中央权力与实行主权民主等措施的批评，不排除这些国家出于自身政治安全而采取的有意识的国家行为，加之俄罗斯历史上发生过侵略扩张的历史事件，必然影响民众对当今世界俄罗斯的形象认知。面对一些国家对"俄罗斯威胁"的担忧，普京曾发表公开声明，"我很难说清在苏联解体时期发生了什么，但是有一点是肯定的，在很大程度上正是俄罗斯自己的立场决定了苏联的解体。因此说俄罗斯

---

① 左凤荣. 普京：强人治理大国的逻辑［J］. 中国领导科学，2018（1）：111-116.

② Послание Президента Федеральному Собранию［EB/OL］. Президент России，2005-04-25.

③ Поможем России победить терроризм, который постепенно добирается до всех нас［EB/OL］. Известия iz. ru，2004-09-27.

④ Рейтинг русофобии в западной прессе［EB/OL］. Агентство Политических Новостей，2007-03-01.

⑤ СМИ Британии："Брутальный, грязный русский медведь"［EB/OL］. Livejournal，2008-03-04.

有某种帝国倾向，有可能恢复苏联，是绝对没有道理的"①。因而，在肯定主权民主治国理念在俄罗斯社会发展进程中发挥重要作用的同时，如何进一步加强和巩固意识形态建设，如何通过价值观教育进一步对内夯实价值共识、对外提升俄式民主的吸引力，进而服务国家主权民主道路发展需要，有效改善俄罗斯在世界，特别是西方社会的国家形象之困，仍是俄罗斯意识形态建设领域面临的核心命题与重要任务。

随着主权民主思想的提出，支撑主权民主思想的核心价值体系逐渐得到确立，以民主、自由、公正、独立为核心的具有保守主义色彩的价值观在俄罗斯社会受到广泛关注。2009 年 11 月，"统一俄罗斯党"召开的第十一次代表大会通过的新党纲规定了保守主义是"统一俄罗斯党"的意识形态，进一步明确了核心价值观建构的基本方向。俄罗斯主权民主蕴含的民主、自由、公正、独立等价值观张贴有"自己建设""自己道路""自己的民主制度"等鲜明的"俄罗斯"标签，与西方此类价值理念具有价值通约，但也存在一定差异。如果说当代俄罗斯核心价值观建构的第一阶段是确立基本价值共识，即通过宣传、弘扬传统爱国价值观，缓解一段时间以来意识分化带来的社会发展困境，进而恢复社会秩序，增进广大社会成员的国家认同。那么，核心价值观建构第二阶段一方面是基于已经初步确立的普遍共识，引领社会成员深入思考关乎国家发展的时代定位和应然走向等问题，逐步形成符合和服务主权民主建设需要的社会价值取向；另一方面，通过增进俄式民主的对外吸引力，抵御西方不良言论，在世界舞台国际分工和国家关系中，树立更加独立、自主、强大的主权民主国家形象。总体来看，普京第二任期和梅德韦杰夫执政期间，俄罗斯经济持续增长，重返世界经济大国序列。经济实力的改善重新定位着俄罗斯在世界舞台的地位，虽然俄罗斯很难在短期内完全恢复到苏联时期的大国影响力，但俄罗斯在稳定发展经济，借助外交战略和军事实力维护国家利益的过程中，国际社会影响力不断提高，特别是在后苏联空间仍保持着关键性的规则制定者的角色，在当今国际安全事务中也占据着举足轻重的位置，国家形象不断得到改善，"俄罗斯作为一个强国回到了世界舞台上"②。

三、普京主义形成阶段：塑造俄罗斯传统精神道德价值观

2012 年，普京复任俄罗斯总统，开启第三届总统任期。为了"弥合'梅普

① Стенограмма Прямой линии с Президентом России Владимиром Путинным［EB/OL］. Президент России，2006-10-25.

② 普京 . 普京文集：2002—2008［M］. 北京：中国社会科学出版社，2008：674.

组合'时期产生的社会思潮与精英理念的分歧"①，俄罗斯政治精英有意识地进一步强化国家意识形态建设，这成为了酝酿和推动"普京主义"形成与确立的重要助推剂。2012年以来，普京本人多次通过公开讲话阐述俄罗斯民族传统价值观对现阶段国家发展的重要意义。其中，2013年召开的第十届"瓦尔代"国际辩论俱乐部会议上的讲话是普京围绕这一问题的一次重要发声。众所周知，建立"瓦尔代"国际辩论俱乐部，是俄罗斯政府开展软实力外交的一项重要举措。"瓦尔代"国际辩论俱乐部成立于2004年9月，由俄罗斯国际新闻通讯社（РИА Новости）、俄罗斯外交与国防政策委员会（СВОП）、《莫斯科时报》英文版等机构联合组织发起。"瓦尔代"国际辩论俱乐部每年组织一次年会，一方面邀请世界知名的俄罗斯问题专家共同探讨俄罗斯问题，为俄罗斯更好地制定和实现国家战略定位与发展提供智力支持。另一方面，俄罗斯政府借助会议平台对外展示国家现行战略决策，增进西方国家对俄罗斯的了解，提升俄罗斯在国际社会的影响力。每年的会议，俄罗斯总统均会出席并发表讲话，同时回答与会人员的现场提问。这也是"瓦尔代"国际辩论俱乐部会议受到广泛关注的重要原因之一。每届"瓦尔代"国际辩论俱乐部会议都会聚焦一个主题。主题范围既包括俄罗斯政治、经济、外交、能源，也包括国际热点问题。2013年召开的第十届"瓦尔代"国际辩论俱乐部会议主题是"当代世界背景下的俄罗斯多样性"。来自世界30多个国家的200多名政治家、哲学家、文化工作者、社会活动家、宗教领域人士出席本次活动，在深度对话中共同探讨俄罗斯的身份认同问题。

普京在本届会议上发表了重要讲话，向世界重申了意识形态建设对俄罗斯国家发展的重要性。在意识形态建设的问题上，普京提出了几点原则：一是俄罗斯不会回到苏联的意识形态；二是新的国家意识形态不能依照市场原则建立和发展，不会自发形成，也不能"草率地"复制他人的经验；三是身份认同和国家意识形态均不能自上而下强加，也不能建立在控制思想的基础上。普京认为，俄罗斯公民需要"具有历史创造性，综合各民族的优秀经验和理念，从不同的角度深入理解我们的文化、精神和政治传统"。普京认为，"正是基于共同的价值观、爱国意识、公民责任和团结、尊重法律、与祖国共命运、不忘民族关系、宗教的根源而形成的公民身份认同，是保证国家统一的必须条件"②。换

---

① 庞大鹏."普京主义"析论［J］.俄罗斯东欧中亚研究，2016（1）：17-35.

② Выступление на заседании международного дискуссионного клуба «Валдай»［EB/OL］. Президент России，2013-09-19.

言之，俄罗斯政府再一次重申了主权国家的政治立场，公开倡导并支持具有保守主义色彩的俄罗斯民族传统价值观，坚信传统价值观在当下俄罗斯最富生命力。

而后，普京多次在《国情咨文》中强调俄罗斯传统价值观的时代意义——"我们知道，世界上越来越多的人支持我们保护传统价值观的立场，这种价值观几千年来构成了每个民族文明的精神和道德基础：传统家庭价值观、真正的人生价值观，也包括宗教生活，不仅是物质的，还有精神的、人道主义的和世界多样性的价值观"①；"诚信工作、私有财产、创业自由——这是保守主义的基本价值观，除此之外，我们还强调爱国主义，尊重国家历史、传统和文化等同等重要的保守主义价值观"②，这些论述集中表征了俄罗斯政府重塑当代俄罗斯核心价值观的基本立场与思想进路。俄罗斯学者尼·别尔嘉耶夫（Н. Бердяев）曾指出："东方与西方两股世界之流在俄罗斯发生碰撞，俄罗斯处在二者的相互作用之中，俄罗斯民族不是纯粹的欧洲民族，也不是纯粹的亚洲民族。俄罗斯是世界的一个完整部分，是一个巨大的东西方，它将两个世界结合在一起。在俄罗斯精神中东方与西方两种因素永远在相互角力。"③ 正如别尔嘉耶夫笔下的描绘，俄罗斯一直以来呈现给外界的正是这样一种摇摆于东西方文化之间的国家形象。但在国家核心价值观重塑的问题上，我们的确看到了不一样的俄罗斯。在重塑国家意识形态的道路上，俄罗斯政府很快结束了各方"角力"，态度明确、方向明晰地确定了适合俄罗斯的国家核心价值观，即回归俄罗斯民族精神传统与价值理念，强调突出爱国情怀，弘扬社会和谐与公民团结等俄罗斯传统价值观。

在积极倡导传统价值观的国家行为影响下，自 2012 年以来，俄罗斯不同领域国家政策也从所属领域的现实问题与发展需求出发，积极回应传统价值观的宣传与建设问题。在民族政策领域，2012 年颁布的《2025 年前俄罗斯联邦国家民族政策战略》围绕未成年一代的教育问题，提出要培养儿童和青年的"全俄公民意识""爱国主义情感""公民责任""国家历史自豪感"。④ 在教育领域，

① Послание Президента Федеральному Собранию ［EB/OL］. Президент России, 2013 – 12 – 12.

② Послание Президента Федеральному Собранию ［EB/OL］. Президент России, 2014 – 12 – 04.

③ 尼·别尔嘉耶夫. 俄罗斯思想 ［M］. 北京：三联书店，1995：2.

④ О Стратегии государственной национальной политики Российской Федерации на период до 2025 года ［EB/OL］. Президент России, 2012 – 12 – 19.

2015 年颁布的《2025 年前俄罗斯联邦德育发展战略》强调了俄罗斯联邦德育发展战略应然遵循的精神道德价值体系，即衍生和形成于俄罗斯文化发展进程的"仁慈，公正，荣誉，良心，毅力，自尊心，相信善良并追求履行对自己、家庭和祖国的道德义务"①。在俄罗斯国家安全领域，2016 年修订的《俄罗斯联邦国家安全战略》指出，保护传统精神道德价值观是确保俄罗斯国家安全的重要条件之一。"俄罗斯传统精神道德价值观"具体包括"精神优先物质，保护人的生命、权利和自由，家庭，创造性劳动，服务祖国，道德准则和道德性，人道主义，仁慈，公正，互助，集体主义，俄罗斯民族的历史统一性，祖国历史的继承性"②。总的来看，俄罗斯各领域对意识形态建设的阶段性认识以及所取得的实质性进展体现了突出的共通性——理性回归具有保守主义价值取向的俄罗斯传统价值观，诸如祖国、集体、家庭、团结等一类内蕴俄罗斯传统文化基因且契合社会成员思想认识并易于接受的保守主义价值观念得到了集中关注，上述探索为俄罗斯国家核心价值观的最终确立提供了重要参考依据。

2019 年 2 月 11 日，时任俄罗斯总统助理的弗·苏尔科夫在俄罗斯《独立报》发表了《长久的普京之国》一文，代表普京执政团队第一次正式提出"普京主义"（путинизм）的概念。"普京主义"的提出与当前俄罗斯国内政治生态环境密切相关。2018 年，普京以 76.69% 的高得票率又一次赢得俄罗斯总统大选，开启了第四个总统任期。但是半年后政权党"统一俄罗斯党"在地方选举中局势并不乐观，普京的民众支持率也出现走低的趋势。为了缓解政治局势、凝聚共识、重振民意以及抵制西方政治干预，普京执政团队提出了"普京主义"。"普京主义"指的是普京治国理政的一整套思想、方针和战略，包括高度集权的总统制、市场经济、大国外交、强军建设等。而在意识形态领域，"普京主义"直指的是普京长期以来坚持倡导的俄罗斯保守主义价值观。在《长久的普京之国》一文中，苏尔科夫将 21 世纪的俄罗斯联邦喻为"普京之国"，将其与"伊凡三世之国"（15—17 世纪的莫斯科和全俄公国）、"彼得大帝之国"（18—19 世纪的俄罗斯帝国）以及"列宁之国"（20 世纪的苏联）并置为俄罗斯历史上的四种国家模式。这些国家模式均是由具有"过人意志"的强人领袖建立起来的，在各个时期保障了俄罗斯的稳定与和平。苏尔科夫强调，普京所采用的整套治国方针——"普京主义"是适合现阶段俄罗斯国情的，有必要将

---

① Стратегия развития воспитания в Российской Федерации на период до 2025 года ［EB/OL］. Правительство России，2015-05-29.

② Стратегия национальной безопасности Российской Федерации ［EB/OL］. Президент России，2015-12-31.

"普京主义"蕴含的全部思想和维度体系理解为俄罗斯未来的意识形态。换言之，即使普京不再执政，"普京主义"也应伴随俄罗斯延续发展。不仅如此，苏尔科夫高度赞扬了"普京主义"指导之下的俄罗斯政治体制，认为其不仅受用于未来的俄罗斯，同时还具有巨大的输出潜力，并且当前已经有部分国家仿效了俄罗斯政治体制的经验。①

西方视野中的"普京主义"与苏尔科夫倡导的"普京主义"存在本质差异。早在 2000 年普京正式就任俄罗斯总统之前，"普京主义"这一概念就刊发在了西方媒体上。2000 年 1 月 31 日的《纽约时报》报道了一篇题为"普京主义浮出水面"的文章，向公众详细介绍了接替叶利钦的俄罗斯总统候选人——普京。刊发"普京主义浮出水面"文章的这一时期，西方媒体的主观色彩并不凸显，在相对客观地分析了普京的个人特质、工作经历和过往政绩的基础上提出了"普京主义"的概念。但随着普京执政后主权民主道路的政治立场日趋稳定，西方媒体对"普京主义"的评价不断趋于负面化，甚至充满了批判与否定。曾有美国学者将"普京主义"解读为普京创造的一种与众不同的"后苏联混合性政治体系"。从本质上看，普京主义"既非共产主义也非资本主义，既非集权主义也非自由民主"，其特征体现为与巩固的民主相反的"松散的独裁"，并将其政治体系的核心视为"一台政治机器"②。可见，西方视野中的"普京主义"被视为一种"被操纵的民主"，是具有帝国主义思维的，是反对西方的，也是西方所反对的。事实上，西方社会对"普京主义"存在差异性认识的根源在于，俄罗斯偏离了西方社会给予的既定路线，走上了一条越来越具有俄罗斯特质的发展之路。作为研究者，秉持科学的研究立场并从客观的评价角度来看，"普京主义"代表的是现阶段俄罗斯总统普京的治国理念和改革措施，也是普京执政团队着眼未来，为百年俄罗斯长久生存发展做出的一项政治设计。"普京主义"的特点可以概括为对内强调国家权威，对外强化大国形象，其包含的理念与方略不是"新生事物"，而是普京以往治国理念和改革措施的一脉相承与新阶段发展。

2022 年 11 月 9 日，普京签署第 809 号总统令，颁布了《保护和巩固俄罗斯传统精神道德价值观的国家政策基础》，从国家安全角度首次以法律形式正式提出了俄罗斯国家核心价值观——俄罗斯传统精神道德价值观（традиционные

---

① Владислав Сурков. Долгое государство Путина ［EB/OL］. Независимая газета，2019-02 -11.

② 艾伦·林奇，张品，潘登，等. 普京与普京主义 ［J］. 俄罗斯研究，2008（1）：2-9.

российские духовно－нравственные ценности），简称"传统价值观"（традиционные ценности）。普京指出，世代相传的传统价值观是俄罗斯公民世界观得以形成的道德基础和准则，也是形成全体俄罗斯公民身份认同以及建设统一国家文化空间的重要基础，具体包括人的生命、尊严、人权和自由、爱国主义、公民意识、报效祖国和对国家命运的责任感、崇高的道德理想、纽带牢固的家庭、创造性劳动、精神优先物质、人道主义、仁慈、公正、集体主义、互相帮助和互相尊重、铭记并传承历史、俄罗斯民族团结。① 从内容维度来看，"俄罗斯传统精神道德价值观"深受"普京主义"所提倡的保守主义价值取向影响，是对俄罗斯民族传统价值观的深度回归，也成为当前"普京主义"意识形态部分的重要组成内容。

"俄罗斯传统精神道德价值观"的正式提出，意味着可代表俄罗斯社会最大价值公约数的价值观念已然在本阶段得以确定，作为俄罗斯政府建设社会统一思想倾向的标志性成果，更为俄罗斯国家核心价值观建构历程添上了历史性的一笔重彩。无论是第一阶段提出"俄罗斯新思想"确立爱国主义的国家思想地位，还是第二阶段建构主权国家进程中积极倡导的主权民主政治理念，与第三阶段明确提出的"俄罗斯传统精神道德价值观"都具有强烈的内在同一性，均是对具有保守主义色彩的俄罗斯传统价值文化的复归，体现出俄罗斯政府从本民族历史文化中寻找回应时代问题答案的政治主张和政府行为。

第三节 影响俄罗斯国家核心价值观建构的民族文化心理

俄罗斯是世界公认的文化大国。俄罗斯文化以其东西方文化兼容并蓄的精神气质、传统符号与时代元素和谐共存的独特魅力，在世界文化图景中占据着重要的位置。在寻找社会统一的价值观和思想倾向、建构国家核心价值观进程中，千百年来积淀传承的聚合性思想、弥赛亚精神、新欧亚主义思想等民族文化观念作为一种内生性原因，以其自发性和自觉性的特质属性，影响并决定着当代俄罗斯核心价值观建构的现实进展。

---

① Об утверждении Основ государственной политики по сохранению и укреплению традиционных российских духовно－нравственных ценностей［EB/OL］. Президент России，2022－11－09.

一、聚合性思想

俄罗斯是一个具有强烈集体主义倾向的民族。无论在苏联时期，还是倡导民主与自由的当代俄罗斯，人们始终崇尚集体主义的生活方式，对"家长式"的国家意志、国家行为、国家决策始终保有高度的渴求与广泛的依赖。客观来看，集体主义精神与自古以来俄罗斯民族具有的聚合性思想是密不可分的。聚合性思想是俄罗斯特有的文化产物，这一概念是俄罗斯斯拉夫派创始人之一，19 世纪著名哲学家、历史学家、政论家阿·斯·霍米亚科夫（А. С. Хомяков）基于对东正教教会整体性认识提出的宗教哲学术语。从语义学来看，聚合性（соборность）① 一词的词根是собор，可译为教堂、聚会、会议。这里的聚会并不具体指某一地点的聚会，而是"精神的凝聚和意志的统一"，且"不是外部的统一，而是内部的统一——灵魂的统一"②。霍米亚科夫认为，东正教的教会是"活在人们心中的上帝的神赐的一种形式，是俄罗斯东正教文化内部完整性的精神支柱"③。"热爱基督和神理的人属于基督并成为基督躯体的组成部分，他们在教会中将找到在教会之外找不到的新的、更完满和更完善的生活。教会是一个由我们自己的天主赋予生命的有机整体。沙粒的确不能从它们偶坠其中的沙堆中获得存在，但取自活机体的每一部分都必是其机体不可分割的一部分，它将从该机体中获得新的意义和新生命：人在教会中，在基督躯体中就是这样的，而爱则是基督躯体的有机基础。"④ 在教会与信徒的关系层面，人们通过教会自由地、有机地联合为一个整体，当然，教会不是教会成员之间简单的集合，教会与教会成员之间也不是一般意义上的整体与部分的关系，"无论握有最高权柄的宗主教，还是神甫们，甚至全世界基督教代表会议，都不是真理的绝对体现者，唯有整个教会才是真理的绝对体现者。教会之作为基督之体，总是趋向于统一教会的基本原则，不是屈从于外部政权，而是服从聚合性"⑤。聚合性指出了东正教教会内部信徒之间的关系原则，即"建立在爱上帝及其真理和爱上

---

① соборность 一词的词根是собор，可译为教堂、聚会、会议，是俄罗斯宗教哲学的专用术语，也是俄罗斯哲学的核心思想，在我国学界有多种翻译方式，如"聚议性""聚和性""和衷共济"等。这里采用张百春教授和徐凤林教授"聚合性"的翻译方案。

② Хомяков. А. С. Сочинения богословские［М］. Санкт-Петербург：Наука，1995：41.

③ Хомяков. А. С. Сочиненияв двух томах［М］. Чебоксары：Издательство《Медиум》，1994：195.

④ Н. О. 洛斯基. 俄国哲学史［М］. 贾泽林，等译. 杭州：浙江人民出版社，1999：56.

⑤ Н. О. 洛斯基. 俄国哲学史［М］. 贾泽林，等译. 杭州：浙江人民出版社，1999：35.

帝者之间互爱基础之上的"① 统一。当然，俄罗斯聚合性思想同时也蕴含了巨大的自由精神成分，即强调教会成员之间的自由与平等，因而聚合性所指的统一是与自由相结合的统一，这正体现了东正教与其他宗教存在着的本质差异——"在天主教那里只有统一而无自由，而在新教那里只有自由而无统一，在这些宗教信仰中实现的仅是外在统一和外在的自由"②。东正教认为，只有东正教强调了自由与统一的完好结合，集中体现为"在共同理解真理和追求救世之道的事业上的自由统一，是建立在对基督共同的爱以及对宗教的虔诚的基础上的统一"③。

俄罗斯民族聚合性思想的形成、发展、巩固与斯拉夫人长期生活积累的村社制度有着密切的关系。俄罗斯人的祖先主要是东斯拉夫人。公元6—9世纪，东斯拉夫人以氏族部落的形式聚居在东欧平原，他们性格坚毅、身体壮硕、热爱自由。公元8世纪，居住在森林区域的俄罗斯人开始进入南部草原区，原本的森林农业在勉强适应自然环境挑战的同时还要适应草原区的新挑战。这促使东斯拉夫人建立和维持更加紧密的共同体纽带。公元9世纪，随着生产力的发展，原始氏族制度趋于瓦解，氏族分为单个的家庭。若干家庭又按所处地域和经济联系结成农村公社。④ 伴随着俄罗斯社会的进步与发展，村社也不断完成自身的发展演变，从自组织的生存共同体不断发展成为具有行政司法、税收赋役、土地分配、组织农业生产、社会救助、宗教文化传播、青年人社会化等明确职能的实体社会组织。直至1929年，苏联开启了农业集体化的改革路线，村社被集体农庄所取代，存在于俄罗斯社会一千余年的俄国村社正式退出了历史舞台。但是村社文化所蕴含的集体主义、公平意识、利他主义等珍贵的崇高品质和价值理念被保留下来，融汇于俄罗斯民族的思想深处，成为聚合性思想产生的民族心理基础，其与聚合性思想有着密切的内部联系和一致的指向性，即同样重视平等、统一和整体。作为贯穿于斯拉夫主义宗教哲学思想的重要概念，聚合性思想在一定程度上决定和加深了俄罗斯民族品质的凝塑、巩固与发展。

相对于西方国家对个体的关注，俄罗斯民族更为重视集体。虽然俄罗斯民主化进程扩大了社会民众对自由和民主制度的认识和理解，但整体来看，俄罗斯社会仍然表现出对集体生活方式和"家长式"决策的强烈依赖。换言之，人

---

① H. O. 洛斯基. 俄国哲学史 [M]. 贾泽林，等译. 杭州：浙江人民出版社，1999：31.

② H. O. 洛斯基. 俄国哲学史 [M]. 贾泽林，等译. 杭州：浙江人民出版社，1999：31.

③ 赵丽君. 霍米亚科夫的聚合性学说探析 [D]. 长春：东北师范大学，2009.

④ 洪宇，刘庆宁，郑刚. 简明俄国史 [M]. 上海：上海外语教育出版社，1987：2.

们希望在社会各领域建设与重大事件和问题的处理中获得国家支持，且倾向于由政府做出相应的国家指令和国家策略。别尔嘉耶夫曾说，"在俄罗斯生活中，个性因素没有得到充分的发展。俄罗斯人民永远喜欢生活在集体的温暖之中，生活在大自然的亲密无间之中，生活在母亲的怀抱之中"①。俄罗斯人对社会整体性、统一性的认识，对集体生活的向往与依赖，逐渐演变为深厚的爱国情感以及对集体生活的珍视，也使得人们更加珍惜社会成员之间的关系和情感，以及渴望所处集体能够在自身发展进程中获得稳定、强盛的发展趋势。因而，具有强烈俄罗斯文化特征的聚合性思想"不只是把'我'包容于'我们'之中，而且还形成了某种社会定式，那就是人和人之间的互信、互助和互爱，这种人际关系并不是法律上影响规定的关系，而是一种道德"②。这在一定意义上强化了当代俄罗斯人对集体主义、社会团结、民族和谐、地区协同发展以及国家强大的精神向往与心理需要，同时也激发了人们为此而不懈奋斗的崇高奉献精神。当然，也正是俄罗斯民族具有的深刻聚合性思想，使得当代俄罗斯民众能够在国家是价值观建构和价值观教育的"主要战略投资者"③ 等问题上与国家和政府达成最广泛的思想共识。

二、弥赛亚精神

同大部分信仰基督教的西方世界国家一样，俄罗斯民族有强烈的弥赛亚情结，一直以来执着思考着与"末世""神选""救世"相关的世界终极问题以及救世人选问题。弥赛亚（помазанник）是一个宗教概念，在希伯来语中意为"受膏者"。按照旧约圣经所述，君王和祭司受封时，头上会被敷上膏油，使其接受神所给予他们的职分。因而，受膏者是上帝选中的具有特殊权力的人，受上帝委任行事。基督教将基督耶稣也同视为弥赛亚，作为"救世主"，他将在末日到来时二次降临，拯救并带领所有基督教信徒走进"千禧年王国"。虽然弥赛亚精神源于宗教概念，但从西方社会历史文化的发展轨迹来看，内嵌于人思想之中的弥赛亚意识已经在世俗世界对社会政治、文化、哲学，特别是民族心理、精神气质产生了深刻的影响，因而，弥赛亚精神被赋予了某种特殊的属性，成为诸多民族重要的文化观念。

---

① 尼·别尔嘉耶夫. 俄罗斯思想［M］. 雷永生，邱守娟，译. 上海：生活·读书·新知三联书店，1995：5.
② 郭小丽. 俄罗斯的弥赛亚意识［M］. 北京：人民出版社，2009：369-370.
③ Стратегия государственной культурной политики на период до 2030 года［EB/OL］. Правительство России，2016-02-29.

作为俄罗斯极富代表性的民族文化观念，俄罗斯民族弥赛亚精神的形成可追溯到公元 988 年的罗斯受洗。俄罗斯人的祖先东斯拉夫人主要信仰多神教，具有神秘色彩的天火神斯瓦罗格（Сварог）、地火神斯瓦罗日奇（Сварожичи）、太阳神达日博格（Даждь бог）及家畜神韦列斯（Велес）等神话形象都是为俄罗斯祖先所崇尚和敬仰的。多神教过于强化了东斯拉夫民族的家族属性、部落属性，不利于形成统一的国家认识和民族意识。因而，为了通过宗教文化的外力加强民族统一与中央集权，基辅大公弗拉基米尔开始考察各类宗教，最终将传自拜占庭帝国的基督教作为国教。公元 998 年，弗拉基米尔大公命令全体罗斯人在第聂伯河畔接受洗礼，结束了东斯拉夫人长久以来的多神教信仰文化，由此，也确立了俄罗斯人一个多世纪以来的思想根基与文化基因。罗斯受洗将弥赛亚精神引渡至基辅大地，历经漫长的积累、沉淀，弥赛亚精神在不同历史阶段体现出不同的现世表征。其中，"第三罗马"思想是俄罗斯弥赛亚精神形成的重要标志性符号。1510—1511 年，普斯科夫修道院院长菲洛费伊（Филофей）在写给莫斯科大公瓦西里三世的颂词中提到了"第三罗马"思想。菲洛费伊认为，莫斯科公国是接替第一罗马——西罗马帝国和第二罗马——拜占庭帝国的不会灭亡、无人超越的"第三罗马"——"两个罗马倒下了，第三个罗马屹立不倒，而第四个罗马将不再有"[1]。作为承担拯救世界的唯一一个也是最后一个继承者，俄罗斯将带领全世界人民走向上帝之国。"第三罗马"思想蕴含着强烈的弥赛亚精神，强调了俄罗斯民族的神选地位，并很快在宗教领域得到广泛传播。由于迎合了统治者的政治需要，"第三罗马"思想在 1598 年"获得了宗教法的承认"[2]，而后逐渐融入俄罗斯民族的思想意识与民族精神之中。另一个具有强烈弥赛亚精神的表征符号是 1833 年时任国民教育大臣的谢·谢·乌瓦洛夫（С. С. Уваров）在致沙皇尼古拉一世的奏折中针对国家教育提出的"三位一体"思想原则，即"东正教、专制制度和人民性"。"三位一体"思想强调作为唯一正统的、上帝的宗教——东正教，君权神授、与人民一体且可带领人民走出苦难的君主及其专制制度，以及因君主而坚强有力的人民，三者构成了统一不可分割的整体，共同履行上帝赋予的救世使命。虽然"三位一体"思想具有反动性，成为沙皇麻痹人民、巩固君主制度、制定国家专制政策的依据和基础，但从民族文化观念演进的客观进程来看，"三位一体"思想的提出同样推动了弥赛

---

① Тимошина Е. В. Теория《 Третьего Рима 》в сочинениях《 Филофеева цикла 》［J］. Правоведение，2005（4）：181-208.

② 宋瑞芝 . 俄罗斯精神［M］. 武汉：长江文艺出版社，2000：43.

亚精神在俄罗斯民族文化观念中的进一步巩固与发展。

无论是"莫斯科——第三罗马"思想，还是"三位一体"思想，诸如此类的一系列具有强烈弥赛亚意味的理论和学说的产生与发展，都具有其历史必然性。从民族心理层面分析，源于东欧平原的俄罗斯民族由于缺乏大自然的天然屏障，经常受到外族的入侵和征战，俄罗斯民族对外界产生强烈的敏感心理和不信任感。在人们不断积累社会实践的过程中，对外扩张与强大自身逐渐发展成为俄罗斯民族消除不安全感和获得自我存在感的重要路径，因而，弥赛亚精神带来的神选民族与强国情结契合了俄罗斯民族建设强大国家的心理需求；从地缘政治与文化层面分析，横跨亚欧大陆的俄罗斯正如俄罗斯国徽双头鹰所示，这是一个既望向东方也朝向西方的国度，衍生而出的关于肩担东西方政治、经济、文化相互融合、建设与发展重任的民族潜意识更加固了人们对俄罗斯民族神圣性与救世色彩的认知与理解。

"历史的知识是关于心灵在过去曾经做过什么事的知识，同时它也是在重做这件事，过去的永存性就活在现在之中。"① 与其他信仰基督教的民族一样，在弥赛亚精神历经世俗化的过程中，俄罗斯民族也在证明自己是能够"拯救"其他民族的弥赛亚民族，这种情感和意识也不断激起俄罗斯民族强烈的民族优越性与自豪感，同时也塑造了俄罗斯民族极强的救世心理和使命感。与此同时，历经时代的积淀与传承，弥赛亚精神在当下彰显得更为淋漓尽致，已然成为俄罗斯民族渴望国家强盛、民族强大的重要思想文化根源。从本质上理解，当代俄罗斯民族的弥赛亚精神集中体现了两个重要的观念表征：一是"神选民族"观念，即俄罗斯是上帝特选的民族——这是俄罗斯人对自我身份的认识；二是救世情结，即作为唯一特选的民族，俄罗斯是各民族的救世主，肩负着救世使命——这是俄罗斯人对民族使命的认识。因而，"在俄罗斯人心目中，俄罗斯不仅是一个地理意义上的大国，而且还肩负着某种神圣使命而注定要成为一个精神意义上的大国"②。当然，客观地看，弥赛亚精神具有二重性，一方面，其所蕴含的救世情怀、大国意识促进了俄罗斯民族意识的觉醒，激发了人们的爱国情怀；另一方面，过于彰显民族优越性也在一定程度上导致了俄罗斯国家和社会至今仍无法彻底摆脱的大国沙文主义。

---

① R. G. 科林伍德. 历史的观念 [M]. 何兆武，张文杰，译. 北京：中国社会科学出版社，1986：247.

② 海运，李静杰，学刚，等. 叶利钦时代的俄罗斯·外交卷 [M]. 北京：人民出版社，2001：265.

三、新欧亚主义思想

苏联解体后，俄罗斯走上激烈的社会变革之路。关涉俄罗斯命运的国家发展道路的时代之问再一次成为全社会关注的问题焦点。也正是在这一时期，以新欧亚主义为代表的诸多社会思潮相继出现，影响并决定着国家各领域的战略决策和发展方向。从历史发展来看，新欧亚主义（неоевразийство）源于 20 世纪 20 年代的古典欧亚主义（классическое евразийство）。1921 年 8 月，俄国知识分子 П. Н. 萨维茨基、Н. С. 特鲁别茨科伊、П. П. 苏符钦斯基和 Г. В. 弗洛罗夫斯基在保加利亚首都索非亚出版了集体著作《走向东方》，标志着古典欧亚主义的诞生。古典欧亚主义的产生是俄国知识分子在审查了沙皇俄国封建君主制度和西方资本主义制度弊病的基础上，打破了长期存在于俄国国内主张保守主义的斯拉夫派和主张自由主义的西方派的思想绝对性，主张以一种全新的视角对自身文化和道德观念开展系统批判，代表了俄国知识分子在思考俄罗斯命运过程中民族意识的觉醒。古典欧亚主义者排斥"欧洲"和"亚洲"两个独立词汇对地缘政治带来的分裂感，强调"欧亚"一词的空间整体性与统一性。在文化属性方面，古典欧亚主义者坚决反对欧洲中心论思想，认为俄罗斯民族既不是欧洲人，也不是亚洲人，而是具有特殊欧亚文化的特殊民族，俄罗斯文化也同样具备独特性，是聚合了大西洋文明与太平洋文明的第三类文明。客观来看，俄罗斯横跨欧亚大陆的地理位置使俄罗斯自古以来具有强烈的欧亚属性，造就了兼容东西方基因的独特欧亚文化。这种欧亚文化并不是欧洲文化与亚洲文化的简单叠加，而是二者在鲜明欧亚空间之中的统一融合。正如萨维茨基认为的，"俄罗斯文化作为一种文化存在，融合了各种差异悬殊的文化要素"，"物质财富的增长是西方文化的目标，东方文化所追求的是精神世界的提升"，"但绝不是说完全拒绝西方的经济技术成果，而是应通过更高级的宗教、精神的监督，有原则地吸收西方的经济与技术，促进东西方文化真正融为一体"①。

"社会思潮反映一定时期社会成员的认知、情感以及心理和价值取向，被称为衡量和预测一国社会态势的晴雨表。"② 苏联解体后，面对激进自由主义改革失败的社会局面，沉寂了半个多世纪的古典欧亚主义以"新欧亚主义"的表现形式再次活跃在世纪之交的俄罗斯，成为回答俄罗斯向何发展的重要价值基础与思

---

① Вернадский Г. В. Опыт истории Евразии. Звенья русской культуры ［М］. Москва：КМК，2005：330.

② 海运，李静杰，学刚，等 . 叶利钦时代的俄罗斯·外交卷 ［М］. 北京：人民出版社，2001：322.

想倾向。新欧亚主义的代表人物、俄罗斯著名哲学家亚·杜金（А. Г. Дугин）强调有必要发扬欧亚主义的地缘政治思想传统，主张将欧亚主义视为一个系统的理论体系并逐步促其实现"从哲学到政治"① 的过渡。基于俄罗斯特殊的地理位置、历史进程和文化传统，新欧亚主义既不支持新斯拉夫主义的民族中心主义思想，认为这一思想不利于独联体国家在新的历史条件下构建统一的文明空间，也不支持西化的欧洲—大西洋主义，而是主张从本国国情出发，深刻思考欧亚大陆的空间概念，通过建设特殊的俄罗斯文明，解决后苏联空间的完整性和俄罗斯同一性等问题。对俄罗斯社会而言，新欧亚主义是世纪之交俄罗斯寻找到的新精神支点，对社会发展的各个领域都产生了巨大的影响。一方面，新欧亚主义强调俄罗斯国家经济复苏与大国重构。结合地缘经济理论，重视发展俄罗斯与独联体国家、亚太地区的经济合作机制，全面复苏俄罗斯经济，将俄罗斯发展成为欧亚大陆的经济中心。另一方面，新欧亚主义强调探索俄罗斯文明与重塑强国俄罗斯，即利用特有的地缘政治条件兼容并蓄东西方文化，探索、建构和发展独特的俄罗斯文明，在抵御西方文明威胁、加强与东方文明对话中确保俄罗斯在世界格局的位置，主张通过大国外交积极塑造俄罗斯强国的世界形象。整体而言，新欧亚主义的兴起充分反映了俄罗斯在国际地位极速下降的现实背景下，延续探索"俄罗斯道路"和重新审视俄罗斯命运的思想凝结，不仅符合追求大国强国的俄罗斯民族心理的根本需求，同时也为俄罗斯国家复兴提供了更为现实的战略思路，其在一定程度上也决定了当代俄罗斯核心价值观建构的价值取向。

第四节　当代俄罗斯价值观教育战略制定的社会文化背景

全球化进程改变了以往社会各领域交流、融合、碰撞相对缓慢的速度，在赋予各领域日益趋向多元化发展特征的同时，各领域之间相互影响、渗透的速度和程度变得更加频繁和强烈。教育是社会重要的子系统。教育在实现自身社会特殊职能的同时，与政治、经济、文化等其他社会子系统相互制约、相互影响，发生广泛而密切的内部联系。正如涂尔干（Émile Durkheim）所说，"无论在什么时代，教育的器官都密切联系着社会体中的其他制度、习俗和信仰，以及重大的思想运动"，"要想真正地理解任何一项教育主题，都必须把它放到机构发展的背景当中，

---

① Дугин А. Г. Евразийство от Философии к политике ［N］. Независимая газета，2001-05-30.

放到一个演进的过程当中，它属于这个过程的一部分"①。研究表明，价值观教育已然不是单个人的活动领域，而是融合了人与人、人与社会、教育领域与社会其他领域的关系。价值观教育既可调节人的个体行为，亦可解决人和社会所面临的复杂境遇，同步促进人与社会的稳定发展。因而，居于战略高度关注和思考价值观教育问题在世界各国日益彰显其重要的时代价值与现实意义。探讨俄罗斯价值观教育的问题，亦是无法同社会文化背景相割裂的。从俄罗斯社会的教育文化发展历程来看，意识形态领域、政治领域、文化领域、教育领域等多重维度的社会"转向"，是促生当代俄罗斯价值观教育提高至国家战略高度并得以实施发展的现实根源与重要生态环境。

一、意识形态层面：意识形态真空转向国家思想重塑

20 世纪 90 年代初期，经历了巨大政治体制变革的俄罗斯迅速迈入相对漫长的社会转型进程。"俄罗斯向何处去""是俄罗斯人，抑或是苏联人"等关于国家发展道路的时代叩问充斥在俄罗斯社会，"与苏联决裂""回归苏联模式""循西方道路""抵制西方"等各方声音在俄罗斯社会角力。政治局势骤变、经济遭遇重创等一系列现实问题引发了转型困境，这些困境逐渐加剧了人们对苏联时期意识形态集权化的抵触情绪，也让绝大部分俄罗斯人更为清楚地认识以美国为首的西方国家所倡议的经济援助及所倡导的价值理念的不可信任性，这不仅使共产主义思想最终以超乎寻常的彻底性退出了俄罗斯的历史舞台，同时也使原本计划追随西方自由主义意识形态的国家思想转型之路停滞不前。换言之，一方面，努力从原有意识形态"解放"出去的轨迹变革，迫使转型初期的俄罗斯鲜明地张贴上了意识形态不可逆转的标签；另一方面，失望于西方援助的民众情绪在很大程度上抑制了西方价值理念在俄罗斯意识形态领域的肆意割据。1993 年，俄罗斯颁布了第一部宪法。宪法明确规定"俄罗斯联邦承认意识形态多样性。任何意识形态不得规定为国家的或必须遵守的意识形态"②，以国家最高级别法律形式对意识形态建设进行的限定，加固了俄罗斯将在很长一段时间内保持意识形态"真空"的社会现实。

意识形态"真空"带给俄罗斯社会的仅是获得暂时性自由的短暂欣喜。自由主义、民族主义、欧亚主义、激进主义、经济实用主义、左翼社会主义等各种社会思潮纷纷涌入俄罗斯社会，代表着东方、西方、传统、现代、激进、保守等元

---

① 涂尔干. 教育思想的演进［M］. 李康，渠东，校译. 上海：上海人民出版社，2006：14.
② Конституция Российской Федерации［EB/OL］. Конституция РФ, 1993–12–12.

素的思想激烈碰撞，放大了意识形态"真空"，加剧了思想领域危机。据统计，"1992 年至 1997 年每年登记的犯罪案件都超过 230 万件"①。"俄科学院社会学研究所公布的一份名为《今日俄罗斯公民：自我意识及社会理想》的报告显示，82%的年轻人将个人发展置于为国效力之上。"② 与此同时，国内生活水平的不断下降加重了俄罗斯社会广泛的心理变化和强烈的政府信任危机，社会各领域矛盾不断呈现，社会秩序受到严重影响。"冷漠无情、利己主义、不知羞耻、无端的攻击行为、对国家和各类社会机构的不尊重，正在社会意识中广为扩散。"③ 在一项题为"爱国主义：标准和表现"的网络调查中，对于"您认为，俄罗斯有多大一部分人可以被称作爱国者？"的问题，在来自俄罗斯 100 个地区的被试者中，仅有 1%选择"全部"，19%选择"大多数"，19%选择"半数"，41%选择了"少数"，还有 7%选择"都不是"，其余参与者则选择"很难回答"。④

　　"价值和精神是意识形态构筑发展的两个本质向度。"⑤ 重塑俄罗斯社会发展的稳固基石，提升全体社会成员的向心力和凝聚力，需要打破现有意识形态建设的外部束缚，重新肯定意识形态建设的"合理性"并尽快探寻俄罗斯国家思想。1994 年，叶利钦发表《国情咨文》，强调"要恢复俄罗斯昔日的强国地位的大国主义思想"⑥。1996 年，叶利钦再次倡议"俄罗斯知识精英要创造出新的俄罗斯思想和国家意识形态"⑦。这类倡议引起了俄罗斯社会的不同回应。一部分民众表示支持思想领域建设，认为统一的俄罗斯思想能够促进社会秩序恢复，有助于解决社会问题并促进政治、经济等各领域的稳定发展。但也有一部分民众出于对复归苏联轨迹的担忧，以及对国家发展道路不明确性的迷茫而极力反对。诸多不可协调因素使"新的俄罗斯思想和国家意识形态"在叶利钦时代并没有取得实质性的建设进展，即便如此，关于意识形态建设的问题在俄罗

① 俞邃，许新，潘德礼. 普京：能使俄罗斯振兴吗 [M]. 南京：江苏人民出版社，2002：117.

② 蓝瑛波. 俄罗斯的爱国主义教育 [J]. 中国青年研究，2006 (6)：86-87.

③ Государственая программа « Патриотическое воспитание граждан Российской Федерации на 2001—2005 годы » [EB/OL]. Правительство России，2001-02-16.

④ Патриотизм：критерии и проявления [EB/OL]. Фонд Общественное Мнение，2006-12-07.

⑤ 李忠军. 论社会主义核心价值观、中国精神与社会主义意识形态 [J]. 社会科学战线，2014 (3)：31-39.

⑥ Послание Президента Федеральному собранию (1994) [EB/OL]. КОДИФИКАЦИЯ. РФ，1994-02-24.

⑦ 尤莉娅·西涅奥卡娅，华格. 20—21 世纪之交俄罗斯的国家认同 [J]. 社会科学战线，2015 (12)：247-252.

斯社会已然拉开序幕。

在即将迈进新千年之际，叶利钦提出辞去俄罗斯总统职务，由时任总理的普京出任代总统。客观来看，此时俄罗斯社会发展境况并不顺利，面临着社会各领域建设亟待推进、社会秩序亟待恢复、民族凝聚力亟待提升、国家形象亟待扭转等现实境遇，新一届政府迫切需要开展富有成效的建设性工作。然而，"公民不和睦，社会不团结"等客观存在的社会问题使得改革进程"艰难而缓慢"①。历史表明，作为国家治理的合法性投资，在国家层面开展价值观整合是社会完成一切建设任务、达成社会共识和推动社会发展的必要性前提。虽然宪法规定了"俄罗斯联邦承认意识形态多样性"，但这并不意味着国家不需要建构用以凝聚民众的精神力量。为此，普京果断聚焦到意识形态领域统一价值取向的建构问题，提出了以爱国主义、强国意识、国家观念、社会团结为核心内容的"俄罗斯新思想"。为巩固爱国主义的核心价值观地位，俄罗斯联邦政府自2001年起连续颁布了四部公民爱国主义教育国家纲要，普京本人也多次在公开场合宣传爱国主义，并赋予其不可替代的时代地位。

从冲破意识形态"真空"与"混沌"现实藩篱转向国家思想的凝塑与建构，是当代俄罗斯政府在意识形态领域建设取得的重要进展。"统治阶级的思想在每一时代都是占统治地位的思想。这就是说，一个阶级是社会上占统治地位的物质力量，同时也是社会上占统治地位的精神力量。"② "意识形态是以价值观为导向和核心的，不同的意识形态相互区别的本质在于其价值观的不同。"③那么，如何促使统治阶级的思想成为占统治地位的思想？在这一问题上既离不开思想的宣传教育，同时也离不开社会成员对思想的认可、接受和践行。意识形态建设离不开价值观教育，二者均属于社会的上层建筑且具有极其密切的内在关系。意识形态决定了价值观教育的方向，制约和规范着价值观教育的表现形式与展现内容。而作为反哺意识形态生成与建设的重要基础，价值观教育的战略导向、结构布局与实践策略成为了政党将国家意志传递给社会成员，以及巩固和强化意识形态建设的重要载体。正是在从意识形态"真空"走向国家思想重构的现实语境下，俄罗斯政府正式启动了价值观教育战略，这一国家行为不仅反映出转型时期俄罗斯意识形态建设的现实需要，也成为俄罗斯政府实现

---

① Владимир Путин. Россия на рубеже тысячелетия［N］. Независимая газета，1999-12-30.

② 中共中央马克思恩格斯列宁斯大林著作编译局. 马克思恩格斯选集：第 1 卷［M］. 北京：人民出版社，1995：98.

③ 尹怀斌. 社会主义意识形态与核心价值［J］. 思想理论教育，2008（21）：34-39.

"俄罗斯由乱到治的转变"的国家治理战略在教育领域的重要探索。

二、政治制度层面：追随西方民主转向俄式民主建构

经历过"大破、大立和大动荡"①的叶利钦时代，俄罗斯确立了国家发展的总体方向，并以最高国家法律形式在 1993 年 12 月由俄罗斯全体公民投票通过的俄联邦宪法中得以明确，即"俄罗斯是具有共和制政体的民主的、联邦制的法治国家"②。1994 年，叶利钦在其发表的《国情咨文》中先后 41 次提到了"民主国家""民主标准""民主权力系统""民主价值"等概念，③ 积极构建民主的政治制度框架。然而，由于受到以美国为首的西方自由主义的严重影响，这一时期俄罗斯国内的民主建设并不理想，国内形势也极为严峻：其一，地方政权自行其是，党派纷争、寡头干政；④ 其二，俄罗斯府院之争不断，仅1998—1999 年，总统叶利钦四易总理，频繁的政府改组加剧了政治环境的不稳定性；其三，"俄领导人总是把国家与社会对立起来，认为两者是矛盾、冲突的，主张控制国家，极力压缩国家权力，结果造成国家软弱无力，无政府主义泛滥"⑤；其四，人们狂热地追求所谓的自由，忽视法律秩序，导致社会出现混乱状态。无论是从广度还是深度而言，这一时期俄罗斯社会政治转型的剧烈程度甚至不亚于 1917 年社会主义革命，但政治模式转变的结果却并不令人满意，过度激进的政治体制改革导致国家能力衰竭，国家权力趋向解构化发展，政治生态很不乐观。

客观来看，从叶利钦时代过渡到普京时代的俄罗斯面临着复杂而严峻的国内外形势，"俄罗斯将走向哪里"的国家发展道路之问仍然是这一时期俄罗斯转型进程的关键问题。普京就任总统后充分肯定、接受和继承了俄罗斯通往民主政治和市场经济的发展道路。在第一次发表的《国情咨文》中，普京提到了"民主化""民主社会""民主国家""民主政治体系"等概念，并强调"只有民主的国家才能确保个人与社会之间利益的平衡，使个人主动精神与全民族的任务并行不悖"⑥，"没有民主，不彻底纳入世界进程，今天我们便不能想象俄

① 庞大鹏. 俄罗斯的发展道路 [J]. 俄罗斯研究，2012（2）：53-83.

② Конституция Российской Федерации [EB/OL]. Конституция РФ, 1993-12-12.

③ Послание Президента Федеральному собранию（1994）[EB/OL]. КОДИФИКАЦИЯ. РФ, 1994-02-24.

④ 陆南泉. 转型中的俄罗斯 [M]. 北京：社会科学文献出版社，2014：44.

⑤ 王立新. 论俄罗斯转型时期的十个重大调整 [J]. 人民论坛·学术前沿，2013（10）：54-61.

⑥ 普京. 普京文集 [M]. 北京：中国社会科学出版社，2002：82.

罗斯会有成功的未来"①。但与叶利钦时代照搬西方模式和相对激进的改革节奏相比，普京强调俄罗斯民主道路的建设与发展应更富民族化、本土化和循序性等时代特征，且应当是在"将市场经济和民主制的普遍原则与俄罗斯的现实有机地结合起来"②的客观规律基础上的审慎践行。普京上任后采取了一系列的改革措施，积极调整社会各领域关系，整顿社会政治秩序，不断探索构建更接近和符合俄罗斯国家需要的俄式民主道路。一是建立有效的国家垂直权力体系。以总统令形式将俄罗斯联邦主体统合为7个联邦区，③由总统提名确定各联邦区的地方行政长官，且总统有权解除相关职务，即在发展地方自治的同时加强中央集权，不断扩大总统权力、强化总统权威。二是完善和健全国家法律体系。通过纠正千余项违反联邦宪法及联邦法律的法律法规，恢复法律秩序，维护社会稳定。三是提高政党规范化和制度化水平。通过制定和颁布《俄罗斯政党法》（2001年），减少俄罗斯政党和政治组织的总体数量，逐渐形成以能够集中反映民众意识的几个大党为基础的多党制国家，其中包括统一俄罗斯党在内的一些政党迅速成立、壮大，在一定程度上也促进了俄罗斯政党体系的成熟化发展。

　　普京在建构民主、法制、高效国家政权体系过程中实施的一系列加强国家权力的举措，受到了西方社会的公开批评。面对西方极力宣扬的"正确"的自由民主，面对西方国家对俄罗斯内政的肆意干预，普京给予了强势回应："俄罗斯人民应该从本国的历史、地缘政治和其他因素出发，自主决定应该如何发展和保障自由，俄罗斯作为主权国家将自己决定推进本国民主进程的方式和时间表。"④对于这一问题，普京始终秉持强势态度，从提出"俄罗斯新思想"到"主权民主"到"俄罗斯保守主义"，普京从不讳言自己的治国理念，并通过"统一俄罗斯党"的指导思想和理论构建持续公开发声。⑤可以看到，在经历了苏联解体的惨痛历史教训之后，俄罗斯正不断走出关于"民主"的思想误区，

①　普京. 普京文集［M］. 北京：中国社会科学出版社，2002：518.

②　普京. 普京文集［M］. 北京：中国社会科学出版社，2002：6.

③　2000年5月13日，俄罗斯总统普京颁布第849号总统令，将全国划分为7个联邦管区。经过2020年6月、2010年1月、2014年3月和2016年7月四次调整，目前俄罗斯联邦由8个联邦管区组成，分别是中央联邦管区、西北联邦管区、南部联邦管区、北高加索联邦管区、伏尔加河沿岸联邦管区、乌拉尔联邦管区、西伯利亚联邦管区和远东联邦管区。

④　Послание Президента Федеральному собранию［EB/OL］. Президент России，2005 - 04 - 25.

⑤　雷蕾. 普京时代俄罗斯公民爱国主义教育二十年回顾［J］. 比较教育研究，2020（11）：53 - 59.

撇清了对"民主"的错误认知。俄罗斯社会已经不断认识到，西方社会的政治模式并不能代表绝对的民主，① 移植西方社会的政党选举制度、普选制度更不能完全代表俄罗斯社会所需的民主。对处在社会转型期的俄罗斯而言，民主化道路的现实发展远比福山（Francis Fukuyama）在《历史的终结及最后之人》中赞誉的自由民主是历史发展的完美境界与终极状态那样简单和乐观。"走民主化道路"重要的是寻找符合俄罗斯国情且与俄罗斯社会发展相适合的俄罗斯式民主道路。换言之，解体后的俄罗斯国家发展道路的选择，特别是选择之后要想适应俄罗斯的水土，并在俄罗斯得以生根、发芽、发展和壮大，必然需要结合和适应俄罗斯本国的历史文化、民族特征及社会发展的现实需要，否则又将为改革带去梗阻和危害。

俄罗斯经历的社会变革与现阶段国情决定了其民主政治的建设进程必然是复杂和漫长的。复杂性与长时性不仅体现在民主道路的探寻与建设，也体现在社会大众对俄式民主的认识与接受。普京认为，"俄罗斯必须走自己的道路"，当前俄罗斯选择的主权民主道路"是一个混合体，主权是俄罗斯与其他国家之间相互关系的内核，而民主则是俄罗斯社会的内在状态"②。然而实践表明，对亲身经历了祖国命运跌宕起伏的俄罗斯民众，特别是俄罗斯青年一代而言，他们在心理上对俄罗斯的民主道路是持有相对复杂的认识和态度的，且很难在短期之内得到彻底转变和改善。有学者在 2011—2012 年对俄罗斯联邦 45 个政权主体的 1155 人（18~30 岁）开展了问卷调查，在"目前俄罗斯是否存在民主"的问题中，16.6% 的参与者认为"民主是存在的"，而 73.4% 的人则认为"不存在民主"，其余 10% 参与者选择"很难回答"；在"您认为，现实当中的俄罗斯与您理想国家的距离"一题中，40.3% 的人认为"相差甚远"，31.9% 的人认为"不是很近"，还有 4.2% 的人选择"这个目标是无法实现的"，只有 1.4% 的人选择"二者接近"，其余 22.2% 的人则选择"很难回答"③。上述数据所折射出的问题仅是全部社会问题的一个缩影，但可以从中看到，建设与发展符合俄罗斯国情需要且可为全体俄罗斯公民接纳和认可的民主制度，仍然还面临着很多挑战。

---

① 弗朗西斯·福山. 历史的终结及最后之人 [M]. 北京：中国社会科学出版社，2003：4.

② 张钦文. 普京时代俄罗斯国家意识形态的重塑 [J]. 江苏社会科学，2015（2）：128-133.

③ Селезнева А. В. Молодежь в современной Россий: политические ценности и предпочтения [M]. Москва：АРГГАМАК-МЕДИА，2014：252.

"制度、行为与文化是判断民主巩固与否的三个大的宏观维度，每个维度下面包含着若干小的方面。例如，制度里面就包含着法律制度、宪政制度、选举制度、政党制度和经济体制等；行为维度里涉及政治领袖、政党、军队、公民社会组织等主体；文化方面则包括了政治文化、宗教、行为者的态度等。新兴民主国家由于其转型前政治体制、经济情况和文化情境的不同，转型后在这些维度上就会有不同的表现，从而构成了不同的民主模式。"① 从本质上看，民主政治的运行离不开民主政治文化的建设与发展。文化是凝聚民众和引领社会共识的强大精神动力，政治文化更是影响着"该社会人们的政治行为模式、对政治系统的要求及对法律的反应等"②，是支撑一国民主政治建设的重要指标。对俄罗斯而言，发展和巩固俄式民主道路必然需要建设相应的民主文化。价值观是文化的内核，因而，建设民主文化的关键任务之一即体现为国家核心价值观建构及面向社会成员实施价值观教育，上述观点是我们从巩固俄式民主道路的角度来思考的。事实上，作为一种政治形态，民主政治的形成过程已然包含了"政治上层建筑与经济基础和意识形态相互作用"③。换言之，意识形态建设是民主政治建设与发展的题中之义。总的来看，实施价值观教育是发展和巩固当代俄式民主道路的内在要求。一方面，能够通过价值观教育宣传民主政治、营造民主氛围，不断加速和巩固俄式民主道路的确立与发展；另一方面，能够在获得最大思想共识的基础上，提高社会成员对国家政治制度的认同、理解与拥护，进而提升社会成员的国家向心力和凝聚力，维护社会稳定。

三、社会文化层面：多元文化激荡转向民族文化认同

文化是社会重要的子系统，既内蕴着一个国家、一个民族的历史记忆与思想财富，成为凝聚民众和引领社会共识的强大精神动力，同时又以独特符号的形式承载着一个国家、一个民族的历史文化传统与鲜明时代特征，外塑着一个国家、一个民族的文化形象。所谓文化认同，指的是"人有意识地接受与其相适的文化规范与行为模式、价值取向与语言，并基于所属社会认可的且符合社会文化形象的文化特性而理解'自我'"④。有学者将其解释为一种肯定的文

① 王菁. 转型国家民主巩固的模式与道路探析［J］. 当代世界社会主义问题，2012（3）：109-124.

② 王邦佐，等. 政治学辞典［M］. 上海：上海辞书出版社，2009：7-9.

③ 王邦佐，等. 政治学辞典［M］. 上海：上海辞书出版社，2009：4.

④ Грушевицкая Т. Г. Основы межкультурной коммуникации：учебник для вузов［M］. Москва：Изд-во ЮНИТИ-ДАНА，2003：54.

价值判断，即指文化群体或文化成员承认群内新文化或群外异文化因素的价值效用符合传统文化价值标准的认可态度与方式。经过认同后的新文化或异文化因素将被接受、传播。① 也有学者提出，"文化认同是人们在一个民族共同体中长期共同生活所形成的对本民族文化的肯定性体认"②，是"对自我的身份以及自我身份的合理性、正当性，对自己生活世界的必然性，对特定的文化理念、思维模式和行为准则等的价值认同和价值观认同"③。文化认同是国家、社会、民族稳定发展的重要文化心理基础，其核心体现在"对一个民族的基本价值的认同"④。没有"基本价值共识"的民族，不会创造出体现民族精神气质的文化，也无法形成稳定、坚实的文化认同以及凝聚民族共同体的精神纽带。一般地，对自身文化具有强烈认同的国家，往往具备屹立于世界民族之林的强大精神基础，且能够在历史进程中保持可延续的旺盛生命力。

作为多民族国家，俄罗斯在社会转型阶段面临的文化考验是严峻的，文化认同也经历着前所未有的冲击和挑战。带来冲击和挑战的原因来自方方面面，从国际形势来看，全球化是人类社会发展的必然阶段，其最初主要体现在经济领域，是"在资本快速流通、世界资讯开放、科技革命、工业国家商品和资本的自由流通、全球科学革命的基础上将国民经济融合为统一的全球性系统"⑤。随着经济全球化的不断发展，人类社会生活的各个领域均被赋予了全球化的发展特征，逐渐体现为"国际关系、经济、政治和社会文化等多领域的一体化"⑥。全球化是一把双刃剑，在为文化演进与发展提供丰富滋养的同时，也带来一系列的挑战与困难。正如俄罗斯学者指出的，"广义的理解，全球化是人类整合为一个整体的客观自然进程。全球化表现在世界某一地区的社会进程对其他地区产生的影响日益增大，空间缩小、时间压缩、地理界线和国家界线越来越容易逾越；狭义的理解，全球化是地缘政治的一种，旨在从某个或某些国家

---

① 冯天瑜. 中华文化辞典［M］. 武昌：武汉大学出版社，2001：20.

② 秦宣. 关于增强中华文化认同的几点思考［J］. 中国特色社会主义研究，2010（6）：18 −23.

③ 姜华. 全球语境下文化自觉与文化认同的哲学思考：韦伯关于德国文化问题研究的启示［J］. 求是学刊，2012（3）：32−36.

④ 秦宣. 关于增强中华文化认同的几点思考［J］. 中国特色社会主义研究，2010（6）：18 −23.

⑤ Уткин А. И. Глобалистика：Энциклопедия［M］. Москва：Радуга，2003：181−183.

⑥ Науч. − ред. совет：Ю. С. Осипов（пред.）［и др.］；Отв. ред. С. Л. Кравец. Большая Российская энциклопедия［M］. Москва：БРЭ，2007：245−247.

的角度向全世界范围传播文化影响力"①。"全球化的发展更强烈地激起了不同文化体系中的人们对'我是谁'的追问，辩证地看，这种追问之声的与日俱增既表达了不同文化体系中的人们文化自觉意识的苏醒与强化，也表明文化认同遭遇危机的态势与事实。"②

从俄罗斯国内形势来看，全球化带来的文化多元化加剧了俄罗斯公民文化认同的复杂性。解体后的俄罗斯选择的"亲西方"外交政策扩大了欧美生活方式和文化理念在俄罗斯境内的渗入与传播。有俄罗斯学者曾公开指出，文化出现了美国化的趋势，美国文化、价值观和生活方式仿佛成了全人类的追求范式，而诸如良知、善良、谦逊、诚实、同情心、团结、相互协作等优秀的民族特性，正在俄罗斯社会自身文化中逐渐褪色。③ 自由主义、消费主义、利己主义、拜金主义等不良思潮受到俄罗斯民众，特别是青年一代的追捧，"嬉皮士""光头帮"等消极亚文化在社会生活变得常见，人们"越来越令人不安"地"蓄意曲解爱国主义、民族尊严、国际主义等概念"，而"尊重俄罗斯国家标识、热爱和忠于祖国这类情感遭到了不假思索的嘲笑和践踏"④。在多元文化的浪潮下，人们在享受文化盛宴的同时，也面临着传统与现代、东方与西方、虚拟与现实文化冲突带来的困惑与迷茫。

文化认同的另一挑战源自尖锐的民族问题。相对单一民族的国家而言，多民族国家的文化认同是更为复杂的；而相对于其他多民族国家而言，俄罗斯民族问题似乎一直以来表现得更为尖锐。众所周知，俄罗斯是一个具有 190 多个民族的典型多民族国家，早在沙皇俄国时期，肆意的版图扩张，为日后紧张的民族关系埋下了可怕的根源。斯大林时期高度统一的中央集权，过度宣扬俄罗斯族的民族优越性并在各少数民族地区强制推行俄语，严重破坏了民族平等与民族团结，也由此引发了各加盟共和国与中央政府之间的矛盾，进一步激化了他民族与俄罗斯族的民族冲突。与此同时，基于"民族自决权"的民族政策，苏联时期各政治实体主要依据居住在该地域的主体民族命名，如乌克兰苏维埃

---

① Добреньков В И. Глобализация и Россия: Социологическийанализ ［М］. Москва: ИНФРА-М, 2006: 447.

② 沈壮海，王绍霞. 全球化背景下青年学生的文化认同 ［J］. 思想理论教育，2014（3）: 15-21.

③ Осинский И. И. Особенности развития Российской культуры в современных условиях ［J］. Вестник Бурятского государственного университета. Педагогика. Филология. Философия, 2014（1）: 104-108.

④ 王义高. 从致叶利钦的公开信看俄罗斯教育的现状 ［J］. 外国教育研究，2000（2）: 10-14.

社会主义共和国、吉尔吉斯苏维埃社会主义共和国等，在一定程度上强化了人们的狭隘民族观念。事实上，这些地区并不是仅仅居住着单一的民族，通常是多民族共存的生活状态，因而，强烈的主体民族观念又使得以其民族命名的民族开始排斥同地区的其他民族。换言之，人们首先认同的是自己的民族属性与本民族的独特文化。

2011—2012 年，俄罗斯社会科学院在俄罗斯鞑靼斯坦共和国针对"国家认同、地区认同和民族认同"组织了专项调研。在"您认为自己是……"的身份认同一题中，37%的鞑靼斯坦族受访者将自己视为"本民族的人民"，排在第二位的是"我是鞑靼斯坦共和国居民"，而对"我是俄罗斯联邦国家公民"的认识仅列居第三位。① 正如俄罗斯学者指出，"对于一个民族而言，相比社会利益，人们更重视保护与传承本民族的文化"②。客观来看，苏联解体后的很长一段时间里，俄罗斯的民族问题、民族冲突表现得异常尖锐。俄罗斯民族问题的矛盾对立方不仅集中在俄罗斯族与少数民族之间的矛盾，同时还体现在同一地区内部主体民族与其他民族之间的矛盾。20 世纪 90 年代爆发的两次车臣战争就是俄罗斯民族问题不可调和的极端结果。尖锐的民族问题通常会伴随产生狭隘民族主义甚至极端的民族主义，集中表现为偏爱、珍视本民族的历史与文化，忽视、轻视、排斥他民族文化，长此以往必然引发社会动荡，破坏国家统一。

俄罗斯政府逐渐意识到，对外来文化的过度狂热，对传统文化的日益冷漠，对民族文化认同度的不断下降，已经对国家发展、民族团结、社会稳定产生了消极的影响。作为一个民族形成、存在与持续发展的凝聚力，文化认同是凝聚这个民族共同体的精神纽带，有助于提高主流意识形态的整合力以及全体民众的国家向心力。"文化一般来说就是不同群体形成共识的价值观现实化的结果，其精髓和灵魂是群体的价值观"③，因而，文化认同的核心是对一个民族的基本价值的认同，④ 其体现了人们的共同利益和价值追求。相反，缺乏统一的价值观认同，一个国家、民族和社会的发展均将受到阻碍。"价值观危机不总是也不会自动地导致政治麻痹……但在制度被摧毁和在认识最高目标和实现目标的社

---

① Дробижева Л. М. и др. Консолидирующие и модернизационный ресурс в Татарстане ［M］. Москва：Изд‐во Федеральное государственное бюджетное учреждение науки Институт социологии Российской академии науки，2012：23.

② Арутюнян Ю. В. ，Дробижева Л. М. ，Сусоколов А. А. Этносоциология ［M］. Москва：Аспентпресс，1999：234.

③ 江畅. 论当代中国价值观 ［M］. 北京：科学出版社，2016：13.

④ 秦宣. 关于增强中华文化认同的几点思考 ［J］. 中国特色社会主义研究，2010（6）：18 -23.

会可能性的基础已遭到破坏的形势下，价值观危机就有使社会生活结构本身被瓦解的危险。"① 因而，实施价值观教育、提升公民文化认同已经逐渐上升至与政治、经济等领域建设同等重要的战略地位。基于这样的现实背景，俄罗斯政府倡导建设统一、公平的教育文化空间，通过实施价值观教育，挖掘俄罗斯传统文化的精神财富，宣传和弘扬民族价值观念，提升俄罗斯公民对同根同源文化的深度认同，以此统领多元多样的社会价值取向，进而缓解本土文化与外来文化此消彼长的态势，扭转社会凝聚力骤降的消极局面。

四、教育改革层面：教育自主发展转向加强中央权威

苏联解体后，政治、经济等多方位的社会转型对俄罗斯国民教育体系产生了严重影响。这一时期，"国家在很大程度上抛弃了教育，迫使教育自谋生路"，教育陷入了"内部封闭和自给自足状态"②，并体现出教育管理领域的地方分权趋势。所谓教育分权，就是教育管理权限由中央政府下移至地方政府和教育部门。1992 年颁布的《俄罗斯联邦教育法》中明确提出了"教育的自由和多元化""教育管理的民主性"③ 等原则，突出强调了联邦与地方政府之间在教育管理领域的权限问题。实际上，不仅仅在教育领域，这一时期俄罗斯社会的各个领域几乎都呈现出地方管理更为强势的格局。

普京就任总统后，俄罗斯政府在积极思考国家未来发展走向，如何确保社会稳定和经济增长等几类核心问题的同时，重新拾起教育领域主导权与话语权。政府通过宏观开展系统、全面的教育改革，一方面挽救近些年来受政治、经济局势严重影响的国民教育体系，另一方面扭转"弱中央、强地方"④ 的松散教育管理格局。2000 年颁布的《俄罗斯联邦教育发展纲要》明确提出了"保持俄罗斯联邦教育空间的统一"的教育发展原则，突出强调了国家在教育领域的权威性。在一定意义上，我们可以将其理解为俄罗斯政府针对一段时间以来地方分权过度等问题做出的行为回应。总的来看，俄罗斯政府在教育领域推行了四类战略举措。一是促进实现教育现代化。2001 年年底，俄罗斯政府通过了具有战略意义的《2010 年前俄罗斯教育现代化构想》。该构想以 2004 年和 2006 年为

① 罗伊·麦德维杰夫. 俄罗斯往何处去：俄罗斯能搞资本主义吗 [M]. 徐葵，等译. 北京：新华出版社，2000：344.

② Концепция модернизации российского образования на период до 2010 года [EB/OL]. ГАРАНТ，2002-02-11.

③ Об образовании [EB/OL]. ГАРАНТ，1992-07-10.

④ 刘淑华. 俄罗斯教育战略研究 [M]. 杭州：浙江教育出版社，2013：34.

时间节点，通过"恢复国家教育责任，教育现代化发展的措施试验阶段""评估和有效推广第一阶段成果阶段""初步实现教育现代化"① 三个阶段，逐步推动俄罗斯教育现代化发展。2003 年，俄罗斯正式加入欧洲高等教育改革计划——博洛尼亚进程（Bologna Process），实现了整合欧洲高等教育资源的重要突破，也由此开启了俄罗斯高等教育现代化、国际化的新局面。二是推动教育标准化发展。在加入博洛尼亚进程的过程中，为了提高教学质量、促进教育公平，俄罗斯于 2004 年、2009 年陆续颁布了第一代和第二代普通教育国家标准，并于 2000 年、2005 年陆续出台了第一代和第二代高等职业教育国家标准，面向各教育阶段的各门课程提出了教学内容、授课时长及毕业生培养目标等方面的基本要求，进一步促进实现教育的标准化发展。三是国家和社会在教育领域的共管共治。从教育管理的地方分权转向教育领域国家权威的重新确立，并不代表着国家在教育领域具有绝对权威和"一家之言"。相反，教育法明确规定了教育管理的"国家—社会性质"和"教育机构自治"② 的基本原则，并在实践中吸引了更多的社会力量参与到学校管理，各级教育机构的开放性也不断增强。俄罗斯原教育科学部部长富尔先科（А. А. Фурсенк）曾指出："教育全面现代化成功的一个关键因素和条件是教育机构的完全社会参与，以及地方和地区层面上形成教育政策过程中的完全社会参与。"③ 四是重视发挥教育的育人功能。俄罗斯政府在积极搭建教育空间、倡导提高教育质量的同时，教育的育人功能也再次回归人们视野，特别是"培养什么样的人"一类问题引起了国家高度关切。早在 1992 年，俄联邦政府颁布的第一部《俄罗斯联邦教育法》就提出了国家教育政策应当遵循的一个重要原则，即"教育的人性化原则，全人类价值、人的生命和健康的优先原则，个性自由发展的原则。培养公民意识，培养对劳动的热爱，培养对人权和自由的尊重，培养对自然、祖国和家庭的热爱"④，这事实上已经对教育的育人作用提出了明确要求。但从俄罗斯社会当时的总体形势来看，政府在教育领域的工作显然"力不从心"。2000 年，随着《俄罗斯联邦教育发展纲要》的出台，"保护、传播和发展民族文化的历史继承性，在珍惜俄罗斯人民历史文化遗产教育的基础上，培养爱国守法、具有民主和社会意识、尊重人

---

① Концепция модернизации российского образования на период до 2010 года ［EB/OL］. ГАРАНТ, 2002-02-11.
② Об образовании ［EB/OL］. ГАРАНТ, 1992-07-10.
③ 刘淑华. 俄罗斯教育战略研究 ［M］. 杭州：浙江教育出版社，2013：51.
④ Об образовании ［EB/OL］. ГАРАНТ, 1992-07-10.

权和个性自由、具有较高道德修养的公民"① 等人才培养的战略目标和发展方向再次受到关注。此后，俄罗斯还出台了一系列与青少年价值观教育相关的国家政策文件，如《2025 年前俄联邦国家青年政策准则》《2025 年前俄罗斯联邦德育发展战略》以及连续颁布的《俄罗斯联邦公民爱国主义教育国家纲要》等，充分体现了俄罗斯政府对青少年价值观教育问题的高度重视。

目前，俄罗斯各教育阶段呈现出良好的发展态势，能够为价值观教育提供丰厚、宝贵的校园环境和生存土壤，这一现状相比 20 世纪 90 年代俄罗斯学校的育人氛围而言，已经有了质的飞跃。客观地看，实施价值观教育，将其视为教育发展的优先发展方向是一场由上而下的教育革命。一方面，这是俄罗斯政府基于政治、经济、文化等社会各领域状况，在国家战略高度做出的形势研判与策略选择，满足了俄罗斯教育发展对育人功能的时代呼唤，有助于提升社会民众的整体道德水平，促进社会稳定，助推国家发展。另一方面，反映了俄罗斯政府巩固意识形态领域阶段性建设成果并积极促其落地生根的国家意志从抽象化到现实化的实践路径，是有效回应俄罗斯社会诸多现实问题的一剂良方，即依托价值观教育宣传普及统一的价值取向和思想观念。事实上，这也是由教育与意识形态建设所具有的天然内在关系所决定的，只不过与西方民主国家不同，俄罗斯选择做出更为"旗帜鲜明"的国家行为，通过实施价值观教育的国家战略服务意识形态建设，推动传统价值观念深入人心。

---

① 迟凤云，张鸿燕. 当代俄罗斯公民教育的特点及启示 [J]. 外国教育研究，2007 (11)：36-39.

第二章

当代俄罗斯价值观教育的理论基础与政策保障

　　基于国家战略高度推进价值观教育有其特定的时代背景和历史成因，体现了转型阶段俄罗斯政府努力探寻教育领域有序发展路向的积极政府行为。从国际形势来看，日益加深的全球化趋势增进了不同文化之间的交流、交融、交锋，绝对的文化边界似乎已经很难探见，维护国家意识形态安全成为各国发展的重要议题。从国内社会状况来看，转型初期的俄罗斯由于国家统一价值理念的缺失，遭遇了社会局势动荡、价值取向迷茫、精神道德滑坡等一系列现实问题，社会诸多领域逐渐呈现出了发展停滞或退后的不良现象，国家民主化道路进程与建设质量受到严重影响，使本不平坦的转型之路更为艰难。为缓解社会矛盾，追求"共同的道义方向"，俄罗斯政府基于"建构论"视角，果断聚焦于"社会统一的价值观和思想倾向"的建设与价值观教育命题。在战略推动价值观教育发展进程中，俄罗斯政府重视并激励教育科学领域科学学派的建设与发展，鼓励在继承和超越本民族教育传统与育人理念的基础上，实现当代教育理论产出，并以此为价值观教育提供坚实的理论支撑；另外，持续制定类型多元、分类细致、指导翔实的价值观教育国家政策，为价值观教育的统筹规划和均衡发展提供更稳定的外部保障。

第一节　当代俄罗斯价值观教育的理论基础

　　俄罗斯是具有悠久教育文化和优良教育传统的国家。当代俄罗斯教育理论具有突出的本土特色，一方面体现在继承与超越，创造性地延承了本国教育文化的理念元素；另一方面跨越文化边界，合理化地吸收借鉴了诸多西方教育理念。在继承传统与兼容文化的发展演进中，俄罗斯学界逐渐形成了自成一派的教育思想与育人理念，指导着当代俄罗斯的教育实践。

一、诺维科娃的"德育系统论"教育思想

"德育系统论"教育思想是当代俄罗斯教育科学领域的重要学派之一——"青少年德育与社会化的系统论方法"科学学派（Системный подход к воспитанию и социализации детей и молодежи）的核心教育理念。该学派孕育于20世纪60年代，创始人柳·伊·诺维科娃院士（1921—2004）自1964年起带领学术团队在苏联教育科学院教育学理论与教育史研究所下设的"集体与个人"实验室（лаборатория «коллектив и личность»），围绕"德育方法论""德育系统—德育空间"等学术命题开展了重要的研究工作，培养了大批至今活跃在俄罗斯教育界的代表性学者，形成了一系列创新性的学术观点，为当代俄罗斯青少年德育和社会化发展提供重要的理论依据和方法论支持。诺维科娃院士提出的德育系统论思想（идей теории воспитательных систем）在俄罗斯影响深远，她曾获"俄罗斯联邦总统奖章""乌申斯基奖章""马卡连柯奖章"等国家荣誉。2008年和2009年，俄罗斯下诺夫哥罗德市第87中学（Лицей №87 имени Л. И. Новиковой）、弗拉基米尔教育发展研究所（Владимирский институт развития образования имени Л. И. Новиковой）两所院校分别以诺维科娃院士的名字为本校命名。

长期以来，德育被视为一项"单向度"的育人活动，"青少年德育与社会化的系统论方法"学派冲破了这一传统观念的束缚，引入系统论和协同学的观点对德育现象进行了全新的分析与研究，提出了"德育系统"（воспитательная система）和"德育空间"（воспитательное пространство）两个重要的教育学概念，赋予了德育一个崭新的理论视域和实践基础，引导人们基于系统论、跨学科的思维审视德育，并尝试在实践中建构相应的德育系统和德育空间。

所谓"德育系统"，诺维科娃院士认为，这是一个完整的社会有机体，也是一个多层级的教育现象。其既可以是某一所学校建立的德育系统，即"为促进学生个体发展而创造的有利条件，可将其视为一种'软系统'"的学校德育系统，同时也可以是社区、村镇、城市和地区的德育系统。从基本构成来看，德育系统包括"德育目标，即系统为何建立""以保证德育目标实现的教育者和受教育者之间的共同活动""作为德育活动主体的人""德育主体所处的环境""主体之间的关系""决定精神统一性和行为特征的价值取向与道德修养"等结

构。① 上述结构在德育系统之中相互促进、相互制约，共同服务于增强青少年公民意识和社会责任、掌握全人类价值观（общечеловеческие ценности）并形成与之相符的行为、提高个体创造力、树立正确的自我意识并成功获得自我实现的共同目标。② 作为诸多要素相互作用的综合体，德育系统是教育工作者和社会活动家创造性地实施德育活动的结果，且能够在加强德育针对性和有效性等方面发挥重要的作用。③

"德育空间"是该学派提出的另一代表性概念。20 世纪 90 年代，随着协同学与俄罗斯教育学学科之间的不断融合和相互渗透，教育学领域产生许多新的教育思想。诺维科娃院士与娜·列·谢利万诺娃院士（Н. Л. Селиванова）等学者结合俄罗斯教育实践，共同提出了新的德育概念——德育空间。诺维科娃院士指出，儿童个体发展不仅受到学校的影响，学校周边的环境也是非常重要的影响因素。由于环境中存在诸多不良现象，且学校无法做到与之隔绝，因而有必要整合学校及其周边环境的德育潜力。当学校与周围环境能够按照一体化的方向协同发展，这些要素就构成统一的德育空间。该学派时任负责人、俄罗斯教育科学院教育发展战略研究所谢利万诺娃院士认为，"德育空间"实际上是一个理想化的对象，是作用于个体发展的诸多能量源的临时组合④，可将其比喻为"拟系统"（квазисистема）⑤。学派另一代表学者、教育学家玛·维·萨古拉娃（М. В. Шакурова）教授指出，"理解空间概念的立场不是基于物理科学"，"德育空间"是判断当代德育成效的一个重要方向，这一现象既是不同阶段教育系统中德育活动的目标，也是任务和预期结果。⑥ 因而，亦可将"德育空间"

①　Под отв. ред. Н. Л. Новикова и др. Воспитательная система учебного заведения： Материалы Всесоюзной научно-методической конференции（г. Николаев, июль 1991 г.）［М］. Москва： Б. и.，1992：5.

②　Под ред. Н. Л. Селивановой, А. В. Мудрик. Педагогика воспитание： избранные педагогические труды［М］. Москва： ООО " ПЕР СЭ "，2010：205.

③　Под отв. ред. Н. Л. Новикова и др. Воспитательная система учебного заведения： Материалы Всесоюзной научно-методической конференции（г. Николаев, июль 1991 г.）［М］. Москва： Б. и.，1992：5.

④　Зимняя И. А. Стратегия воспитания в образовательной системе в России［М］. Москва： Изд-во " Сервис "，2004：4.

⑤　Под ред. Н. Л. Селиванова. Развитие личности школьника в воспитательном пространстве： проблемы управления［М］. Москва： Педагогическое общество России, 2001：9.

⑥　Шакурова М. В. Субъекты и квазисубъекты воспитательного пространства： к постановке социально-педагогической проблемы［J］. Отечественная и зарубежная педагогика. Т. 2，2017（1）：91-98.

理解为"开放的德育系统"，这是德育主体在开放的社会环境中相互作用的结果。

需要指出的是，"德育空间"与环境存在本质差异，不可将其简单理解为环境。一般来看，环境对人具有积极和消极两方面的影响，与之不同的是，"德育空间"具有集体组织创造属性，是一体化、建设性德育活动的结果，其目标始终服务于国家和学校的教育并与国家和学校的教育目标协调一致，旨在帮助学生达到一定的社会文化水平（物质、智力、道德、审美、体育），发展创造力，挖掘天赋并为其发展创造条件。也正是基于实现德育目标、形成积极影响的教育初衷，有必要合理利用环境，以及有目的地、有针对性地创设德育空间。在具体实践层面，该学派强调指出，德育空间的建构绝不可以按照上级机构的指令建设，而是要从德育实际、结合儿童成长的阶段特征建构。只有如此，德育空间才能成为真正促进儿童个体发展的重要因素并发挥其应有的积极作用。

诺维科娃院士提出的德育系统论思想在俄罗斯教育界产生深远影响。一是引发学界更加关注"集体与个人的发展问题"。基于对苏联教育学家马卡连柯（А. С. Макаренко）学校集体生活教育思想在先进学校实践运用的经验总结，该学派进一步指出了儿童集体的社会定位与时代使命——"儿童集体始终应当将自己当作社会的一部分，是社会斗争、运动和发展的参与者。儿童集体应当关注国家和国际重大事件，积极参与社会公益活动和社会政治活动"[1]。诺维科娃院士认为，儿童集体积极作用的实现离不开自身所具有的二象性特征（двойственная природа），即兼有"组织"和"心理共同体"（психологическая общность）的双重性质。[2] 集体既是个体以联合形式存在的一个组织，于集体之中也同时培养着和彰显出成员之间共同的文化心理和一致的价值追求。因而对学校而言，集体是实施德育的一个重要方式和路径，能够促进学生实现自我确定、自我认知，培养他们的创造性、社交性以及个人兴趣。但需要指出的是，在学校内部，集体可以是但不能仅是学校的一个班集体，真正的集体应当是完整意义上的学校集体。学校集体的建设可以是班级之间的共同活动、高年级与低年级之间的紧密联系，以及组建全校范围内的劳动队或者依托节日开展实践活动等。因而，该学派认为，无论是从结构或是运行方式来看，德育系统是集体生活范式的当代诠释。

---

[1]　Под　ред. Н. Л. Селивановой，　А. В. Мудрик. Педагогика　воспитание：избранные педагогические труды［М］. Москва：ООО «ПЕР СЭ»，2010：34.

[2]　Под　ред. Н. Л. Селивановой，　А. В. Мудрик. Педагогика　воспитание：избранные педагогические труды［М］. Москва：ООО «ПЕР СЭ»，2010：6-7.

二是突出强调学生在学校德育系统和学校集体中的主体身份。关于德育主体的问题，该学派学者普遍接受穆德里克教授提出的主体分类。他认为，德育系统和德育空间的主体具体包括：（1）个体主体——受教育者，父母，邻居，在不同德育机构工作的各类专业的教师，家长志愿者和地区居民志愿者，地区组织的工作人员、市政官员等；（2）团体主体——家庭，朋辈，兴趣协会，学前机构，学校和校外机构，儿童和青少年协会，医疗、文化、社会、宗教和慈善机构，市政管理与自治机构等。① 由此可见，德育主体结构正呈现出不断复杂化的发展趋势。但需要强调的是，德育主体不仅指向那些直接参与和管理德育进程的教师，或者教学一线的教师，还包括每一位学生。"每一名儿童不仅是教育客体，同时也是自我发展的主体，他们具有自我表达和自我确定、自我培养和自我教育、自我调节行为的能力"，并且还可以"影响集体中的朋辈，甚至影响教师和德育活动"②。

三是倡议重视发展学校德育系统物质基础建设的多样化路径。德育系统的物质基础是促进德育系统有效运行的重要条件，直接影响着德育成效。相比学校物质基础而言，德育系统的物质基础涵盖的内容更为宽泛，建设路径也呈现出多样化的特征。该学派认为，学校德育系统不仅包括教学楼、教室硬件设施、教具等学校的物质基础，还包括合理利用学校周边的各类有利条件，如通过与文化机构或可提供赞助的企事业单位之间的良性互动，为学校德育系统创造良好物质条件等。因而该学派指出，一方面，不是所有的学校都可称为一个完整的德育系统，"学校德育系统"与"学校"不是同义词，学校只是实施德育的教育组织；另一方面，德育的有效性也不仅仅取决于有利条件的建构，还取决于教师和学生是否能够积极参与物质基础的创造、改善与合理使用。

四是积极推动建设彰显合力育人的学校德育中心。诺维科娃学派倡议在学校建设德育中心（воспитательный центр）。作为"促进学校集体不断向前发展的不可或缺元素"③，德育中心能够通过发挥"平台"与"纽带"的作用，促进德育成效的一体化发展。所谓"平台"，一方面指的是将德育中心视为文化传递

---

① Шакурова М. В. Субъекты и квазисубъекты воспитательного пространства: к постановке социально - педагогической проблемы ［J］. Отечественная и зарубежная педагогика. Т. 2, 2017（1）: 91-98.

② Под ред. Н. Л. Селивановой, А. В. Мудрик. Педагогика воспитание: избранные педагогические труды ［М］. Москва: ООО «ПЕР СЭ», 2010: 169-170.

③ Под ред. Н. Л. Селивановой, А. В. Мудрик. Педагогика воспитание: избранные педагогические труды ［М］. Москва: ООО «ПЕР СЭ», 2010: 173.

的平台。学校依托德育中心组织内容丰富形式多样的教育活动，为学生创造接触社会各领域文化的机会，激发学生个体兴趣、提高学生创造力。另一方面，德育中心也是各年龄段学生进行文化交流的平台。不同年级的学生通过共同参与德育中心组织的实践活动，在跨年级的直接对话中促进学校传统和集体文化的传递。所谓"纽带"，主要强调了德育中心在学校与社会联系中的桥梁作用。该学派认为，德育中心不仅是教师和学生的阵地，还应关注其他参与组织德育进程的人的作用，充分宣传和吸引政客、家长、当地居民等社会代表加入其中，通过不断扩大学校与地方教育资源的互动从而实现合力育人。比如，在俄罗斯农村地区，部分学校通过汇集教师、家长、学生和社会的力量，在校园内建设了学校博物馆。在这类博物馆中，学生家长和高年级学生通过公益服务的方式指导低年级学生参观学习。还有一些博物馆主动承担起服务社会的责任，为当地居民提供学习平台，助力地区教育发展。促进学校德育中心发展成为地区的德育中心，这也是诺维科娃学派积极倡导的德育中心的未来发展范式。

二、穆德里克的"社会化与德育"教育理论

20 世纪 30 年代，随着人的社会化及社会教育问题在苏联学界受到广泛关注，与其相关的教育思想迅速发展起来，"社会化与德育"科学学派正是在这样的文化语境中得以确立的。自 1970 年起，莫斯科国立师范大学社会教育学与心理学系阿·维·穆德里克教授（1941—）带领学术团队在苏联教育科学院德育问题研究所，从社会教育学和社会心理学视角探讨德育问题，基于多年的科学实践创建了"社会化与德育"科学学派（Социализация и воспитание），重点关注人在社会化进程中的教育问题。[①]

在理论建构方面，与同期苏联学界的理论家和实践家一样，"社会化与德育"科学学派着重探究了德育的社会属性，并在此基础上提出了"社会德育"（социальное воспитание）的核心概念，因而该学派也被称为"社会化进程中的社会德育"（Социальное воспитание в контексте социализации）。所谓社会德育，"从本质上看是一项具有明确目的性的教育活动，可视为一种'有的放矢'的德育，旨在帮助个体在社会中实现自身的全面发展，形成高尚的道德人格"[②]。其社会意义主要体现为，让儿童在特定的社会文化环境中为自己的未来

① Мудрик А. В. Основы социальной педагогики [М]. Москва: Издательский центр «Академия», 2006: 1.

② Мардахаев Л. В. Развитие А. В. Мудриком идеи социального воспитания [J]. Педагогическое образование и наука, 2016 (4): 40-46.

生活做好准备。因此，也有学者指出，"这一事实本身就预定了某种必要性，即社会德育必须向人们传递一定的文化和积极的道德立场，发展其社会能力和精神潜力，以此帮助个体在现实社会和特定的社会文化环境中获得自我实现"①。社会德育概念的提出，不代表要对德育进行实践场域的划分，穆德里克曾对此强调指出，"讨论社会德育的问题，并不是要讨论德育的哪一部分是社会的，哪一部分不是，这一术语能够让人们更清楚地认识到德育的复杂性"②。

关于社会德育的属性，该学派继承发展了"青少年德育与社会化的系统论"科学学派的研究结论。③ 一是强调社会德育主体的多维性。在社会场域内，从事德育实践的主体既可以是国家和社会，也可以是教育机构、家庭、政党、社会组织和非正式组织，同时也可以是人本身。对此，穆德里克特别强调了人的自我教育。他认为，青少年随着年龄的增长开始围绕"我应该是谁"的问题不断展开思考，并在实现人生目标的过程中有意识地选择解决问题的方式，确定自我完善的方向。二是强调社会德育环境的创设性。对个体而言，接受社会德育意味着"进入到一个具有鲜明目的性的创设环境"。具体来看，个体在"专门创建的德育组织和机构及其开展的活动中接受教育，进而培养正确的价值观念并实现个体积极发展"④。该学派指出，虽然德育环境是创设的，但并非固定不变。在社会德育进程中，社会环境也同样发生着改变。"人和社会基于二者密切的相互作用，循环充当'主体'和'客体'的角色，进而获得自己发展的新属性"。三是强调社会德育实践的长期性。该学派认为"社会德育贯穿于个体生命始末"，且面向"所有年龄段和各类社会群体的人"，以此保证社会成员有效适应社会生活并在社会之中成功获得自我实现。⑤

与此同时，"社会化与德育"科学学派创造性地将人的社会化进程划分为三种模式：基于人与社会相互作用的自然式社会化（стихийная социализация）、基于国家向公民生活施加外部影响的相对导向式社会化（относительно направляемая социализация），以及基于国家和社会有目的地创设环境实施德育的相对控制式社

① Мардахаев Л. В. Развитие А. В. Мудриком идеи социального воспитания ［J］. Педагогическое образование и наука, 2016（4）：40-46.

② Мудрик А. В. Социальное воспитание в воспитательных организациях ［J］. Вопросы воспитания, 2010（4）：38-43.

③ 阿·维·穆德里克教授是"青少年德育与社会化的系统论方法"科学学派的第二代代表学者。

④ Мардахаев Л. В. Социальная педагогика ［M］. Москва：Юрайт, 2016：150.

⑤ Фирсов М. В. Анатолий Викторович Мудрик：Человек, Педагог, Эпоха ［J］. Педагогическое образование и наука, 2016（4）：46-50.

会化（относительно социально контролируемая социализация）。① 从具体研究来看，该学派主要聚焦的是第三种模式，即通过控制的方式研究德育如何促进实现个体社会化，并在此基础上进一步探讨个体社会化与德育的关系。首先将社会视为德育和个体社会化的重要场域。强调二者在其中是一种"平行存在"的关系，但"在个体发展的不同阶段，二者体现的重要程度是有所不同的"②。其次强调德育对个体社会化发展具有促进作用。该学派认为，德育是人社会化进程的重要组成部分，正是通过德育，人的社会化发展才得以实现。从社会德育的"作业方式"来看，主要是通过"培养爱国主义精神和积极立场"的公民教育、"塑造积极人格，树立社会利益至上理念"的社会性教育，以及"培养符合社会理想的社会新人"的社会理想教育来促进个体社会化发展。③ 因而，"可以将德育理解为这样的一个进程——它将人带入社会化的关系系统，并于其中帮助人获得个体生活经验，实现社会化发展"④。在实践研究层面，该学派还重点聚焦了不同类型教育组织影响个体社会化的方式问题、青少年的亚文化现象问题、社会德育的有效方式，以及如何预防、降低和矫正不同年龄受教育者的反社会倾向等问题。总的来看，"社会化与德育"科学学派产出的经典理论观点和实践探索为当代俄罗斯社会教育学和社会心理学学科发展提供了重要的理论支持，特别是该学派学者在德育与社会化方面探索形成的一系列学术观点，直接影响着当代俄罗斯价值观教育实践的现实发展。

三、拜卢克的"社会领域主体的自我实现"教育理论

"社会领域主体的自我实现"科学学派（Самореализация субъектов социальной сферы в современном социуме）是由乌拉尔国立师范大学社会教育学院弗·瓦·拜卢克教授于21世纪初创立的，主要关注个体的自我实现问题。与其他在高校成长和发展的科学学派一样，该学派在学术活动、国际交流等方面的科学工作也主要依托所在单位的科学平台和学术资源，且学术团队的大部分成员为

---

① Мудрик А. В. Социальная педагогика［М］. Москва：Издательский центр《Академия》，2013：15.

② Мудрик А. В. Воспитание как составная часть процесса социализации［J］. Вестник ПСТГУ. Серия 4：Педагогика. Психология，2008（3）：7-24.

③ Мардахаев Л. В. Развитие А. В. Мудриком идеи социального воспитания［J］. Педагогическое образование и наука，2016（4）：40-46.

④ Мудрик А. В. Воспитание как составная часть процесса социализации［J］. Вестник ПСТГУ. Серия 4：Педагогика. Психология，2008（3）：7-24.

该校教学科研工作者。目前，活跃于"社会领域主体的自我实现"科学学派的代表性学者主要包括该校社会工作技术系主任伊·阿·拉丽奥诺娃（И. А. Ларионова），骨干教师多·塔·谢尔盖耶夫娜（Д. Т. Сергеевна）、维·阿·杰格捷列夫（В. А. Дегтерев）、阿·叶·阿弗久科娃（А. Е. Авдюкова）等。

在理论建构方面，"社会领域主体的自我实现"科学学派重点聚焦了个体的自我实现，将其视为人类存在的最高理想。所谓自我实现（самореализация），拜卢克认为，"这是从自己内部世界的生活，从自我意识之中世界的生活，走进外部世界的生活。广义上讲，这也是由自我认知（对自己的过去、现在和将来的认知）走向实践的过程，或者理解为从概念上的'我'（Я – концептуальный）转向现实的我（Я – реальный）"。对个体而言，自我实现的过程意味着完成这样一个状态的转移，即个体从自我规划以及目标设定，走向积极实现目标的过程；从对自身未来的认知，走向于当下促进上述认知现实化的过程，亦可将其理解为"内部世界在物质和精神价值领域的具体化"①。客观来看，自我实现是一个反复循环、连续不断的发展过程，且每一次针对理想的"我"的自我规划以及对自身未来的认知，都是基于对本阶段现实的"我"的认识，而这个现实的"我"也是不断发展变化的，其比照上一阶段现实的"我"而言已然是崭新的。

在围绕个体自我实现命题开展学术研究过程中，拜卢克教授团队提出了一个重要的研究假设，即人的自我实现问题应当是全面的、和谐的，唯有如此，才能实现其终极使命——满足人的基本需求。那么，何谓全面的与和谐的自我实现？学派创始人拜卢克指出，有效的自我实现应当是完整意义上的，并由此提出了自我实现的三个维度。换言之，完整的自我实现需要经历下述三个维度的同步发展。

一是精神维度的自我实现（духовноая самореализация），具体包括认知层面的自我实现、道德层面的自我实现，以及审美层面的自我实现。该维度的自我实现在个体自我实现中发挥着主导作用，关系到人基本精神价值观念的确立，决定了个体在生活中是否能够正确辨识什么代表真理，而什么是虚伪的，帮助其判断真正的善与恶、美与丑。从内在关系来看，认知层面的自我实现是基础，影响道德和审美层面自我实现的发展；与此同时，道德和审美层面的自我实现也反过来影响认知层面的自我实现。通常来看，精神维度的自我实现与真理、善良、美丽等人类生活中普遍存在的基础价值观密切相关，也正是由此决定了

---

① Байлук В. В. Человекознание. Самореализация личности：общие законы успеха［М］. Екатеринбург：Урал. гос. пед. ун-т，2011：12，109.

该维度在个体自我实现系统中的基础地位。

二是内部维度的自我实现（эзотерическая/внутренняя самореализация）。内部维度的自我实现是在个体有意识、有目的地调动自身积极性的基础上对自我的关注，在以人为目标导向的"由人到人"的发展进程中，人既是主体，也是客体。拜卢克教授团队指出，该维度在人的自我实现系统中发挥着重要的决定作用，并创造性地提出了内部自我实现的四要素，分别是：实现自我认知（самопознавательная самореализация），即认识自我，同时理性地构建出理想的"我"；实现自我教育（самообразовательная самореализация），即掌握关于世界的知识；实现自我培育（самовоспитательная самореализация），即强调个体能力、性格和品质的养成，以及实现自我保健（самооздоровительная самореализация），即获得健康身心。四者相互作用、相互影响，共同存在于个体内部维度的自我实现，协同促进个体实现自我改变、自我完善、内部的自我创造，同时有助于个体精神重构以及主体性（субъектность）建构。

三是外部维度的自我实现（экзотерическая/внешняя самореализация）。之所以将其理解为"外部"，是因为该维度自我实现的客体通常是"我"之外的事物，其目的一方面是实现自己和家人的幸福，即日常生活层面、经济层面、休闲层面的自我实现；另一方面是既为自己和家人，同时也为他人、社会以及自然界的福祉做出贡献，如职业层面、社会政治层面、法律层面、家庭和交际层面的自我实现。[①]

拜卢克教授团队将上述三个维度的自我实现视为确保个体全面自我实现的必备条件，并围绕上述维度开展了长期、系统的理论研究和实证研究，着重探讨了自我培育在内部维度自我实现进程中的重要性。该学派认为，自我培育是一种有意识的个体活动，旨在塑造有助于个体主体性确立的重要品质并不断促其完善，是个体"基本素养的自我发展与塑造"[②]。在自我培育的进程中，个体一方面有意识地促使自身在目标、理想和动机层面形成正向的价值取向，即塑造个体的终端价值（терминальные ценности）；另一方面，个体有针对性地培养自我诚实果敢、组织意识、纪律性等优秀品质，同时在智力和实践方面培养自身

---

① Байлук В. В. Человекознание. Самообразовательная и самовоспитательная реализация личности [М]. Екатеринбург：Урал. гос. пед. ун-т，2012：27, 34.

② Ларионова И. А. Самообразование и самовоспитание как средства формирования субъектности специалиста [J]. Педагогическое образование в Росси，2013（2）：14-17.

多样化的能力和技能，即获得工具价值（инструментальные ценности）。① 俄罗斯学界普遍认为，能够将精神层面的终端价值和能力层面的工具价值作为把握自我培育根本目标的两条进路，是该学派在自我实现问题研究领域做出的另一重要理论贡献。

那么，人在现实生活中究竟是如何完成自我培育进程的？拜卢克教授认为，从自我实现的结果来看，个体自我实现的完成度一方面取决于个体主体性以及自身品质的形成发展水平，另一方面取决于调节个体活动的精神价值观。② 儿童自出生之日起接受来自外部的教育，随着时间的推移，逐渐能够辨识何为积极的行为，并开始了解正确的行为规范，而后才可控制自身行为，这也正是自我培育的起点，即自我认知的出现。因而，该学派将外部教育视为个体自我培育的直接前提。关于个体层面自我培育的发展阶段，拜卢克教授团队继承了苏联教育心理学家亚·格·科瓦廖夫（А. Г. Ковалев）的观点，将个体实践层面的自我培育划分为三个阶段：一是自我分析阶段，即提出应然发展的个体品质，以及应当规避的不良品性；二是设定自我培育的目标并制订相关计划阶段；三是实现自我培育阶段，即依托活动或者通过自我控制、自我管理等行为促进实现自我培育。③

有必要指出的是，从自我培育问题的研究轨迹来看，早在 20 世纪 70—80 年代，苏联学界就关注了这一问题，但当时的研究重心主要集中在学生群体。苏联解体后，围绕自我培育的研究工作几乎停滞，相应研究成果也极为鲜见。随着俄罗斯教育科学的不断发展，学界重拾对这一问题的关注，但研究重心主要聚焦在成人职业领域。"社会领域主体的自我实现"科学学派对这一问题的研究与以往学派或者学者不同，其突破了同时期研究对象的边界范围，基于教育心理学的学术土壤集中考察全体社会成员的自我培育问题，并且强调学校教育与社会教育的双维路径。随着俄罗斯学界对青少年德育、价值观教育等问题的重视程度不断提高，该学派在自我实现领域的学术探讨再度引发关注。此外，该学派系统考察了哈萨克斯坦幼儿园、中小学、高等教育各级教育机构"自我认知"课程的开设情况，结合其教育实践，提出在俄罗斯国家教育系统中增加相

① Байлук В. В. Человекознание. Самореализация личности：общие законы успеха［M］. Екатеринбург：Урал. гос. пед. ун-т，2011：115.

② Байлук В. В. Научно - педагогическая школа института социального образования：Самореализация субъектов социальной сферы в современномсоциуме［J］. Педагогическое образование в России，2013（2）：7-13.

③ Ковалев А. Г. Личность воспитывает себя［M］. Москва：Политиздат，1983：11.

关课程的教育倡议，以此确保学生顺利完成个体的自我培育和自我实现，这些研究思考均为当代俄罗斯价值观教育提供了有力的思想支撑。

四、阿普列塔耶夫的"道德活动中的个体教育与发展"教育理论

20 世纪 50—60 年代，苏联教育系统创造性地开展了长达十年的民主化改革，其中一个重要的议题即学校应当贴近生活。在这一教育背景下，米·尼·阿普列塔耶夫院士（1933—2015）基于从事中学教师的职业经历，不断意识到学生所掌握的科学知识与他们的道德教育和发展水平之间存在矛盾，他倡议从事人文类课程教学工作的教师应自觉担负起责任，借助自身教学经验去积极探索，进而揭开人文类课程的伦理道德潜力。也正是由此，开启了阿普列塔耶夫院士持续关注青少年道德教育和发展问题的学术之路。

从研究历程来看，阿普列塔耶夫院士的科学探索主要分为两个阶段。第一阶段是 1956—1982 年。这一时期，阿普列塔耶夫院士主要从事基础教育阶段的教学和管理工作，先后担任过俄语、文学、心理学、逻辑学等课程的中小学教师，主管教学和德育工作的副校长，以及中学校长等职务。结合实际工作和研究兴趣，阿普列塔耶夫院士聚焦到学生的道德养成问题，并意识到学生的课程知识与道德水平发展之间存在失衡现象。他认为，高年级学生在教学活动中能否形成和发展道德观念，与学生是否对人的道德品格具有完整意义上的观念认知密切相关，因而，需要在实践中探索相应机制，促进学生的人道主义精神、善心、职责和责任等道德观念的协调发展，以此弥合言行差距。同时，他还倡导应为道德动机的产生和发展创造条件，因为道德动机制约着学生的行为意识，并深刻影响着人文类课程教学进程中学生行为的自我组织与自我调节。①

1983 年，随着阿普列塔耶夫院士进入鄂木斯克师范学院工作，其研究也逐步进入第二阶段。针对如何解决学生道德教育和发展所面临的愈加复杂的问题，阿普列塔耶夫院士指出，仅通过教育管理是无法促进学生的道德意识全部转化为道德行为的。对此他坚持既要针对学生个体开展系统的教育引导，同时也要系统化地组织教育活动，提出了个体系统化教育与系统活动论观点一体化发展的教育思想，并以"教学进程中未成年人个体道德教育的理论和方法论基础"为主题开启了新一阶段的科研探索，也由此正式创立了"道德活动中的个体教

---

① Чухин С. Г. , Чухина Е. В. Научно-педагогическая школа М. И. Аплетаева « воспитание и развитие личности в нравственной деятельности » [J]. Гуманитарные исследования , 2020（2）：157-159.

育与发展"科学学派（Воспитание и развитие личности в нравственной деятельности）。目前，"道德活动中的个体教育与发展"学派由 20 余位学者和研究人员构成，作为俄罗斯鄂木斯克地区教育思想产出的科学摇篮，该学派为地区科研发展、人才培养、实践教学以及政策制定做出了重要的理论贡献。

在理论建构方面，该学派首先关注了教学进程中的道德活动（нравственная деятельность）现象。所谓学生的道德活动，一般理解为具有社会价值且能在道德上起到激励作用的活动，并且这一活动不是孤立存在的，而是与其他活动协同配合，帮助学生有意识、有计划地掌握道德价值观。该学派认为，学生时代是个体接受道德价值观念最为敏感的时期，教师有责任持续思考教学行为所蕴含的育人潜力，同时有必要在教学进程中组织道德活动。德育活动既是促进个体道德行为形成与发展的因素和手段，同时也是教学行为应然包含的一个方面。阿普列塔耶夫院士指出，教学行为的目的在于掌握科学知识、能力和技能，但这些不是全部，教学还应关注社会价值关系、道德关系，以此生成高尚的道德行为。① 从教学实践来看，贯穿教学进程的道德活动总体上分为精神层面的道德活动和实践层面的道德活动两大类。其中，道德反思、道德目标设定、道德选择，道德活动的设计，道德活动与行为的预测、评价与自我评价，道德相互教育与道德自我教育属于精神层面的道德活动；实践层面的道德活动则指的是道德行为、道德协作、合作互助，以及活动和行为的自我调节等，青少年在教学进程中的道德生活正是在上述道德活动中得以实现的。基于对道德活动概念的科学研究，该学派辩证分析了道德活动与道德教育行为的本质差异。阿普列塔耶夫院士认为，"行为"是建立在关系体系基础之上的，从内在轨迹来看，道德教育行为总体呈现为"环境—德育—影响青少年—青少年对外界影响的态度"的作用线路，在道德教育行为中，青少年实际上充当的角色是作用客体。而在道德活动中，其内在轨迹是反方向的——"青少年对外界影响（环境、道德教育）的态度—以自我革新和发展为目标而作用于外界—对外界影响的新态度"②。换言之，青少年在道德活动中扮演的是道德基础创造者的角色，他们积极建立起并确定自己对待外部世界的态度，其目的在于自我改造，以此适应社会、集体和个体的发展需求。

---

① Аплетаев М. Н. Основы нравственного воспитания личности и подростка в процессе обучения: учебное пособие ［М］. Омск : ОГПИ, 1987: 79, 81.

② Аплетаев М. Н. Теоретические и методические основы нравственного воспитания личности подростка в процессе обучения ［D］. Москва: Научно - исследовательский институт общих проблем воспитания академии педагогических наук СССР, 1989.

　　该学派的一个重要理论贡献是强调在教学进程中建构完整的道德教育体系。所谓"完整性"不仅体现为道德教育体系结构、师生活动及其相互关系的统一，事实上这也是针对学生个体道德发展而谈的，即通过道德活动帮助学生形成稳定、完整的道德结构，进而促进个体道德观念、道德活动和道德行为达至内在统一。阿普列塔耶夫认为，道德教育体系是一个多部件构成的有机整体，具体包括班级教师、学生、德育进程，以及道德教育体系运行的外部条件。青少年在学生时代，特别是进入高年级的学习阶段，他们已经具备了在课程学习过程中捕捉、追求和获得道德观念的智力发展水平，因而教育工作者有责任重构教学结构，提高道德活动比重，自觉构建完整的道德教育体系。只有建构完整的道德教育体系，才能确保学生在认知、情感和实践活动等维度，有效掌握构成个体道德心理结构的道德价值观。①

　　基于上述认识，该学派提出了完整道德教育体系搭建的五步路径。② 一是确定教育内容和教学科目，明确需要在教学中传递的知识、能力、技能、经验、价值情感体系、道德关系等；二是确定和发展"教师与学生"以及"学生与学生"之间的道德关系；三是向教学活动注入人文主义和集体主义底色，以全面掌握道德价值观为目标，制定积极的教学活动方向；四是推动教学活动、道德活动以及青少年交往活动的组织和发展；五是选择积极有效的教学和道德教育的组织形式，如全体、小组、个体，或者上述组织形式的综合运用。关于如何确定道德价值观的问题，阿普列塔耶夫教授认为，需要回应社会环境变革、道德形成的完整性以及个体发展的内在需求，同时也要结合高尚道德行为养成、社会道德积极性培养等现实问题。③ 该学派在"道德活动中的个体教育与发展"问题研究进程中形成的关于"德育活动"以及"完整道德教育体系"等学术观点，极大丰富和发展了当代俄罗斯德育理论，同时也为学校价值观教育实施以及价值观教育课程体系建设等科学命题提供了重要的理论支撑。

---

① Суслов И. Н. Способы мотивирования, стимулирования и организации нравственной деятельности студентов технического университета в образовательном процессе кафедры иностранных языков [J]. Омский научный вестник，2010（3）：211-217.

② Аплетаев М. Н. Теоретические и методические основы нравственного воспитания личности подростка в процессе обучения [D]. Москва：Научно‐исследовательский институт общих проблем воспитания академии педагогических наук СССР，1989.

③ Аплетаев М. Н. Основы нравственного воспитания личности и подростка в процессе обучения：учебное пособие [M]. Омск：ОГПИ，1987：79.

第二节　当代俄罗斯价值观教育的政策保障

教育政策集中体现了一个国家在教育领域实施战略管理的特殊手段，同时也揭示了一个国家的教育发展前景。从世界范围来看，越来越多的国家在价值观教育领域达成了共识性判断，即在全球化与人类文明发展进程中有必要开展有目的的国家行动——实施价值观教育政策，以此为提高社会成员道德水平、提升社会凝聚力、强化国家文化认同、重振国家强国形象提供重要保障。自2000年普京执政以来，俄罗斯政府大力推动价值观教育相关政策建设，颁布实施了《2025年前俄罗斯联邦德育发展战略》①、《2001—2005年俄罗斯联邦公民爱国主义教育国家纲要》②、《2006—2010年俄罗斯联邦公民爱国主义教育国家纲要》③、《2011—2015年俄罗斯联邦公民爱国主义教育国家纲要》④、《2016—2020年俄罗斯联邦公民爱国主义教育国家纲要》⑤、《2030年前儿童补充教育发展构想》⑥ 和《2030年前国家文化政策战略》⑦ 等一系列具有标志性的价值观教育政策，探索形成了价值观教育战略性与操作性相结合的政策保障格局。这些政策一方面集中反映了当代俄罗斯政府积极推进价值观塑造和价值观教育战略的主动性与预先性，同时也为俄罗斯教育改革、发展与进步提供了重要的政策保障，有效保证了价值观教育的有法可依、有章可循和有域可践。

---

① Стратегия развития воспитания в Российской Федерации на период до 2025 года ［EB/OL］. Правительство России，2015-05-29.

② Государственная программа «Патриотическое воспитание граждан Российской Федерации на 2001—2005 годы» ［EB/OL］. Правительство России，2001-02-16.

③ О государственной программе «Патриотическое воспитание граждан Российской Федерации на 2006—2010 годы» ［EB/OL］. Правительство России，2005-07-11.

④ О государственной программе «Патриотическое воспитание граждан Российской Федерации на 2011—2015 годы» ［EB/OL］. Правительство России，2010-10-05.

⑤ Государственная программа «Патриотическое воспитание граждан Российской Федерации на 2016—2020годы» ［EB/OL］. Правительство России，2015-12-30.

⑥ Концепция развития дополнительного образования детей до 2030 года ［EB/OL］. Правительство России，2022-03-31.

⑦ Стратегия государственной культурной политики на период до 2030 года ［EB/OL］. Правительство России，2016-02-29.

一、当代俄罗斯价值观教育的战略性政策

俄罗斯价值观教育的战略性政策是相关政策制定的根本依据，具有鲜明的规约性与导向性，且通常带有强烈的问题意识，集中表征了俄罗斯政府对价值观教育的基本认识以及价值观教育政策的统筹部署。目前，俄罗斯最具代表性的价值观教育战略性政策是围绕价值观教育战略任务和内容进行集中部署的《2025年前俄罗斯联邦德育发展战略》。

《2025年前俄罗斯联邦德育发展战略》是时任俄罗斯联邦政府总理梅德韦杰夫于2015年5月29日，通过第996号政府决议签署颁布的。该政策是在2012年6月1日俄罗斯联邦第761号总统令批准通过的《"为了儿童"国家行动战略（2012—2017年）》执行期内针对青少年德育专门制定的战略政策，旨在确立未来十年内俄罗斯国家德育政策的基本方向。全文包含五部分内容。第一部分为"总则"，一是重点强调了德育的独立性与重要性。明确指出要遵循《俄罗斯联邦教育法》中将德育与教学一同视为教育不可分割组成部分的前提认识，确保"德育要以独立的活动形式存在"，这一要求从根本上提供了重要的实践依据，有助于促进落实俄罗斯联邦在儿童教育方面的首要任务——促进儿童发展个体较高的道德水平，认同俄罗斯传统精神价值观，掌握为现实所需的知识与技能，有能力在现代社会条件下发挥个人潜力，时刻准备以和平的方式建设祖国和保卫祖国。二是总结凝练了价值观教育的核心内容，提出了"仁慈，公正，荣誉，良心，毅力，自尊心，相信善良并追求履行对自己、家庭和祖国的道德义务"等衍生和形成于俄罗斯文化发展进程中的精神道德价值体系，明确了价值观教育的价值导向与核心内容。三是突出强调社会合力的问题，着重提倡大力发展社会教育机构，倡导家庭、社会和国家协力开展未成年人教育，进而不断促进地区教育的均衡发展。

第二部分和第三部分主要阐释了德育战略的目标、任务、优先方向及其发展的主要方向，强调要以国家传统为基础，吸收现代科学成果，在"公民教育""爱国主义教育和培养俄罗斯认同""基于俄罗斯传统价值观开展儿童精神道德教育""儿童文化遗产类教育""面向儿童普及科学知识""体育教育和健康文化建设""劳动教育和职业自决""生态教育"等八方面创新德育进程，并分别在各个方面着重提出了需要着力培育的价值观，如爱国主义精神、祖国自豪感、国际主义观念，友善、平等、民族互助、荣誉、责任、公正、仁慈和友善等（详见表2-1）。此外，明确了德育领域工作和政策部署的优先方向，包括进一步创造条件以培养健康、幸福、自由、重视工作的个人；促使儿童形成较高的精神道德水平，以及个体在俄罗斯民族历史文化共同体的参与感，能够认识到个体与俄罗斯国家命运紧密相关；为实现德育的统一性和完整性、继承性和连续性发展提供支持；为彰显和传播精神价值的社会机构提供支持；尊重并将俄语视为俄罗斯联邦国家语言，俄语是俄罗斯公民身份的基础和民族自决的主要因素；确保每个儿童的合法权益得到保护，包括享受教育、体育运动、文化和德育资源的权利；帮助儿童形成面对周围社会现实的个人立场；在承认家庭的重要作用和尊重父母权利的基础上，发展德育系统各主体（家庭、社会、国家、教育、科学、传统宗教组织、文化和体育机构、大众媒体、商业团体）间的协同合作，以此完善俄罗斯青少年德育的内容和条件。

表2-1　德育发展的主要方向与教育内容

序号	主要方向	具体教育内容
1	公民教育	基于俄罗斯社会传统文化、精神道德价值观，为培养儿童积极的公民立场和公民责任感创造条件； 促进民族间文化交流； 培养儿童形成国际主义观念、友善观念、平等观念和民族互助观念； 教育儿童尊重他人的民族自尊心、民族情感和宗教信仰； 培养儿童的法律素养和政治素养，扩大参与，使儿童建设性地参与涉及自身权益的决策，包括参与不同形式的自组织活动、自主管理活动和具有重要意义的社会活动； 培养儿童的责任意识、集体主义原则和社会团结观念； 促使儿童形成稳定的个人道德立场和思想体系，以此抵制极端主义、民族主义、排外主义、贪污腐败、社会歧视、宗教歧视、种族歧视、民族歧视和其他负面的社会现象； 制订和实施儿童（包括移民家庭儿童）培养方案，以此提高儿童在法律、社会和文化领域的适应性
2	爱国主义教育和培养俄罗斯认同	在培养俄罗斯公民身份认同方面，为教育工作者和其他青少年德育从业人员的活动建立综合性的方法体系； 在发展儿童爱国主义教育（包括军事爱国主义教育）方案的基础上，培养儿童的爱国主义精神和祖国自豪感，使其能够做到时刻准备着捍卫国家利益，塑造儿童对俄罗斯未来发展的责任感； 提高人文学科的教学质量，确保学生在当代俄罗斯国内社会和世界政治进程中保持正确方向，并在了解本国历史、精神价值观和国家成就的基础上有意识地培养和发展个人政治立场； 培养青少年对以下国家标志的尊重，如俄罗斯联邦国徽、国旗、国歌，以及对祖国历史象征和文物古迹的尊重； 开展探索类活动和地方志活动，以及儿童认知类旅游活动

序号	主要方向	具体教育内容
3	基于俄罗斯传统价值观开展儿童精神道德教育	培养儿童的道德情感（荣誉、责任、公正、仁慈和友善）； 引导儿童践行道德观念，形成择善而为的意识自觉； 帮助儿童形成对待身体健康受限和不具备劳动能力的人的同理心和积极态度； 扩大国家与社会、社会组织和机构（包括传统宗教团体）在儿童精神道德教育领域的合作； 帮助儿童确立正确的人生方向，形成积极的人生规划； 为儿童提供帮助，使其能够在面对不同生活困境时选择正确的行为模式，包括处理生活难题、压力和冲突
4	儿童文化遗产类教育	在教育中有效利用俄罗斯独具特色的文化遗产，如文学、音乐、艺术、戏剧和电影等； 为全体儿童创造平等享受文化财富的机会； 教育儿童尊重俄罗斯联邦文化、语言、民族传统和习俗； 提高儿童文学在家庭中的使用率，使儿童接受具有高艺术价值的本国和世界的古典、现代艺术文学作品的熏陶； 为儿童了解博物馆和戏剧文化创造条件； 发展博物馆教育学和戏剧教育学； 支持文艺作品的创作与传播，为开展旨在普及俄罗斯文化、道德和家庭价值观的文化活动提供支持； 创作并为旨在推动儿童道德发展公民爱国主义精神和文化发展的故事片、纪录片、科普片、教育片和动画片提供支持； 进一步发挥图书馆（包括教育系统中的图书馆）的作用，运用信息技术帮助儿童了解世界和我国的文化瑰宝； 为保护、支持、发展民族传统文化和民间创作创造条件
5	面向儿童普及科学知识	提高科学对青少年的吸引力，支持儿童的科技创造； 创造条件，使儿童能够获取国际、国内先进科学成果和发现的权威信息，同时提高青少年科学认知世界和社会的兴趣
6	体育教育和健康文化建设	青少年自觉追求健康体魄以及健康的生活方式； 在儿童群体和家庭环境中建立相关机制，促进形成积极健康的生活方式、开设体育运动课程，形成健康的饮食文化； 在完善体育基础设施和提高其利用率的基础上，为儿童（包括身体健康受限儿童）定期参与体育运动和休闲保健创造条件； 发展生命安全文化，预防吸毒、酗酒、吸烟等其他不良习惯； 结合儿童个体的能力和天赋，通过定期组织开展体育课程，为教育机构学生以及在其他机构学习的儿童提供增强体质的教育条件； 发挥体育活动的潜力，以此预防反社会行为； 促进开展全民运动活动并吸引儿童参与其中

序号	主要方向	具体教育内容
7	劳动教育和职业自决	教育儿童尊重劳动、劳动者和劳动成果； 培养儿童的自理能力，使其热爱劳动，能够认真、负责和创造性地对待各类劳动，包括学习和承担家务； 基于对自身行为的意义和后果的正确评价，培养儿童积极调动必要资源进行合作和独立开展工作的能力； 促进职业自决，引导儿童参与具有重要意义的社会活动，助力其理性选择职业
8	生态教育	培养儿童及其父母的生态素养，爱护国土，珍惜俄罗斯和世界的自然资源； 培养儿童关心自然资源现状的责任感、合理利用自然资源的能力，以及对危害生态环境行为的零容忍态度

内容来源：《2025 年前俄罗斯联邦德育发展战略》。

第四部分和第五部分主要从综合完善政策管理体系的角度，提出了政策制定和实施的法律机制、组织管理机制、人员机制、科学方法机制、财经机制和信息机制。同时阐述了政策实施的预期效果，具体包括在儿童德育问题上凝聚社会共识；提高家庭、父母威望，维护和巩固传统家庭价值观；营造尊重父母的环境，认可父母在教育儿童方面做出的巨大贡献；基于各部门和地区的协调配合、社会机构和公民机构的协同一致、基础设施的现代化发展，以及法律调控和有效的管理机制，发展国家公共德育体系；加强普通教育和补充教育体系的德育作用，提高体育运动和文化领域活动组织的有效性；提高积极参与儿童德育的教育工作者和其他从业人员的社会威望和地位；巩固和发展德育系统的人才潜力；为全体儿童提供平等机会，参与到可满足个体需求、个人能力和兴趣的各类活动之中，且不受居住地、家庭物质条件和自身健康状况的限制；为支持儿童天赋发展创造条件，通过实施国家、联邦、地区和市级的专项方案，在教育、科学、文化和体育领域促进儿童能力发展；在儿童中确立作为典范的积极行为模式，发展同理心；降低负面社会现象的影响程度；发展和支持具有社会意义的儿童、家庭和父母倡议，以及儿童社会联合会的活动；提高儿童德育领域的科学研究质量；提高儿童信息安全水平；降低儿童反社会倾向；构建反映俄罗斯联邦德育体系有效性的指标监测体系。

总的来看，《2025 年前俄罗斯联邦德育发展战略》是基于俄罗斯儿童发展状况和俄罗斯国家发展战略的迫切需要制定并实施的，一方面作为价值观教育相关法律规范以及各级纲要制定的基础文件，廓清了价值观教育的目标、任务、内容和机制等问题，有助于促进俄罗斯价值观教育法律规范的深化发展。另一方面，规定了儿童德育和社会化领域国家政策的优先方向，提出了德育机构发展的基本方向和机制，在实践层面为俄罗斯青少年价值观教育提供了根本遵循与核心原则。

二、当代俄罗斯价值观教育的操作性政策

价值观教育的操作性政策一般具有突出的实践取向，是俄罗斯政府和教育部门针对价值观教育提出的具体规划与方案设计。相对而言，战略性政策发挥的是战略导向与政策引领的作用，规定且规范着相关政策目标设置、原则确立、任务统筹、机制制定的基本方向与价值取向，而对俄罗斯政府和教育部门而言，实现价值观教育的具体实践规划主要是依托操作性政策。自普京就任俄罗斯总统以来，在全面宣传和弘扬爱国价值观的外部环境下，俄罗斯政府在爱国主义教育领域广泛采用方案类、项目类的推动方式，每五年颁布一部针对性强的中长期发展纲要——《俄罗斯联邦公民爱国主义教育国家纲要》，以"体系"搭建的战略思维强势推进、统一部署，确保爱国主义教育目标指向明确、阶段任务清晰、实践措施精准。通观四部针对爱国价值观培育的操作性政策，俄罗斯政府始终坚持宏观调控，每一部均明确规定了政策执行期内爱国主义教育体系建设的目标、任务和实施机制，以及用于此项教育实践活动的财政经费，既体现了俄罗斯政府对国内爱国主义教育状况和存在问题的客观把握，同时也体现了对爱国主义教育的分阶段部署，且各阶段的阶段性目标任务与价值观教育发展战略的整体性目标任务保持着内部高度的一致性与紧密的衔接性。

2001—2005 年俄罗斯公民爱国主义教育国家纲要期间，俄罗斯政府在集中部署公民爱国主义教育工作之初，客观反思了社会存在的严峻现实，得出"预料之中"的结论——"经济解体、社会分化、精神价值贬值已经对国内各年龄阶段的社会居民产生了负面影响"；"俄罗斯社会正不断失去传统爱国意识"；"冷漠、自私、个人主义、犬儒主义、无端侵略、不尊重国家和社会制度等态度和意识大量充斥于大众意识"；"在某些地区，爱国主义发展成为民族主义"。① 客观来看，尽快解决上述棘手问题已经很难依靠自发与自觉，而是需要强有力的国家干预。为此，俄罗斯政府提出"出台俄罗斯公民爱国主义教育统一国家政策，促进建设多层次爱国主义教育工作协调发展的公民爱国主义教育体系"

---

① Государственная программа « Патриотическое воспитание граждан Российской Федерации на 2001—2005 годы » [EB/OL]. Правительство России，2001-02-16.

的战略举措。因而，本阶段的公民爱国主义教育主要瞄准"地基式"工作，着力搭建并推进爱国主义教育体系的初步运行。在实施过程中，俄罗斯政府按照"两步走"原则于2001年重点完成组织机构、法律规范基础，以及具体实施子纲要的制定和建设工作，初步搭建了公民爱国主义教育体系；2002—2005年是爱国主义教育的初期运转阶段，集中"面向俄罗斯全部社会阶层和各年龄阶段的俄罗斯公民"开展有组织、有计划的爱国主义教育实践活动，基本实现了公民爱国主义体系从搭建到初步运转的建设任务。

2006—2010年俄罗斯公民爱国主义教育国家纲要期间，经过历时五年的初步建设，俄罗斯公民爱国主义教育体系基本建成，并形成了一套相对系统的运行模式，但"若要彻底发挥爱国主义教育体系的有效职能，现在所做的仍远远不够"①。为此，俄罗斯政府确立了第二个五年建设的总体目标——完善爱国主义教育体系，促进俄罗斯发展成为自由、民主的国家，培养俄罗斯联邦公民高尚的爱国意识、国家荣誉感且能自觉履行宪法义务。在总结第一阶段建设经验和不足的基础上，第二阶段爱国主义教育重点聚焦两个建设增长点。第一，突出爱国主义教育的核心对象——未成年人。在继续坚持"面向俄罗斯全部社会阶层"实施爱国主义教育的基本立场基础上，第二部纲要特殊强调了青少年的教育优先性。第二，强化教育协作、搭建教育合力。纲要要求，要在学校、家庭和社会团体中开展一体化的爱国主义教育，并号召执行权力机关、国家军事组织、教育系统和执法机关进行相关改革与工作调整，以此形成合力，共促国家稳定，保障人民安居乐业。总的来看，"两个增长点"是俄罗斯政府在全面考察爱国主义教育发展形势与客观把握教育规律基础上做出的战略判断，既是对新一阶段爱国主义教育工作重心的因势调整，同时也推动了爱国主义教育对象更加聚焦、教育主体更为多元的发展进程。经过第二个五年的建设发展，"俄罗斯公民爱国主义教育体系基本建成，俄罗斯联邦公民爱国意识得到有效加强"②。

2011—2015年俄罗斯公民爱国主义教育国家纲要期间，俄罗斯政府一方面继续完善已有教育体系，在其框架下持续开展"有计划、可持续、协调性强"的爱国主义教育实践活动；另一方面，将工作重心投向推动爱国主义教育"由外及内"的深层次发展，即探索如何促进爱国主义教育从活动主题、教育措施，

---

① О государственной программе «Патриотическое воспитание граждан Российской Федерации на 2006—2010 годы» [EB/OL]. Правительство России，2005-07-11.

② О государственной программе «Патриотическое воспитание граждан Российской Федерации на 2011—2015 годы» [EB/OL]. Правительство России，2010-10-05.

逐渐转向全体社会成员的道德追求，"将爱国主义发展成为促进公民积极生活的道德基础"①。为促进实现爱国主义教育的内化发展，培养具有崇高爱国意识的俄罗斯公民，第三部爱国价值观培育的操作性政策集中瞄准了爱国主义教育物质技术基础现代化建设、提高组织方法水平、提高组织者和专家职业培训水平、在爱国主义教育领域广泛运用大众传媒和文化，以及利用网络开展爱国主义教育等重点支撑领域的建设工作，优化和促进爱国主义教育自身理论与实践的创造性建设及纵深发展，进而推动传统爱国价值观在公民个体层面的有效内化。总的来看，经过十五年的建设与发展，俄罗斯爱国主义教育体系趋向成熟，教育主体不断壮大、教育项目不断增容、教育手段不断丰富，在俄罗斯社会发挥了重要的思想引领作用。

2016—2020 年俄罗斯公民爱国主义教育国家纲要期间，面对俄罗斯当前所处于的"复杂经济"和"地缘政治角逐"②的复杂局势，俄罗斯政府再次调整了爱国主义教育的新五年工作重心，集中聚焦"理论建设"和"优势发展"两个维度，以此服务新阶段国家发展的现实需要。在"理论建设"维度，注重研究和发展公民爱国主义教育体系的科学方法，包括基础理论研究、经验交流推广、教学方法参考书出版、教育效果监测系统开发等，强调将爱国主义教育十余年实践层面的经验总结，上升到体系清晰的理论建构，这既是进一步打牢爱国主义教育地基的建设需要，也是建设爱国主义教育上升空间并促其实现长远发展的战略需要。在"优势发展"维度，俄罗斯政府近五年来强调传统教育优势，重视开展传统军事爱国主义教育和志愿服务，通过持续化推进、常规化落实、集中化宣传等手段，大力弘扬军事强国思想和集体主义精神，促进传统爱国主义教育形式的当代发展。

俄罗斯爱国价值观培育的四部操作性政策，充分体现了俄罗斯政府分阶段部署爱国主义教育的战略思维，即通过制定"牢固基础—全面推进—聚焦优势"的"点—面—点"式爱国主义教育发展路径，积极回应国家建设与社会发展的时代需要，同时反映出俄罗斯政府"精准化""针对性"落实和推进价值观教育政策的发展诉求，为俄罗斯未来五年、十年甚至更长时期爱国主义教育提供了可期的战略空间。作为价值观教育战略的重要保障，制定和实施教育政策体现了俄罗斯政府对俄罗斯国家教育资源和教育利益的集中分配，既指明了俄罗

---

① О государственной программе «Патриотическое воспитание граждан Российской Федерации на 2011—2015 годы»［EB/OL］. Правительство России，2010-10-05.

② Государственная программа «Патриотическое воспитание граждан Российской Федерации на 2016—2020годы»［EB/OL］. Правительство России，2015-12-30.

斯价值观教育战略的基本方向，同时也阐明了价值观教育战略的具体任务与运行机制，有助于集中破解价值观教育领域存在的现实问题，提高社会整体道德水平和社会稳定发展，同时最大限度激发教育文化潜力，推进教育事业蓬勃发展，加速推进社会价值共识与国家凝聚力提升。①

三、当代俄罗斯价值观教育政策的着力点

进入 21 世纪以来，俄罗斯政府在价值观教育领域投入大量精力，教育政策的制定与实施得到政府、社会以及教育家、社会理论家、文化学家等理论研究者的重视。总体来看，当代俄罗斯价值观教育政策一是聚焦了价值构建，即通过"理想的价值符号"明确人应当以何种存在方式固定在社会共有的生存空间，以此促进达成价值共识，提升公民身份认同。二是聚焦到教育现实，即重点关注价值观教育领域理论与实践维度的高水平发展，进一步明确了教育领域主导权与话语权的"归属"问题以及价值观教育一体化发展格局的建构问题。

（一）增强民族传统价值观念的文化认同

当代俄罗斯公民社会的确立伴随着旧的价值体系与原有社会化模式的衰变以及探寻新事物的过程，不可避免地对公民个体的成长与发展产生深刻影响，同时也对公民文化认同带来挑战与冲击。文化认同是"人们在一个民族共同体中长期共同生活所形成的对本民族文化的肯定性体认"②，反映了一国公民对所属社会价值理念、公民生活、文化生态等方方面面的倾向、共识与认可程度，既代表了他们对身处文化的归属感，同时也决定着人们对自己、他人、社会和世界的价值态度。价值观是文化的内核，文化认同的核心归根到底指的就是价值观认同。价值观建构问题早在普京就任俄罗斯总统启动价值观教育战略之初就获得了足够重视，并在二十余年的价值观教育战略建设进程中始终作为关键任务持续推进。对此普京曾公开强调，"一个社会，只有在它具有共同的道义方向体系时，只有在国内人民对祖国的语言、对自己独特的文化和独特的文化价值、对自己祖先的记忆、对我们祖国历史的每一页都抱有尊重的感情时，它才能提出和解决规模巨大的国家任务"③。

---

① 本部分内容主要参照：雷蕾. 普京时代俄罗斯公民爱国主义教育二十年回顾 [J]. 比较教育研究，2020（11）：53-59.

② 秦宣. 关于增强中华文化认同的几点思考 [J]. 中国特色社会主义研究，2010（6）：18-23.

③ Послание Президента Федеральному Собранию [EB/OL]. Президент России，2007-04-26.

对现阶段俄罗斯而言，增强公民文化认同、定位公民文化身份与文化取向尤显其重要价值与现实意义。从个体层面来看，文化认同满足了公民自身发展的内在需要。作为历史文化发展进程的主体，人通常有着与生俱来的自我文化身份体认的自觉意识，即寻找真正"自我"以及阐清"自我"与"他者"关系。有学者指出，人的文化认同通常包含内部特征和外部特征，其中，内部特征包括认知特征，即广泛掌握文化知识；文化心理特征，即掌握群体文化的心理构成、规则、价值观、传统和理想；情感特征，即群体的归属感。外部特性主要包括行为和语言。① 文化认同的重要意义正是在于帮助"人（个体或群体）通过文化或者于文化之中实现自我确定，换言之，基于对文化象征场域内部某些文化形式的认同，获得自我文化身份"②。从社会层面来看，文化认同更是国家、社会、民族稳定发展的重要文化心理基础。对国家体制变革与新秩序建构的转型国家俄罗斯而言，文化认同是"巩固俄罗斯完整性的重要因素"③。有俄罗斯学者将文化认同分解为个体层面的文化认同与集体层面的文化认同，其中，集体文化认同是在个体文化认同基础上的共性（种族、民族、阶层等）反思进程中生成的。作为共性反思的结果，集体文化认同是"群体自我意识形成的标志"，"反映了基于文化价值、规范、制度和模式的群体独特性与完整性的统一"④。

如同人类社会的发展一样，社会价值体系的"多元"趋势不代表盲目无序，更不意味着不需要确立某种主导价值取向和共同的价值标准。有俄罗斯学者曾提出，"文化空间内部应'坚守'着地区文明蕴含的价值观和文化思想，以此保证人们能够如同具有亲属关系一般协调地发展，进而成长为统一的整体"⑤。因而，在一定意义上理解，公民文化认同已经超越了单个公民的个体活动领域，表征了公民个体对身处文化的认识、理解、接受和认可的程度，融合了个体与

---

① Смакотина Н. Л., Хвыля‐Олинтер Н. А. Методология и методы социологических исследований [J]. Вестн. моск. ун‐та, 2010 (2): 59-79.

② Неронов А. В. Культурная идентичность и картина мира [J]. Вестник Ленинградского государственного университета им. А. С. Пушкина, 2011 (2): 247-255.

③ Маршак А. Л. Культурная идентичность как фактор укрепления целостности России [J]. Экономические и социальные перемены: факты, тенденции, прогноз, 2014 (5): 179-183.

④ Матузкова Е. П. Культурная идентичность: к определению понятия [J]. Вестник Балтийского федерального университета им. И. Канта, 2014 (2): 62-68.

⑤ Боев А. А. Единое культурное пространство [D]. Москва: Российская академия управления, 1993.

他人、社会、国家的关系，能够调节公民个体行为，促进公民个体乃至整个社会的发展，进而凝塑一个民族、一个国家的精神气质，增强内在凝聚力与对外吸引力。增进公民文化认同是一个系统性工程，也是当代俄罗斯核心价值观教育战略的重要目标指向。回顾当代俄罗斯价值观教育政策的发展历程，可较为清晰地探寻到国家核心价值观建构的轨迹与重心。无论是"俄罗斯新思想"的提出，还是确立爱国主义的国家思想地位，以及"俄罗斯传统精神道德价值观"的提出，均是对爱国主义、大国主义和社会集体主义等具有保守主义色彩传统价值观的去芜存菁与理性回归，并通过确立、宣传和弘扬民族传统价值观念，积极回应塑造公民基本价值共识与提升民族文化体认的战略需求。

（二）确立国家作为战略的核心主体身份

不同国家因其政治体制不同逐渐产生、形成了具有本国特色的国家治理模式。各国政府在政治、文化、经济、教育等社会领域的建设与管理中也相应地表现出各自的独特性。众所周知，"民主化""去意识形态化""去集权化"是解体后俄罗斯各领域改革的主要特征。俄罗斯第一部《俄罗斯联邦教育法》明确将教育视为"为个人、社会、国家的利益而进行的有目的的教育教学过程"，并提出了"教育的自由和多元化""人的生命与健康以及个性自由发展的优先性""教育机构的自主性"等一系列关涉教育的政策原则，① 确立了俄罗斯教育民主化、自由化、多样化和以人为本的总体价值取向。加之国家总体形势特别是经济状况的影响，这一时期的俄罗斯教育呈现出"放任自流"的发展势态，政府和教育部门不再对教育进行统一谋划和战略部署。俄联邦教育科学部2002年颁布的《2010年前俄罗斯教育现代化构想》曾指出，20世纪90年代末社会经济危机对教育发展产生了阻碍，"国家在很大程度上抛弃了教育，迫使教育自谋生路，国家的现实需要在相当程度上被抽象化了"。但是"教育决定了俄罗斯转向民主的、法制的国家这一任务"，因而，在现今条件下"教育再也不能处于内部封闭和自给自足状态之中了"。② 对此，俄罗斯政府强调，"必须恢复国家对教育领域的责任心和积极作用，必须对教育实现深刻而全面的现代化，并为此划拨所必需的资源和建立资源有效使用的机制"③。普京就任总统后，随着

---

① 肖甦，王义高. 俄罗斯转型时期重要教育法规文献汇编［M］. 北京：人民教育出版社，2009：143.

② Концепция модернизации российского образования на период до 2010 года［EB/OL］. ГАРАНТ, 2002-02-11.

③ Концепция модернизации российского образования на период до 2010 года［EB/OL］. ГАРАНТ, 2002-02-11.

"主权民主"治国模式的确立和强化，俄罗斯重拾国家在教育领域的主导权与话语权。

从国家治理角度来看，价值观教育关涉国家意识形态建设，非某一组织或个人能够承担和完成的，一国政府也不可能将教育特别是价值观教育的主动权完全交由各类自组织。面对如何解决社会转型阶段出现的一系列由于意识形态"真空"引发的负面现象和社会问题，如"经济解体、社会分化、精神价值贬值已经对国内各年龄阶段的社会居民产生了负面影响"；"俄罗斯社会正不断失去传统爱国意识"；"冷漠、自私、个人主义、犬儒主义、无端侵略、不尊重国家和社会制度等态度和意识大量充斥于大众意识"；"在某些地区，爱国主义发展成为民族主义"① 等，更使得俄罗斯政府和全社会不得不认识到，要彻底解决上述问题，已经很难依靠自发或自觉，而是需要强有力的国家干预，必须尽快结束教育领域"放任自流"的发展模式。

选择民主化进程并不是"清空"了政府在教育领域的全部协调、组织和管理职能，相反，俄罗斯政府不断修正自身与社会其他领域主体的关系，力求达至利于社会发展的最佳状态。民主化进程推动了国家在教育领域的角色转变，但国家的核心地位没有发生根本变革，国家仍然掌握教育的主导权，是教育战略制定和实施的首要主体。俄罗斯政府和教育部门二十余年来连续颁布各类教育和价值观教育政策，正是对其价值观教育战略核心主体身份的充分彰显，也是从法律和制度层面对自身身份与责任的持续明确。从实践层面来看，国家重申其在价值观教育领域的主导权与核心地位，符合俄罗斯民族长期以来形成的集体主义价值取向和民族文化中固有的聚合性思想，以及对"家长式"国家治理模式的期盼，获得了俄罗斯社会和教育领域的广泛认可。

（三）搭建教育文化一体化空间发展格局

一直以来，教育与文化的密切关系受到俄罗斯学者的长期关注。有俄罗斯学者曾指出，文化"不仅包括致力于社会存在的再生产与变革的人的社会活动，同时还包括一项复杂的工作，即唤醒和改变人的属性——精神属性与身体属性，以及开展触及思想和心灵的文化教育工作。文化赋予人的存在以意义和价值，使人能够无限发展自我并保持自我。作为人社会化和融入社会的重要途径，文化与教育活动，特别是德育活动密切相关"② 。从本质上看，教育与文化之间具

---

① Государственная программа 《 Патриотическое воспитание граждан Российской Федерации на 2001—2005 годы 》［EB/OL］. Правительство России，2001-02-16.

② Безрукова. B. C. Основы духовной культуры（энциклопедический словарь педагога）［M］. Екатеринбург：Деловая книга，2000：408-409.

有相互依存、相互制约的内在关系。作为"人类在社会历史发展过程中不断创造和积累起来的物质财富和精神财富的总和"①，文化决定着教育的价值取向、基本内容、方法载体等诸多方面；而作为人类文化的有机组成部分，教育本身就是一种特殊的文化现象，能够促进文化的保护、传承、发展与创新。

2014年颁布的俄联邦《国家文化政策基础》从文化建设高度提出了建构"统一文化空间"的战略主张，具体强调了民族文化的平等共存、主导价值的积极凝聚，同时也关注了文化及相关领域的协调发展，其中包括与文化发展息息相关的"人文科学领域""德育""教育事业""儿童和青年运动"。《国家文化政策基础》还着重指出，将为国家、社会、相关机构向公民传播知识和文化提供支持，在德育领域"恢复家庭教育传统，克服家庭内部的代沟；在社会意识中承认传统家庭价值观，提高家庭的社会地位；在社会范围内开展代际对话；向家长提供可获得破解儿童教育问题的教育支持和心理支持的机会；儿童和青年德育领域教育工作者的培训；复兴和促进成年公民教育和自我教育体系发展；提高教师社会地位：确立将教师视为社会行为标准、绝对道德和知识权威的社会意识；吸引社会组织、科学和文化团体、文化组织加入各年龄段公民的教育进程"②。由此可见，俄罗斯政府基于社会结构的内在关联，将教育视为文化建设不可分割的组成部分，并提出要在教育文化一体化空间框架下发展教育与文化的战略倡导。"统一文化空间"一方面为地区文化提供了平等发展与开展历时、共时对话的立体场域，另一方面也极大推动了俄罗斯文化、教育、德育多维互动一体化育人格局的建设与发展。

近年来，"基于对教育环境多样性、主客体关系多元化以及主体价值观形成复杂性等问题的思考"③，俄罗斯学者开始强调教育问题的"空间化思维"，提出了"教育文化空间"等一系列科学概念，并在实践层面积极搭建与之匹合的教育模式，从系统性和一体化的立场对教育进行理论和实践层面的双重建构。朴素地理解，"价值观教育文化一体化空间"即运用整体思维将价值观教育和文化甚至同与之相关的更为宽泛的社会领域放置于一个统一的空间。人为设定的"空间"为价值观教育与文化提供了相互供给、相互作用的存在场域。"一体

---

① 陈万柏，张耀灿．思想政治教育学原理：第二版 ［M］．北京：高等教育出版社，2007：250-251．

② Основы государственной культурной политики ［EB/OL］．Президент России，2014-12-24．

③ 雷蕾．普京时代俄罗斯核心价值观建构及价值观教育 ［J］．比较教育研究，2019（3）：3-9．

化”则规定了二者对话的基本方式，强调二者在葆有各自领域自身独立属性基础上协同促进、双赢发展的共存原则。

在俄罗斯政府的积极推动下，价值观教育文化一体化空间迅速完成了从理念倡导到项目推动的实践转化，并创造性地开发了一系列教育文化合作项目。"胜利之路"（Дороги Победы）是目前俄罗斯国内较富代表性的一项价值观教育文化活动，也是俄罗斯依托博物馆文化资源提高价值观教育实效性的新探索。该活动于 2014 年由俄罗斯军事历史协会、俄罗斯文化部、俄罗斯国防部等多部门联合启动，旨在整合俄罗斯历史文化博物馆、英雄城、军事荣誉城等文化场所和历史遗址的文化资源，激发青少年的爱国情感，帮助他们正确理解俄罗斯"爱国主义""文化""历史""艺术"的价值内涵。目前，"胜利之路"项目主要招募俄罗斯全体中小学生、武装学校学员、军事学院学员、应征入伍的军人、军人子女、孤儿、残疾儿童、贫困儿童、军事爱国主义俱乐部成员。通过个人申请、组委会审批的程序，统一安排 1~2 天的历史文化考察活动，全程经费由活动组委会承担。截止到 2022 年 11 月，已有超过 100 万名学员参加了"胜利之路"教育项目。① 为进一步巩固和推动教育文化领域围绕价值观教育主题的直接对话，俄罗斯政府近几年还聚焦了"教育文化综合体"的积极建构。2018年，普京在《国情咨文》中公开倡议"建设区域教育文化和博物馆综合体"，并指出要将其建设成为"真正的文化生活中心，面向青年人以及全部年龄段的居民开放"②。2019 年 1 月，普京在建设教育文化中心专项会议上指出，"各地区新的文化中心将与所在地区的博物馆、剧院、艺术学校协同合作，不断丰富和补充区域文化生活"，"提高地区教育文化潜力，建设俄罗斯境内现代文化空间，促进社会和谐发展与公民的自我实现"。③ 目前，俄罗斯各地区教育文化中心陆续建成，为公民价值观教育文化一体化空间提供了"有边界"的活动场域，使各教育主体的协力合作更为便捷和灵活，也更富针对性和实效性。

① Агентство развития внутреннего туризма ［EB/OL］. Дороги Победы，2020-02-07.

② Послание Президента Федеральному Собранию ［EB/OL］. Президент России，2018-03-01.

③ Создание культурно - образовательных комплексов в субъектах России ［EB/OL］. Общероссийское общественное движение，2019-01-09.

第三章

当代俄罗斯学校价值观教育的课程体系

"古今中外，关于教育和办学，思想流派繁多，理论观点各异，但在教育必须培养社会发展所需要的人这一点上是有共识的。培养社会发展所需要的人，说具体了，就是培养社会发展、知识积累、文化传承、国家存续、制度运行所要求的人。"① 以培养社会所需要的人为目标导向，世界各国结合本国意识形态建设的内在要求，依托国家独特历史文脉，在不同时期形成并确立了符合社会需要的人才培养规格，并将这一要求稳步扎实地落实到不同教育阶段教育教学管理的各个环节。如果说价值观教育是一种普遍存在于人类社会的实践活动，那么学校就是世界各国实施价值观教育的主阵地，承担着服务国家意识形态建设以及人才培养的时代重任。在俄罗斯教育现代化改革进程中，学校价值观教育课程设置日趋丰富多元，形成了融合专门课程、综合课程和活动课程为一体的系统化、开放式价值观教育课程体系。

第一节　当代俄罗斯学校价值观教育课程体系的政策支持

教育标准关乎教育质量。从世界范围来看，制定统一的国家教育标准是各国政府推动教育改革与高质量发展的重要举措。作为一国教育发展的政策保障，国家教育标准通常具有强烈的指导性和统领性，既是评估本国教育质量的重要标尺，同时也客观反映出一个国家在教育领域的发展理念、目标导向和战略举措，并从实践维度规定了教育领域各项活动的发展方向与现实轨迹。从俄罗斯青少年价值观教育实践来看，先后三代国家教育标准的制定、出台与持续完善，为俄罗斯基础教育阶段学校价值观教育课程体系建设提供了重要的理念遵循、价值约束以及实施依据。

---

① 习近平．在北京大学师生座谈会上的讲话 ［N］．人民日报，2018-05-03.

一、俄罗斯国家教育标准制定的现实依据

俄罗斯国家教育标准的制定和出台在世界基础教育全球化、现代化与国际化变革发展的时代背景下拉开序幕，从中深刻反映出俄罗斯政府推动基础教育顺时顺势改革的总趋向，以及为提高国民教育水平、提升人才培养质量而作出的战略部署。

第一，回应教育现代化转型的时代诉求。2001 年 12 月 29 日，俄罗斯政府批准通过了《2010 年前俄罗斯教育现代化构想》（*Концепция модернизации российского образования на период до 2010 года*，以下简称《构想》），明确提出了 21 世纪俄罗斯"教育现代化"发展的总体任务，并指出教育现代化发展是一项"政治任务"和"全民族的任务"，确立了推进教育公平、提高教育质量、提升教育工作者社会地位、提高教育主体协同配合等教育优先发展方向。现代社会需要现代化教育，现代化教育致力于现代化人才的培养。对于这一问题，《构想》强调，对发展中的社会而言，需要培养现代化人才，具体来看，要有学识、有道德、有进取心，具有独立进行选择并预测其可能性结果的能力，具有与他人合作的能力，具有灵活性、应变力和建设性等突出素质，以及对国家命运高度负责的情怀。因而，"基础教育现代化发展不仅在于受教育者要掌握一定总量的科学知识，关键还要促进学生个性发展，使其获得认知能力和创造能力"，"培养学生形成公民身份认同和法治意识、高尚精神、文明修养、首创精神、独立性和宽容心，以及顺利实现社会化发展的能力以及积极适应劳动市场的能力"。[①]

为确保现代教育的高质量发展，《构想》突出强调俄罗斯各类教育主体要在充分认识到教育对社会发展所具有的基础性作用，以及在确保教育符合个人、社会和国家现实需求及前景需要的基础上，保证教育高质量发展，并为提高现代教育质量而创造条件。那么如何创造条件？条件之一即指向了国家教育标准的制定。事实上，早在 1992 年颁布的第一部《俄罗斯联邦教育法》中就已明确提出制定"客观评定毕业生教育水平和技能"的各教育阶段国家教育标准的发展任务。[②]《构想》在分析俄罗斯教育系统现状及其现代化发展必要性的同时，特别指出了学校教育存在的内容陈旧过时及负担繁重等问题，并提出学校要按

①　Концепция модернизации российского образования на период до 2010 года［EB/OL］. ГАРАНТ，2002-02-11.

②　Об образовании［EB/OL］. ГАРАНТ，1992-07-10.

照教育标准来确定各阶段教育要求以及规范课程开设，将"制订并实施普通教育的国家教育标准及形式多样的教学计划"视为提升现代教育质量的一个重要条件，明确指出各教育阶段的学生要按照国家教育标准接受教育，同时突出强调要强化经济学、历史、法律、俄语等促进学生顺利实现社会化发展的课程体系建设。上述对现代化人才基本素质的要求、对课程建设的要求、对国家教育标准制定的要求，进一步加快了国家教育标准的出台。

此外，教育现代化内在蕴含国际化的发展趋向，博洛尼亚进程中高等教育面临的国际化改革也加速了俄罗斯国家教育标准的制定。2003 年，俄罗斯正式加入以整合欧洲高等教育资源、打通高等教育体制为目标的欧洲高等教育改革计划——博洛尼亚进程，开启了俄罗斯高等教育国际化的新局面。面对高等教育国际化接轨的内在要求，课程体系与学分体系建设、学位体制打通、教育标准对接等一系列关涉传统教育体制改革的问题亟待解决。从人才培养的连贯性以及基础教育与高等教育的关系来看，为进一步提高教学质量，促进教育公平，建构统一教育空间，国家教育标准的制定工作受到俄罗斯社会和教育领域的突出关注。

第二，落实核心素养培育的人才培养要求。在与现代化和国际化的积极对话中，俄罗斯教育改革关于教育对象培养规格的问题，即学校应当教授和培养哪些"核心素养"的问题，也得到国家教育标准的关照和回应。俄罗斯教育改革关于核心素养（Key Competencies）的研究始于 20 世纪 90 年代世界主要国家广泛关注"提高教育质量"和"促进教育公平"等主题的国际教育改革交汇期。1997 年，经济合作与发展组织（Organization for Economic Coperatio and Development，OECD）启动了"素养的界定与选择：理论和概念基础（Definition and Selection of Competencies，DeSeCo）"项目，邀请法国哲学家莫妮克·坎托-斯佩伯（Monique Canto‐Sperber）、英国心理学家海伦·海斯特（Helen Haste）、瑞士社会学家菲利普·佩勒努（Philippe Perrenoud）等一批全球各学科知名专家学者，基于承认不同国家文化价值观多样性的普遍共识，以多学科视角合作建构了统一的核心素养概念和研究指标，提出了由"互动地使用工具、在社会异质团体中互动和自主行动"构成的核心素养。核心素养的确立不是基于个体应当获得何种品质或认知技能，而是基于获得成功生活和社会良好运行的社会心理先决条件的思考。研究者强调，核心素养不仅仅对于专家型人才很重要，对于任何一个个体都十分重要。核心素养能够为社会和个人做出有价值的贡献，满足个体在多样环境中的不同需求。① 其后，国际组织、世界各国和地区不约而同地聚焦于核心素养的研究。

2000 年，俄罗斯全面启动教育现代化发展进程，陆续出台了《俄罗斯联邦教育发展纲要》《俄罗斯联邦国民教育要义》《普通中等教育结构和内容构想》等一系列教育政策，确立了教育在国家政策的优先地位，全力助推教育改革。为进一步推动普通教育②内容和教育质量评估体系创新，俄联邦教育部委托俄罗斯教育学家、时任俄联邦教育部部长顾问、莫斯科第 1060 中学校长阿·阿·平斯基（А. А. Пинский）组建了由 20 位教育家和学者构成的专家组，联合编写并出版了用于普通教育现代化文件制定的参考资料——《普通教育内容现代化战略》（Стратегия модернизации содержания общего образования）。专家组在客观分析了俄罗斯教育现代化发展方向的基础上，明确提出了促进教育目标和内容创新发展的重要依据——培养人的"核心素养"，具体包括独立认知活动领域素养（掌握从校内外不同信息来源中获取知识的能力）、公民社会活动领域素养（扮演公民角色、选民角色、消费者角色）、社会劳动活动领域素养（分析劳动市场形势的能力、评估自身职业能力、了解劳动关系和自我组织技能涉及的准则和伦理）、日常领域素养（包括个人健康、家庭日常生活等方面）和文化休闲活动领域素养（选择支配自由时间的途径和方式，以此充实个人精神文化），并以核心素养为参照制订了各学段示范教学计划。从本质上看，俄罗斯学者提出的上述五类核心素养不仅聚焦了人的认知领域和生活领域，同时也关注了人的动机、伦理和社会行为等方面，符合俄罗斯教育领域一直倡导的"理解世界科学图景、追求崇高精神、追求社会积极性"的传统价值观，③ 同时也符合教育现代化对人的全面发展的现实需要。随着"核心素养"概念的提出，相关问题在俄罗斯理论界也引起了广泛学术共鸣。俄罗斯教育科学院通讯院士安·维·

---

① The Definition and Selection of Key Competencies：Executive Summary［EB/OL］. OECD, 2005-05-27.

② 按照《俄罗斯联邦教育法》的规定，俄罗斯联邦教育包括普通教育、职业教育、补充教育和职业培训四大类。其中，普通教育包括学前教育、初等普通教育、基础普通教育和中等普通教育；职业教育包括中等职业教育、高等教育（培养学士）、高等教育（培养文凭专家和硕士）和高等教育（培养副博士和博士等高层次人才）；补充教育包括儿童补充教育、成人补充教育和补充职业教育。普通教育在俄罗斯主要指向基础教育阶段。

③ Координатор группы А. А. Пинский. Стратегия модернизации общего образования：Материалы для разработчиков документов по модернизации общего образования［M］. Москва：ООО《Мир книги》，2001：14-15.

胡托尔斯基（А. В. Хуторский）是最早一批研究核心素养问题的俄罗斯学者。他认为，加强核心素养培育是世界各国教育发展的总体趋势，在这一问题上，俄罗斯不能与国际趋势脱离，但也应在充分考虑俄罗斯社会现实与教育发展新形势的基础上进行合理建构。基于国际社会人才发展的迫切需要以及当代俄罗斯社会教育文化语境的现实需求，胡托尔斯基提出了具有俄罗斯本土意蕴的"核心素养"，具体包括价值素养、基本文化素养、教学认知素养、信息素养、交际素养、社会劳动素养和个体自我完善素养。① 在此之后，也有为数不少的学者聚焦了核心素养，如学者阿·亚·马尔舒巴（О. А. Маршуба）将核心素养视为"一个人在任何活动领域高效工作所必需的一系列基本素质，具体包括交际素养、语言素养、信息素养、自我完善、审美素养和劳动素养"②。学者亚·格·谢尔盖耶夫（А. Г. Сергеев）认为，评价大学生核心素养的主要维度包括创造潜力、信息方法素养、社会交往素养和个体健康素养四方面。③ 总的来看，俄罗斯教育领域关于核心素养的内容建构并没有明显走出学者胡托尔斯基的理论框架，在对 OECD 核心素养基本要素承续的同时，也充分体现了俄罗斯本土化的人才培养内在需求，这些理论创建不仅为各代俄罗斯国家教育标准的制定提供重要参考，同时对学校课程建设的发展定位以及价值观教育产生重要影响。

二、俄罗斯三代国家教育标准的基本情况

在积极推进教育现代化发展与人才核心素养培育的教育大背景下，2004 年 3 月，俄联邦教育科学部正式颁布了第一代《初等普通、基础普通和中等（完全）普通教育国家教育标准》，整体规定了普通教育阶段必修课程教学内容的最低限度、学生的最大学习负荷量、各教育阶段毕业生培养应然达到的教育水平，以及教育进程的基本要求（包括物质技术保障、教学实验保障、信息方法保障和人才保障）。④ 实践表明，制定和出台国家教育标准发挥了提高教育质量和人才培养水平的统领作用，同时有效关照了人的核心素养培育问题，在一定程度

① Хуторский А. В. Технология проектирования ключевых и предметных компетенций［EB/OL］. Эйдос，2005-12-12.

② Маршуба О. А. Ключевые компетенции как составляющие профессиональной компетенции［EB/OL］. КиберЛенинка，2014-08-22.

③ Сергеев А. Г. Компетентность и компетенции в образовании［M］. Владимир：Изд-во Владим. гос. ун-та，2010：91.

④ Об утверждении федерального компонента государственных образовательных стандартов начального общего，основного общего и среднего（полного）общего образования［EB/OL］. ГАРАНТ，2004-03-05.

上缓解了俄罗斯各地区培养目标自主化、课程设置自由化等教育发展不均衡的现实问题，有效提升了转型阶段人才培养的整体质量，促进了俄罗斯教育现代化与国际化的发展进程。

为确保教育标准与国家现实需要、国际教育形势以及人才培养需求保持高度的适切性与统一性，2009 年起，俄罗斯启动了第二代国家教育标准的建设工作。与前一部涵盖各学段的第一代国家教育标准不同的是，第二代国家教育标准分阶段制定，至 2012 年，陆续完成了《俄联邦初等普通教育国家教育标准》（小学）① 《俄联邦基础普通教育国家教育标准》（初中）② 和《俄联邦中等普通教育国家教育标准》（高中）③ 三阶段教育标准的制定与实施。第二代国家教育标准不仅在教育阶段和教育对象上进行了详细的划分，在各学段的教育要求上也更加明确和更为系统，并引入了"个人""超学科"和"学科"三个维度的教育结果划分标准，以及超学科维度的"通用学习行为"（универсальные учебные действия）概念，强调对青少年认知能力、调节能力和交际能力的积极关照。第二代国家教育标准在俄罗斯基础教育阶段使用了十余年，有效指导了俄罗斯教育领域的改革和发展，在教育教学和人才培养领域发挥了巨大的作用。

2021 年 5 月，俄联邦教育部部长签发了第三代《俄联邦初等普通教育国家教育标准》④ 和《俄联邦基础普通教育国家教育标准》⑤，两部教育标准已于 2022 年 9 月秋季学期正式在俄罗斯小学和初中覆盖使用。2022 年 8 月 12 日，教育部部长签署第 732 号教育部令，要求修订面向高中阶段的《俄联邦中等普通教育国家教育标准》。根据修订要求，高中阶段教育标准的配套教学大纲已经颁布。⑥ 新一代教育标准从课程结构、实施条件以及教育结果等方面对各学段学校教育提出明确要求，强调教学结果要服务学生个体发展需求，要充分保障学

① Федеральный государственный образовательный стандарт начального общего образования [EB/OL]. ГАРАНТ，2009-10-06.

② Федеральный государственный образовательный стандарт основного общего образования [EB/OL]. ГАРАНТ，2010-12-17.

③ Федеральный государственный образовательный стандарт среднего общего образования [EB/OL]. ГАРАНТ，2012-05-17.

④ Федеральный государственный образовательный стандарт начального общего образования [EB/OL]. Единое содержание общего образования，2021-05-31.

⑤ Федеральный государственный образовательный стандарт основного общего образования [EB/OL]. Единое содержание общего образования，2021-05-31.

⑥ Федеральный государственный образовательный стандарт среднегообщего образования [EB/OL]. Единое содержание общего образования，2022-11-23.

生获得系统性、协调性的个体发展，帮助其掌握可适应现代社会生活的必备知识和综合能力、顺利进入下一阶段学习的能力，以及覆盖终身的知识和能力。作为指导俄罗斯普通教育阶段学校教育的纲领性文件，在积极回应时代需求、不断完善修订的过程中，各阶段教育标准详致规定了各门课程的教育目标和任务，同时延用上一代标准中提出的"个人维度""超学科维度"和"学科维度"教育要求的分类标准，更新提出了适应时代发展需要的各学段教育应然达到的教育要求（见表3-1）。客观来看，俄罗斯政府在教育发展与人才培养的趋向中，不仅强调学生在学习中要充分获取学科知识和基本能力，同时要求打破单一学科的局限，注重跨学科能力的养成，促进受教育者获得更全面的思想认识、更融通的学习能力以及更持续的自我教育能力，进而不断实现自我发展，这与俄罗斯教育现代化发展最初阶段提出的"教育现代化"本质解读保持着高度一致，突出强调了公民身份认同、价值观念形成、价值立场确立、公民参与强化等关涉个人思想、意识和行为发展的重要意义，并对其提出明确要求。这些教育要求体现了俄罗斯教育改革和发展的基本导向，为学校价值观教育课程体系建设指明了方向。

表3-1　俄罗斯国家教育标准对各学段提出的教育要求

国家教育标准名称	教育要求	
《俄联邦初等普通教育国家教育标准》（2022年修订）	个体维度	形成俄罗斯公民身份认同的基础； 促进学生实现自我发展； 培养学生形成认知动机和学习动机； 促进个体形成价值观念和社会所需的重要品质； 积极参与社会重要活动
	超学科维度	认知学习行为（基本的逻辑行为和初级研究行为，能够开展信息工作）； 交际行为（交流、协同活动、演示）； 调节行为（自我调节、自我监督）
	学科维度	引导学生在教学科目的研究过程中，掌握该学科领域的特有活动经验，诸如获得新知识、改造新知识及应用新知识等

续表

国家教育标准名称	教育要求	
《俄联邦基础普通教育国家教育标准》（2022 年修订）	个体维度	形成俄罗斯公民身份认同意识； 促进学生实现自我发展，使其获得独立意识和个体自决； 获得自主性与主动性； 具备明确参与社会重大活动的动机； 促进形成个体内部立场，确立个体对待自我、他人和完整生活的价值关系
	超学科维度	帮助学生掌握跨学科概念（在部分学科领域所使用的），使其能够将不同教学科目、教学课程（包括课外活动）、教学模块的知识，与完整的科学世界版图以及学习行为（认知行为、交际行为、调节行为）相关联； 获得将跨学科概念和学习行为运用到学习、认知和社会实践的能力； 培养学生获得独立规划并完成学习活动的能力，与教育工作者和同龄人组织开展协作学习的能力，规划建设个人教育轨迹的能力； 掌握开展信息工作的技能：结合信息用途及其目标受众，有能力理解并创造包括数字化形式在内的各类形式的信息文本
	学科维度	帮助学生在教学科目的研究进程中，掌握符合该学科领域特质的科学知识和行为能力； 获得形成不同类型科学思维的先决条件； 在创建学习方案和社会方案等各类学习情境中，有能力组织开展关于掌握、解释、改造和应用新知识的活动项目

国家教育标准名称	教育要求	
《俄联邦中等普通教育国家教育标准》（根据 2022 年 11 月 23 日俄罗斯联邦教育部颁布的对照教学大纲整理）	个体维度	形成俄罗斯公民身份认同意识； 培养学生实现自我发展，使其获得独立意识和个体自决； 获得自主性与主动性； 具备参与学习与实现个体发展的动机； 以俄罗斯联邦民族精神道德价值观、民族文化传统为基础，有针对性地促进形成个体内部立场，形成重要的价值准则体系、反腐意识、法治意识、生态素养，以及提出目标并制定生活规划的能力
	超学科维度	帮助学生掌握跨学科概念（在部分学科领域所使用的，使其能够将不同教学科目、教学课程、教学模块的知识，与完整的科学世界版图相关联）和通用学习行为（认知行为、交际行为、调节行为）； 获得将跨学科概念和通用学习行为运用到学习、认知和社会实践的能力； 培养学生获得独立规划并完成学习活动的能力，与教育工作者和同龄人组织开展协作学习的能力，参与个人教育轨迹规划建设的能力； 掌握学习研究活动、方案规划活动和社会活动的技能
	学科维度	掌握通用认知学习行为； 掌握通用交际学习行为； 掌握通用调节学习行为

第二节　价值观教育专门课程：设置鲜明主题传递主流价值

专门课程是俄罗斯价值观教育课程体系的重要组成部分。所谓"专门"主要指的是教学主旨的鲜明性、内容设置的针对性以及教学方式的直接性。一般来说，这类课程设置有明确的价值观主题，以显性公开的方式传递主流价值理念，建立正确的价值引领，进而促进学生形成正确的价值观念。立足俄罗斯青少年价值观教育实践，我们发现，专门课程在俄罗斯主要开设在基础教育阶段，重点面向青少年开展教育教学活动。其中，最具代表性和典型性的课程是"宗教文化和世俗伦理基础"（Основы религиозных культур и светской этики，ОРКСЭ）。

一、宗教文化和世俗伦理基础课的基本情况

2009 年 7 月 21 日，俄罗斯时任总统梅德韦杰夫与东正教大牧首基里尔共同发表声明，提出将在俄罗斯学校开设宗教道德主题的课程。8 月 2 日，梅德韦杰夫正式委托时任总理普京落实"宗教文化和世俗伦理基础"课程在 18 个试点地区的教学推进工作，[①] 并于 2009 年 10 月和 2010 年 12 月将这门课程分别写进第二代《俄联邦初等普通教育国家教育标准》和《俄联邦基础普通教育国家教育标准》[②]。自 2012 年 9 月 1 日起，宗教文化和世俗伦理基础课程实现了俄罗斯各联邦主体地区教学的全覆盖，成为俄罗斯小学生的必修课程之一。课程以俄罗斯民族传统价值观为主题设置教学单元，旨在帮助学生在理解、掌握、尊重多民族俄罗斯文化传统和宗教传统的基础上，形成自觉的道德行为以及与其他文化、世界观对话的积极动机。为确保课程顺利实施，俄罗斯教育科学部于 2009 年成立了针对课程建设与地区宣传推广工作的专项机构——跨部门协调委员会（Межведомственный координационный совет по реализации плана мероприятий），全力保障该门课程试点工作以及正式推进工作的顺利运行，并通过官方门户网站为课程提供信息支持与技术保障。在稳定推进国家意识形态建设进程中，从国家层面推动宗教文化和世俗伦理基础课程的扎实落实意义非凡，从中传递了极其明确的信号，即塑造国家核心价值观以及与之相关的价值观教育活动，均不能基于西方价值观念而创新，而应当充分寄托本民族代代相传的传统价值文化，推动和巩固俄罗斯意识形态建设。

二、宗教文化和世俗伦理基础课的主要特征

在课程设计方面，"模块式""自选式""统合式""鲜明价值导向"是宗教文化和世俗伦理基础课程的四个突出特征。其中，"模块式"主要指的是教材设置。虽然"宗教文化和世俗伦理基础"是一门课程，但实质上是由两大系列六个模块构成的综合课程。 "宗教文化系列"包括东正教文化基础（Основы

---

① Поручение Президента РФ Д. А. Медведева от 02. 08. 2009 No Пр－2009 Председателю правительства РФ В. В. Путину［EB/OL］. ГАРАНТ, 2009-08-02.

② 该门课程在 2009 年 10 月 6 日颁布的《俄联邦初等普通教育国家教育标准》中以"俄罗斯民族精神道德文化基础"（Основы духовно-нравственной культуры, ОДКНР）命名，随后，在 2012 年 12 月 18 日的修订中更名为"宗教文化和世俗伦理基础"。《俄联邦基础普通教育国家教育标准》中一直称为"俄罗斯民族精神道德文化基础"。试行期间，该门课程是在四年级下学期（小学）和五年级上学期（初中）安排教学，正式推广普及教学后，课程集中在四年级讲授。

православной культуры）、犹太教文化基础（Основы иудейской культуры）、佛教文化基础（Основы буддийской культуры）和伊斯兰教文化基础（Основы исламской культуры）四个教学模块；"文化伦理系列"包括世俗伦理基础（Основы светской этики）和世界宗教文化基础（Основы мировых религиозных культур）两个模块。在实际教学中，六个模块对应六本教材，具体到教学实践也相应地对应六个课堂。需要指出的是，这门课程在设计之初就严格规定了课程属性——世俗类。换言之，无论哪一模块均非服务于宗教信仰，俄罗斯教育部门也反复强调，模块设置不是基于宗教信仰差异。就其教学立场与教学目标而言，六个模块设置的基本初衷在于回应全体俄罗斯人的公民道德价值观与道德规范，并通过课程教学进一步增进青少年对民族文化以及多元文化的理解与认识，客观看待基于不同文化产生的价值观冲突，进而形成正确的价值取向。最新颁布的第三代俄罗斯国家教育标准对该门课程的教学模块进行了修订，将"世界宗教文化基础"调整为"俄罗斯民族宗教文化基础"（Основы религиозных культур народов России）。从课程内容来看，教学重点由以往围绕世界宗教起源、历史发展和宗教主流价值观念的宗教文化通识教育，转为从俄罗斯多民族多信仰的社会现象中去把握东正教、伊斯兰教、犹太教、佛教等不同宗教的历史传统与现实发展。由此再次表明，开设该门课程，其目的不是从"世界"看世界宗教，而是立足俄罗斯来了解俄罗斯民族的宗教文化。目前，围绕这一教育政策的相应改革也在同步推进。

"自选式"体现在学生选课。遵循自由、自愿、知情三大原则，每名学生需要在六个模块中自主选择一个课堂进行学习。目前，俄罗斯小学一般将这项工作统一安排在每年二月初进行，即三年级的第二个学期，确保九月开学前落实好模块自选统计与学生分班设计等工作。部分学校还会将每个模块的任课教师信息提供给学生和家长，最终经由家长（监护人）同意方可进行模块课程的选修，且选课结果以家长提交的书面申请表为准。家长参与课程选择一方面体现了国家对学生及其家庭宗教信仰的尊重，另一方面也强化了家长对家庭德育角色的认知。对此有俄罗斯学者指出，"精神道德教育关系俄罗斯国家安全，家长、教师、社会都要意识到推动德育工作进学校的重要性，有必要不断加强国家、学校、家庭、社会机构以及传统宗教组织的通力合作，以此促进学校德育和青少年精神道德的发展，提升全社会的道德水平"①。在课程推行过程中，俄

---

① Мищенко Н. М.，Попова В. Ц. Выбор модуля учебного курса «Основы религиозных культур и светской этики» в 4 классе［М］. Сыктывкар：КРИРО, 2016：4.

联邦教育部门曾经在 2018 年做过课程数据统计，结果表明，在 2017—2018 学年全俄 85 个联邦主体地区总计有 38478 所学校开设了这门课程。宗教文化和世俗伦理基础课程各模块的选修人数及比例由高到低依次为：世俗伦理基础（40.57%）、东正教文化基础（38.53%）、世界宗教文化基础（16.49%）、伊斯兰教文化基础（3.94%）、佛教文化基础（0.31%）、犹太教文化基础（0.06%）。[①] 虽然俄罗斯民众的东正教信仰比例高达 80%，但是让孩子选择学习世俗伦理基础模块的比例是最高的。这一数据也表明，俄罗斯民众并非基于自身宗教信仰而"机械"地对应选课，也说明人们对该门课程的理解符合课程"世俗化"的初始定位。

"统合式"主要针对主题呈现。我们以俄罗斯权威出版社——教育出版社于 2010 年出版的一套教材为例。在这套教材的编写团队中，既有教育领域的专家学者、俄罗斯一线教师和教育工作者，同时还聘请了宗教神职人员，确保教材内容的科学性、权威性与前沿性。通过分析我们发现，一门课程的六个模块、六本教材虽然名称不同、主题各异，但整体设置了贯通六本教材的两个公共教学单元——第一讲"俄罗斯是我们的祖国"和最后一讲"热爱祖国与尊重祖国"。不同模块教材的这两讲内容从题目到内容完全一致，均聚焦了国家、家庭和文化传统等俄罗斯传统民族价值观，强调培养学生的爱国主义精神、国家认同和公民意识。其余模块虽然各具特色，设置了个性化教学单元，但无论东正教文化基础、伊斯兰教文化基础、犹太教文化基础还是佛教文化基础，都不指向任何宗教信仰任务、不触及神学问题，而是让学生了解这一宗教的历史基础与文化根源，了解文化现象和代表人物，探寻宗教文化中蕴含的精神道德元素（见表 3-2）。

表 3-2 宗教文化和世俗伦理基础课教材介绍

教科书名称	内容简介
世俗伦理基础	何谓好与坏？为什么善良的人生活得更加快乐？何谓伦理？爱国主义的具体表现是什么？如何理解道德金律？教材中包含大量"成年人的问题"等待你去思考。希望通过学习能够教会你解决生活中的各类问题，帮助大家成长为更善良、更友好、更富有同情心，以及更懂得珍惜他人和珍视自然的人，即道德更加高尚的人

① Выбор модулей ОРКСЭ в 2017/2018 учебном году По Российской Федерации［EB/OL］. Основы религиозных культур и светской этики，2018-09-10.（因有 0.1% 的学生未选择这门课程，故未在正文中体现）

续表

教科书名称	内容简介
世界宗教文化基础	重点介绍了世界宗教的起源、历史、特征及其对人们生活的影响
东正教文化基础	主要介绍了东正教文化基础,揭示了东正教文化特征及其对人类生活的作用。强调东正教对个体性格的塑造,引导人们形成对待世界和他人的正确态度,并调节其日常生活行为
犹太教文化基础	帮助学生了解犹太教文化基础。揭示犹太教对犹太人性格塑造及其日常行为约束方面的作用。揭示犹太教对犹太民族和世界宗教(基督教和伊斯兰教)历史的影响。展示俄罗斯犹太人的生活
佛教文化基础	帮助学生了解佛教文化基础,具体包括佛教的创始人、佛教教义、佛教的道德价值观、圣书、仪式、圣地、节日和艺术等
伊斯兰教文化基础	帮助学生了解伊斯兰教的精神道德文化基础,了解先知穆罕默德的生平、伊斯兰教的历史、伊斯兰教的伦理基础,以及穆斯林的责任。了解伊斯兰教伦理思想的渊源——《古兰经》和圣训。介绍当代俄罗斯穆斯林的生活

"鲜明价值导向"是宗教文化和世俗伦理基础课程的另一重要特征。作为学校价值观教育的专门课程,该门课程以俄罗斯民族传统价值观为核心,精心设计了各讲的教学主题,且大部分主题直接以价值观命名,如"东正教文化基础"模块中的"保卫祖国""东正教家庭""劳动中的东正教徒";"犹太教文化基础"模块的"关怀弱者""生活价值观";"佛教文化基础"模块中的"美德";"伊斯兰教文化基础"模块中的"友好与互助""父母与孩子""对待长辈的态度""好客传统";"世俗伦理基础"中的"善与恶""自由与责任""公正""友谊""荣誉与尊严""良心";"世界宗教文化基础"中的"家庭""义务、自由、责任、劳动"等,帮助学生在学习不同宗教文化的过程中,了解世俗与宗教伦理道德的基本规范,理解道德、信仰和宗教在人类个体生活与社会生活中的重要价值,初步形成关于世俗伦理、传统宗教以及二者在俄罗斯文化、历史和现代生活中作用的认识。针对学生个体的道德发展,该门课程重点关注了如何帮助学生树立以良知、信仰自由以及俄罗斯民族精神传统为基础的道德观念,如何正确认识人类生命与生活的重要价值,如何能够根据自己的良知从而确立个体的内部动机,进而实现道德层面的自我完善以及精神层面的自我发展。从本质上看,宗教文化和世俗伦理基础课程既是俄罗斯开展价值观教育的重要课程路径,同时也反映了俄罗斯政府在意识形态建设问题上的基本立场——对

民族传统价值观的理性复归。

三、宗教文化和世俗伦理基础课的教学目标

作为在全俄境内基础教育阶段推进实施的价值观教育专门课程，宗教文化和世俗伦理基础课受到理论界、教育界以及全社会的广泛重视。在政府和教育部门颁布实施的教育政策以及官方正式文件中，均就其教学目标、预期效果等方面提出明确规定。其中，国家教育标准是根本性指导政策，目标更加具体、分科更为详致，分别针对课程的六个模块提出各自的目标任务（见表3-3）。

表3-3 宗教文化和世俗伦理基础课的教学目标

序号	世俗伦理基础	东正教文化基础	犹太教文化基础	佛教文化基础	伊斯兰教文化基础	俄罗斯民族宗教文化基础
1	有能力评估判断个人努力于人的道德发展之中的重要作用	理解道德完善、精神道德发展的重要性，以及个人努力于其中的重要作用				
2	形成评价行为和对行为进行道德评价的能力，对个人行为负责，有意识地约束和控制自我行为					
3	以社会道德规范和个体内在准则为依据，进行合理的道德选择，按照良心行事	以东正教文化的伦理规范为准则，进行合理的道德选择	以犹太教文化的伦理规范为准则，进行合理的道德选择	以佛教文化的伦理规范为准则，进行合理的道德选择	以伊斯兰教文化的伦理规范为准则，进行合理的道德选择	以俄罗斯民族宗教文化的伦理规范为准则，进行合理的道德选择
4	基于俄罗斯传统精神价值观，宪法规定的公民权利、自由与责任，理解俄罗斯社会普遍接受的道德规范，以及人的关系和行为	能够介绍宗教教义的基本特征（东正教）、创始人，以及与宗教起源和发展历史相关的主要事件	能够介绍宗教教义的基本特征（犹太教）、创始人，以及与宗教起源和发展历史相关的主要事件	能够介绍宗教教义的基本特征（佛教）、创始人，以及与宗教起源和发展历史相关的主要事件	能够介绍宗教教义的基本特征（伊斯兰教）、创始人，以及与宗教起源和发展历史相关的主要事件	能够介绍俄罗斯民族传统宗教教义的基本特征，说出创始人名称，以及与宗教起源和发展历史相关的主要事件

续表

序号	世俗伦理基础	东正教文化基础	犹太教文化基础	佛教文化基础	伊斯兰教文化基础	俄罗斯民族宗教文化基础
5	促使人的行为符合俄罗斯世俗（公民）伦理基本规范	了解东正教书籍，能够简要介绍其内容	了解犹太教书籍，能够简要介绍其内容	了解佛教书籍，能够简要介绍其内容	了解伊斯兰教书籍，能够简要介绍其内容	了解俄罗斯民族传统宗教书籍，能够简要介绍其内容
6	有能力评估判断道德对个人、集体、家庭以及社会生活的重要性	有能力简明扼要地介绍东正教建筑、宗教服务、仪式和圣礼的特点	有能力简明扼要地介绍犹太教建筑、宗教服务、仪式和圣礼的特点	有能力简明扼要地介绍佛教建筑、宗教服务、仪式和圣礼的特点	有能力简明扼要地介绍伊斯兰教建筑、宗教服务、仪式和圣礼的特点	有能力简明扼要地介绍俄罗斯民族传统宗教建筑、宗教服务、仪式和圣礼的特点
7	了解和遵循俄罗斯传统家庭价值观集体和社会的道德行为规范，遵守伦理规范	有能力开展评价判断，以此揭示道德和信仰作为调节个体社会行为以及个人精神道德发展条件的重要意义				
8	认识人生价值、人的尊严，以及诚实劳动对人类与社会的价值	理解家庭价值观，能够举例说明东正教传统对家庭关系和儿童教育的积极作用	理解家庭价值观，能够举例说明犹太教传统对家庭关系和儿童教育的积极作用	理解家庭价值观，能够举例说明佛教传统对家庭关系和儿童教育的积极作用	理解家庭价值观，能够举例说明伊斯兰教传统对家庭关系和儿童教育的积极作用	理解家庭价值观，能够举例说明宗教传统对家庭关系和儿童教育的积极作用
9	能够阐释"仁慈""怜悯""宽恕""友好"的含义	掌握与不同信仰的人沟通的技能；认识到侮辱其他信仰意味着违背了社会道德行为准则				

续表

序号	世俗伦理基础	东正教文化基础	犹太教文化基础	佛教文化基础	伊斯兰教文化基础	俄罗斯民族宗教文化基础
10	有能力在俄罗斯历史和现代生活中列举出待人友好、仁慈与怜悯的典范和案例	认识人生价值、人的尊严，以及诚实劳动对人类与社会的价值				
11	以开放的态度开展合作，乐于助人；谴责任何情况下侮辱尊严的行为	能够阐释"仁慈""怜悯""宽恕""友好"的含义				
12	——	有能力在东正教文化、俄罗斯历史和现代生活中列举出待人友好、仁慈与怜悯的典范和案例				
13	——	以开放的态度开展合作，乐于助人；谴责任何情况下侮辱尊严的行为				

　　为顺利落实国家教育标准的方针要求，俄联邦教育部委托相关部门制定具体指导学校教育教学工作的示范性基础大纲，细化各门课程的教学内容，同时为学校教学工作提供组织管理和方法技术的系统支持。2022 年 3 月 18 日，俄联邦普通教育教学方法联合会通过了由俄罗斯教育科学院教育发展战略研究所修订的最新《初等普通教育示范性基础大纲》（*Примерная основная образовательная программа начального общего образования*）。《初等普通教育示范性基础大纲》明确强调，宗教文化和世俗伦理基础课程旨在帮助学生理解并尊重俄罗斯多民族文化传统和宗教传统，形成道德行为与动机，并形成能够与其他文化和世界观开展交流对话的能力。针对该门课程的具体教学工作，《初等普通教育示范性基础大纲》与国家教育标准一致，同样也将教学目标细化，按照模块明确提出了各本教材教学的具体教学目标。与教材设置的公共教学单元相对应，每个模块在目标上也体现了统一性，除具体教学内容的个性化目标外，《初等普通教育示范性基础大纲》统一要求各模块均要通过教学使学生初步了解精神发展的本质

且能独立表达对此问题的认识，同时也要理解精神发展对于人类形成关于自我、他人和周围活动的认识具有重要意义；理解道德自我完善的重要性及其对人自身的作用，既能用自己的话独立表达，同时也能够举例说明；理解和认识俄罗斯传统精神道德价值观、俄罗斯民族精神道德文化的重要意义，认识到俄罗斯社会是精神发展和道德完善的源泉与基础；能够叙述俄罗斯传统宗教强调的道德准则和道德规范及其在家庭关系建构以及人与人之间的重要意义。① 综上，宗教文化和世俗伦理基础课在目标定位上，一方面突出强调了世俗伦理与宗教在俄罗斯国家历史进程中的进步意义，契合了意识形态建设瞄准传统价值观的国家战略导向；另一方面突出强化学生知与行的统一发展，即要在正确理解世俗伦理与宗教及其二者关系的基础上，掌握基本道德规范与伦理准则，进而建构个体的内部动机与行为规范。

四、宗教文化和世俗伦理基础课的教学实案

作为俄罗斯青少年价值观教育的专门课程，宗教文化和世俗伦理基础课在教学环节通过教师丰富多样的教学策略与积极正向的价值引领，充分实现该门课程的育人职能。我们在研究中选取该门课程各模块的公共教学部分——"俄罗斯是我们的祖国"一课进行教学实案分析，将俄罗斯戈尔科夫斯卡娅中学（Горковская средняя общеобразовательная школа）图古舍娃（С. Д. Тугушева）教师的教学实案作为分析样本。教师在教学过程中设置了完整的教学步骤——问题启发式课堂角色代入、情境创设式课程主题导入、师生互动式课程内容讲授、小组风暴式课堂内容巩固、反思回顾式课堂教学总结，以及课后反思式家庭作业布置（见表3-4）。

表3-4　"俄罗斯是我们的祖国"教学设计

步骤	时间	环节设置	具体安排
第一步	2分钟	问题启发式课堂角色代入	1. 角色代入 今天，我们将开始学习一门新的课程——"宗教文化和世俗伦理基础"，孩子们，你们认为我们在课上将学习哪些内容？

---

① Примерная основная образовательная программа начального общего образования ［EB/OL］. Единое содержание общего образования ，2022-03-18.

续表

步骤	时间	环节设置	具体安排
第二步	5分钟	情境创设式课程主题导入	2. 问题探究 请听尼基丁的诗《罗斯》，沉醉地倾听，说说其中都讲了什么？ 我们的祖国叫什么名字？ 请看世界地图，你能在地图上找到俄罗斯吗？仔细观察，什么会吸引你的目光？ 谁是俄罗斯的国家元首？ 哪个城市（或者：被大家称作）是俄罗斯的首都？ 你知道哪些俄罗斯的标志？ 让我们回忆一下，国徽上都有什么？ 3. 主题导入——俄罗斯是我们的祖国 俄罗斯的国徽上有一只金色的双头鹰，背后是红色的盾牌，鹰的右爪抓住一根权杖，左爪抓着一个金球，鹰的头上还有一个王冠 我们国家的另一个象征是国旗。国旗有三种颜色，颜色有着特殊的意义：白色象征着和平、善良与纯洁，蓝色象征着天空、忠诚和真理，红色象征着热爱和勇气 8月22日是我们的国旗日 国歌是一种在特殊场合演奏的庄严歌曲，国歌是全国的歌曲，由亚·瓦·亚历山德罗夫作曲，谢·米哈尔科夫作词

续表

步骤	时间	环节设置	具体安排
第三步	25分钟	师生互动式课程内容讲授	4. 讲述"故乡"与"祖国"的概念 我们的祖国是俄罗斯，俄罗斯母亲。我们之所以称俄罗斯为祖国，是因为几个世纪以来，我们的父辈和祖辈都在这里生活。我们之所以称俄罗斯为故乡，是因为我们出生在这里，因为我们在这里说我们的母语，所有人都用我们的母语交流；我们之所以称俄罗斯为母亲，是因为她用食物养育我们，用水来浇灌我们，让我们学习她的语言。作为一位母亲，她保护我们，保护我们免受敌人的种种伤害……除俄罗斯之外，世界上还有许多繁茂的国家和土地，但我们只有一个母亲——我们唯一的祖国（乌申斯基） 小组讨论 阅读幻灯片中乌申斯基的故事，结合教材第4页第2段的学习，组织小组讨论。思考：这些材料之间有什么异同之处？ 课堂提问 ——说出"祖国"的同义词 ——为什么故乡被称为祖国？ ——为什么祖国被称作母亲？ 5. 讲述"物质世界与精神世界"和"文化传统"概念 课堂提问 ——什么是物质世界？什么是精神世界？ ——文化世界指的是哪个世界？ ——人们是如何保护文化世界的？ 6. 讲述"俄罗斯是我们共同家园"和"多民族国家"概念 阅读文本并概括大意 在我们国家生活着拥有不同文化背景和宗教信仰的人。俄罗斯之所以变得如此强大，正是因为她允许每个人都保持自己独一无二的个性。在我们的国家，公民拥有自己的民族和宗教归属，这些都是非常正常的。对俄罗斯而言，她所拥有的最宝贵的东西就是人民 课堂提问 ——什么是文化传统？ ——传统文化中蕴含何种价值观？
第四步	4分钟	小组风暴式课堂知识巩固	7. 巩固知识 在教材中找到与本课中心思想相关的词语，并给出你的理由 ——俄罗斯是我们的家园 ——民族传统、精神世界、多民族家园、俄罗斯精神

步骤	时间	环节设置	具体安排
第五步	4分钟	反思回顾式课堂教学总结	8. 教学总结 说明为什么有些宗教被称为世界宗教，而有些则被称为国家宗教 9. 学习反思 针对下列内容进行课堂评价，在笔记本上标记"＋"或"－"号 我学到了很多知识 这对我的生活有用 在课堂上有很多值得思考的地方 我找到了课上所有问题的答案 我在课上认真学习，并达到了课程目标 10. 家庭作业 在你的家中都有哪些传统？ 在你的家中传承或秉持了哪些传统价值观？请你记录一个关于它的小故事

　　具体来看，教师在教学过程中综合运用了多种教学方法，通过角色代入与主题导入，在明确学生角色定位与教学情境创设中，实现了教学对象与教学内容的自然对接，帮助学生初步形成了对该门课程的基本认识，调动了学生的学习兴趣。进入内容教学环节后，教师侧重教材主题的鲜明化，在教学过程中始终强调"祖国""国家""俄罗斯母亲""国家标志""人民""文化价值""物质与精神"等俄罗斯传统价值观，通过反复强调，不断强化学生对上述价值观的理解和掌握。在教学方式上，教师也避免了一人讲授的传统说教式教学，积极发挥学生的主动性，从个人思考、小组互动、师生互动到集中讨论，充分引导学生独立思考，使学生掌握有关故乡与祖国的概念，认识物质世界和精神世界，了解文化传统以及"俄罗斯是我们共同的家园"和"多民族国家"等概念。为了巩固课堂学习，教师还会引导学生个人、小组开展课堂学习的内容总结和知识巩固，并通过反思式、开放式课后作业促进学生课后思考，进而建立起学生对祖国俄罗斯的完整认知，强化学生的爱国情感以及尊重多民族文化的宽容意识，提升学生对课程内容及其所传递价值观的正确理解。

第三节　价值观教育综合课程：依托学科知识树立价值立场

所谓价值观教育综合课程，主要指的是注重学科知识教学，在学科知识教学过程中融入价值观教育目标和内容的一类课程。换言之，这是一门学科知识教授与价值观培育有机融合的课程，通过学科知识承载价值立场和价值导向，以一种相对隐蔽的方式实现价值观传递。其中，工艺技术课等课程在俄罗斯学校发挥了极为重要的课程育人作用。

一、工艺技术课的基本情况

作为世界上第一个社会主义国家，苏联是最早践行和发展马克思劳动教育理念，并将之运用到中小学劳动课程实践探索的国家，在劳动教育方面形成了相对完整的劳动教育体系并曾独树一帜。学校为学生开设专门的劳动教育课程，以此丰富青少年的劳动经验，提升其劳动技能并培养其投身社会建设的积极态度，促进实现青少年的社会化进程。同时学校还注重理论与实践相结合，生产劳动与综合技术教育相结合，组建"学生工作队""学生生产队"，并安排这些劳动队进工厂、车间和农庄参与实际生产劳动。总的来看，学校开设的劳动教育课程以及利用课余时间的劳动生产实践是苏联时期劳动教育的主要路径。

苏联解体后，劳动课更名为"工艺技术"（Технология），主要面向俄罗斯基础教育阶段1~11年级的学生开设（其中小学1~4年级以及初中5~9年级为必修课，高中10~11年级为非必修科目）。在三十余年的发展历程中，工艺技术课在课程建设与实践教学中进行了多次调整与改革，其历程大致分为三个阶段。其中，第一阶段以1993年为标志，这一阶段实现了苏联劳动课的转型发展，正式确立了工艺技术课这门课程；第二阶段以2004年第一代国家教育标准的出台为标志，课程结构发生了变化，建构了1~11年级的新型工艺技术课体系，开设了技术、劳动训练和工艺学等课程，并逐渐推进中小学工艺技术课的一体化建设；第三阶段自2009年第二代国家教育标准出台至今，工艺技术课建设更趋于一体化、开放化及专业化。

根据示范性基础大纲的规定，小学阶段工艺技术课程的总课时不得低于135小时（每周1小时），其中一年级不低于33小时，二至四年级不得低于34小时；初中阶段的工艺技术课程的总课时量为 136 小时，其中五至七年级每周课时不得低于 2 小时，八至九年级不低于 1 小时。此外，还建议面向八年级学生每周分配 1 小时进行课外活动，九年级每周分配 2 小时。高中阶段的工艺技术课作为补充类课程，属于非必修性质的课程，主要根据学生未来专业进行教学，由学校结合自身情况进行授课安排，因此示范性基础大纲并未对其课时做出具体规定（见表 3-5）。作为一个重要的实践平台，工艺技术课重视发展学生的劳动精神与实践技能，为学生提供了将科学知识转化为实践的现实可能。通过课程学习，学生掌握多样化的实践技能，在实现物质转换的过程中创造新的价值，满足社会发展的需要，进而了解职业世界，确立未来职业取向。①

表 3-5　俄罗斯中小学工艺技术课的学时安排

年级/基础课时（小时）	一年级	二年级	三年级	四年级	五年级	六年级	七年级	八年级	九年级	十年级	十一年级
周课时（小时）	1	1	1	1	2	2	2	1	1	—	—
学期课时（小时）	33	34	34	34	34	34	34	17	17	—	—
学段课时（小时）	135				136					—	

二、工艺技术课的教学目标与内容

从工艺技术课的目标定位来看，《俄联邦初等普通教育国家教育标准》强调，小学阶段工艺技术课侧重培养学生形成对劳动的总体认知与初步理解，帮助学生对职业世界形成总体认识，了解劳动在人和社会生活中的重要意义，掌握物质文化的多样性特征；初步形成关于材料及其属性的认识，能够进行结构设计和模式制作；掌握材料手工加工的技术方法；在完成教学认知任务和艺术设计任务（包括利用信息环境）过程中获得实践改造活动的经验；在物体改造活动中培养安全使用必备工具的基本能力。在此基础上，明确提出学生个体应然达到的教育结果，具体包括初步形成关于劳动在人类和社会生活中所具有的创造性价值和道德意义；尊重劳动、尊重工匠的创作；认识人类角色，了解人类在维护人工世界与自然世界和谐共存中运用技术的重要作用；形成保护环境

---

① Примерная основная образовательная программа начального общего образования [EB/OL]. Единое содержание общего образования，2022-03-18.

的责任感；理解物质世界所反映出的传统所具有的历史文化价值；形成对民族文化的归属感，以及对他民族文化传统的尊重；能够表现出对周围物质环境的美学评估能力；培养审美感受，即能够对自然客体，世界艺术文化和本国艺术文化形象中不同样式的美，产生积极的情感认同与理解；能够对不同形式的创造性活动，展示出积极的态度与兴趣，追求创造性的自我实现；形成创造性劳动动机和结果导向的工作动机；培养参与不同类型实践改造活动的能力；能够表现出稳定的意志品质和自我调节能力；培养形成组织意识、准确性、勤奋、责任心，有能力处理各类问题；基于交往伦理与他人开展合作；对他人展示出宽容与仁慈。

进入初中阶段，工艺技术课在教学任务方面进一步深化，分析探讨了更为复杂的劳动现象和技术问题。《俄联邦基础普通教育国家教育标准》对该门课程规定的教学要求也更为具体和全面，主要体现为七方面：（1）形成关于技术领域、工艺文化和劳动文化本质的整体概念；认识工艺技术及其对社会进步所具有的作用；了解发展工业和农业生产技术、能源和交通对社会及经济发展所带来的影响；（2）认识现代技术发展水平和技术发展趋势，其中包括数字技术、人工智能、机器人系统、能源节约等俄罗斯科学技术发展的优先方向；掌握技术发展规律的分析基础和新型合成技术的能力；（3）掌握教学研究和方案设计活动的方法，解决创意问题、建模、设计和美学产品设计的方法，以及劳动产品的保存方法；（4）掌握对象或进程图形化的方法及形式，了解图形文件的执行规则；（5）获得确定不同教学科目知识之间相互关系的能力，以此解决实际应用问题；（6）具备介绍、改造和运用信息技术的能力，能够在现代生产或服务领域对使用通信技术方法和工具的可能性进行评估；（7）认识与所学技术相关的职业世界，了解劳动市场对职业及相关技术的要求。

结合俄罗斯小学和初中阶段国家教育标准以及示范性教学大纲，可以发现，作为一门实践技能类课程，工艺技术课不仅体现出极为鲜明的实践性和操作性，如注重学生技术思维、创新思维、设计思维的培养，同时也是促进学生形成爱国、劳动、审美等价值观的重要阵地，关于这一要求，在《俄联邦基础普通教育国家教育标准》已有明确要求，具体围绕工艺技术课的教学任务，从"爱国主义教育""公民精神道德教育""审美教育""科学知识与实践活动的价值观塑造""树立健康文化、培养富足情感""劳动教育"和"环境教育"等七个维度提出了该门课程学习后学生个体应然达到的教育结果。在爱国主义教育方面，强调要使学生对俄罗斯科学和技术的历史与现状萌生兴趣；对俄罗斯工程师和学者的成就形成正确价值认知与积极态度。在公民精神道德教育方面，引导学生积极参与关系现代技术的社会重要伦理问题的讨论，特别是围绕第四次工业革命的技术话题；认识到技术活动中道德伦理原则的重要性；掌握小组或社会团体形式下社会生活的社会规范、行为准则以及社会生活的角色和形式。在审美教育方面，能够对劳动对象产生审美情感；学会用不同材料创作具有审美价值的作品。在科学知识和实践活动的价值观塑造方面，要让学生认识到科学是技术的基础，培养学生参与研究活动和实现科学成就的兴趣。在树立健康文化、培养富足情感方面，让学生认识到现代技术世界中安全生活方式所具有的价值，使用工具和设备安全作业的重要性；获得识别威胁信息和保护个体免受此类信息威胁的能力。在劳动教育方面，能够积极参与解决不同领域的现实问题；在现代职业世界中确立个人取向。在环境教育方面，教育学生珍视周围世界，理解大自然与技术领域之间保持平衡的必要性；认识到人类改造活动具有一定边界和限度。

在教学内容上，基于国家教育标准对工艺技术课提出的教学要求，小学和初中阶段的示范性基础大纲结合学生在不同阶段的认知水平及心理发展水平，均系统编排了该门课程的教学内容。其中，小学阶段设置了"技术、职业与生产""材料手工加工技术""结构设计与模型制作""信息通信技术"四个基本教学模块，并针对不同年级提供了不同模块的建议教学时长（见表3-6）。初中阶段的工艺技术课按照双模块化设置原则设置教学内容。所谓双模块，即将教学内容划分为固定模块（Инвариантные модули）与可选模块（Вариативные модули）两类，两类模块分别下设丰富多样的教学主题，充分满足学生的兴趣需要。系统化、清晰化的模块设计既明确规定了该门课程的教学主题，同时也为配套教材编写和课程教学设计提供了切实指导。按照要求，固定模块需要贯通初中阶段五个年级全程，且要在教学中体现"生产与技术"和"材料制作与食品加工技术"两个俄罗斯传统技术课程主题。虽然是传统的课程教学内容，但从俄罗斯现行的工艺技术教材来看，都已进行了充分的调整与完善，体现出鲜明的时代特征与前沿性。可选模块的教学内容主要包括"机器人技术""3D建模""计算机制图与绘图""自动化系统""畜牧业与种植业"五个主题，按照示范性基础大纲的要求，这五个主题作为传统技术课程的丰富和拓展，要有计划地融入初中各年级的教材编写和教学实践中（见表3-7）。

表3-6　俄罗斯小学工艺技术课的教学内容及学时分配

年级/教学内容	技术、职业与生产	材料手工加工技术	结构设计与模型制作	信息通信技术	总时长
一年级	6 小时	15 小时	10 小时	2 小时	33 小时

续表

年级/教学内容	技术、职业与生产	材料手工加工技术	结构设计与模型制作	信息通信技术	总时长
二年级	8 小时	14 小时	10 小时	2 小时	34 小时
三年级	8 小时	10 小时	12 小时	4 小时	34 小时
四年级	12 小时	6 小时	10 小时	6 小时	34 小时

表3-7　俄罗斯初中工艺技术课的教学模块分配

年级/模块名称	生产与技术	材料制作与食品加工技术	机器人技术	3D 建模	计算机制图与绘图	自动化系统	畜牧业与种植业
模块性质	固定模块		可选模块				
开设年级	5~9	5~9	5~9	7~9	8~9	8~9	7~8

三、工艺技术课的教学实案

俄罗斯工艺技术课程作为以工艺技术教育为核心，劳动教育与职业教育相互渗透的特色课程，在重视技术知识的同时，也十分注重对学生爱国价值观、公民价值观、劳动观、审美意识、环保意识、科学实践精神的培育，充分彰显了课程建设的实践性与育人属性。我们在研究中选取俄罗斯小学四年级"祖国保卫者日明信片的制作"一课进行教学实案分析，将俄罗斯霍尔梅茨小学（Холмецкая основная общеобразовательная школа）列·阿·瓦列里耶夫娜（Л. А. Валерьевна）教师的教学实案作为分析样本。瓦列里耶夫娜教师在教学过程中以祖国保卫者日作为教学背景，从历史事件及其现实意义导入课程，在完成明信片手工制作的教学过程中，通过师生互动积极调动学生思考问题，深刻探究祖国保卫者日的时代价值（见表3-8）。

表 3-8 祖国保卫者日明信片的制作教学设计

步骤	时间	环节设置	具体安排
第一步	4 分钟	问题启发式课程主题导入	1. 主题导入 大家好，我叫阿·瓦列里耶夫娜，今天由我与你们共同学习工艺技术课 刚刚上课铃声响起，我注意到大家都安静地走进教室，站在课桌旁，彬彬有礼地与我打招呼，静静地等待上课，大家很棒 在商店、售货亭、邮局总是出售大量各种各样的贺卡。但有时当我们需要为亲人和朋友赠送明信片的时候，我们可以自己动手制作 我们要围绕什么主题来制作呢？要想知道我们课的主题，请大家猜个谜语。老师给你们几点提示：第一，这是一个体现"勇敢"的节日；第二，这一天与许许多多保护人类的人息息相关；第三，这个节日是在二月份。谁能说出我们课的主题？ 没错，正是祖国保卫者日。在这样一个伟大节日的前夕，我们将制作一张独特的明信片，送给你的爸爸、爷爷或者哥哥弟弟。相信收到明信片的人一定会非常喜欢
第二步	5 分钟	师生互动式节日背景介绍	2. 节日背景介绍 在制作明信片之前，让我们回溯历史，一同了解节日的历史起源 1918 年 2 月 23 日，红军在普斯科夫和纳尔瓦首次击败了德军。1922 年，这一天被正式定为红军诞生日。1923 年更名为"红军日"。1946 年起改称"苏联建军节"。苏联解体后，这一天改名为"祖国保卫者日"。这里的保卫者要取最广义的理解，这一天是所有真正男子汉的日子 2 月 23 日庆祝的节日名称是什么？ 祖国保卫者日的特别之处在于哪里？
	2 分钟	教师独白式制作材料说明	3. 制作材料说明 今天，我和你要完成一件有趣的手工，一起做一张衬衫式明信片。我们需要准备哪些工具和材料呢？一张银色、金色、黄色或绿色的纸板作为明信片的底板，一些彩色纸、一支铅笔、一瓶胶水和一把剪刀

（续表）

第二步	6分钟	教师独白式制作步骤讲解	4. 制作步骤讲解 标记 将纸板折成两半，制作一个背景。背景选用我们的国旗。我们需要白色、蓝色和红色 裁剪 剪两条红色和蓝色的纸片（长为15厘米，宽为3厘米） 国旗的颜色顺序（白色、蓝色、红色） 组装 从底部粘贴旗帜。取一条红色纸片，粘在我们的明信片底座上，然后粘上蓝色纸片，这样红色和蓝色纸片之间就没有缝隙了。用同样的方法把白色纸片粘在上面 设计 用折纸的方式制作一个衬衫，把衬衫粘在明信片上，打上领带。再用星星装饰明信片。最后签名，完成明信片的制作 谁能告诉我，明信片制作的步骤？
	2分钟	教师独白式安全须知提醒	5. 安全须知提醒 在开始制作之前，让我们重复一下安全规则：将剪刀放在指定位置；不要向上握住剪刀；切勿将剪刀留有开刃；使用剪刀时不要靠近同伴；将闭合的剪刀刀刃朝向自己进行传递；使用胶水需要非常小心，不要让胶水粘到手上、脸上，尤其是眼睛上；工作结束后一定要洗手
	1分钟	教师独白式评估标准考量	6. 评估标准考量 整洁度、完成度、规范程度
第三步	20分钟	教师协助式手工实践体验	7. 指导制作 教师针对性指导、同学间互帮互助
第四步	5分钟	师生互动式成果分享与知识巩固	8. 成品展示 将学生制作的明信片挂在黑板上进行展示 9. 知识巩固 结合祖国保卫者日猜词活动 国家武装部队——军队 船只的指挥官——船长 战士的庄严承诺——宣誓 带机枪的马车——机枪车 祖国的保卫者——士兵 对祖国的爱——爱国主义 不带鞋带的士兵鞋——军靴 庄严的部队检阅——阅兵式 空中部队——空军 请同学代表朗诵诗歌 即便没有战争，每个人都需要保卫者 他们守护边疆，他们保卫自己的人民

（续表）

			为了纪念他们，有属于他们的节日 他既勇敢又光荣，他是伟大的守卫者 2月23日，这是个重要的节日 今天，我们为所有勇敢者而庆祝 我们的孩子也都将成长为勇敢的人 希望孩子们拥有战斗精神 什么也不怕，成为勇敢的男子汉
第四步	5分钟	师生互动式成果分享与知识巩固	10. 课程总结 祖国保卫者日是一个伟大的节日，勇敢、果敢、保家卫国，这是节日的标签，孩子们，请为你的爸爸、叔叔、哥哥或者弟弟送去一张明信片，他们会为此感到高兴与欣慰

在教学过程中，教师牢牢把握两个教学重点，一个是工艺技术课的学科主题，即完成明信片的手工制作，培养学生的动手能力；另一个是发挥课程的育人功能，以选定的明信片制作背景——祖国保卫者日为主题，通过主题探究、历史追溯、事件回顾等方式帮助学生加深对节日及其涉及历史事件的认识和理解，引导学生深刻感悟"祖国""祖国保卫者""军队""士兵""勇气"，强化学生保家卫国的英勇意识，培养爱国主义精神。值得一提的是，教师在教学过程中能够运用多样化的教学方式，潜移默化地对学生进行价值观引领，比如在明信片制作中引入了国家标志——国旗，还在课程尾声设计了诗歌朗诵环节等，进一步引发学生对战争与和平的思考，激发学生对祖国保卫者的尊重与崇敬，引导学生勇担保卫祖国的重任。

四、工艺技术课的育人特色

作为青少年价值观教育的传统课程，工艺技术课将爱国价值观、公民价值观、劳动观、审美意识、生态意识、科学实践精神等作为价值观培育维度的教学重点，在知识传授与能力培养的教学进程中开展价值观教育。结合教学目标与内容设置来看，俄罗斯小学和初中阶段开设的工艺技术课充分体现了"技术""建模""设计"和"职业取向"四条教育规划路线。其中，"技术"路线重点关注技术领域相关知识的全面传授；"建模"路线重点关注认知活动和实践活动模型的设计与应用；"设计"路线旨在使学生掌握完整周期活动的方案设计，具体包括设立任务和取得结果等，并提高积极使用现代职业活动方法和工具的能力；"职业取向"路线致力于帮助学生了解有前景的现代职业。这四条教育路线是工艺技术课在多年教学经验总结与实践探索基础上不断形成的，是俄罗斯基础教育阶段塑造青少年劳动精神，培养社会公民、工匠大师与职业人的重要路径，也是俄罗斯青少年劳动教育理念与教学方法的集中呈现。从具体实践来看，四条教育路线并不仅限于技术、设计等操作层面的教育教学，相反，每个模块和主题都融入了大量的价值观教育元素，换言之，依托知识传递价值，依托技能体验价值，体现了"知识""技能"与"价值"相结合的育人路径。

之所以形成"知识""技能"与"价值"相结合的育人路径，与工艺技术课自身的课程定位具有密切的内在联系。一方面，课程在知识层面的教学目标决定了课程教学必须关照知识、技能和能力，即开展知识传授必然性的合理要求；另一方面，课程自身具有的实践属性决定了课程教学不局限于书本知识，而是要与技能培养相结合，即要在具体操作中实践所学内容，培养和提升劳动能力，而学生的价值观培育与引领工作正是嵌在上述两个教学环节之中的，并体现为两个环节的重要价值归旨。以小学一年级"技术、职业与生产"模块教学为例，不仅帮助学生掌握劳动必备技能，同时引导学生形成热爱大自然和保护大自然的积极情感，充分认识到大自然是原料的来源，同时也是工匠创作的源泉，而大自然所蕴含的无穷的美，是能够通过材料转化为产品得以体现的，引导学生深刻体会人类与大自然和谐共生的意义，树立正确的生态环境保护意识，同时帮助学生在生产实践中了解俄罗斯民族传统与节日、工艺和习俗，形成民族文化认同。再以初中阶段的机器人专题教学为例，教师在教学中注重教授机器人相关科学技术知识的同时，还会组织学生进行模拟展示，初步掌握相关技术操作流程，在"动脑"与"动手"能力培养的过程中，积极引导学生关注现代技术发展的时代特征与未来趋势，了解社会规则、行为规范、社会生活在现代社会的技术发展进程中所具有的重要作用，使其能够正确理解和思考现代技术所带来的衍生问题，客观分析现代技术涉及的社会伦理问题，进而充分认清道德和伦理原则在技术实施过程中的重要性。此外，工艺技术课非常重视团队合作，结合教学内容，教师在课上设计大量团队展示环节，既培养了学生个体的创造力、沟通力、交往能力，也有效提升了团队合作意识和集体主义精神。

综上，工艺技术课主要基于两条"技术路线"促进学生成功实现社会化发展。一是积极关照学生实践技能的培养与早期职业教育，重视培养学生的技术思维、创新思维、设计思维并为其创造条件，使学生能够基于所获实践能力和经验，理性组织个体生活，有效解决教育和生活空间之间的各类问题，并在建立个人教育轨迹和规划中成功实现职业自决。二是积极关照青少年劳动精神、工匠精神和科学家精神等价值观的培育与引领，形成尊重劳动、热爱劳动、崇尚科学的宝贵品质。

第四节　价值观教育活动课程：强化活动育人增进
价值认同

从世界范围来看，活动课程在西方国家比较盛行，是学校价值观教育的特色路径，比如我们较为熟悉的"服务学习"（Service-Learning）就是活动课程的典型形式。目前，服务学习模式已经被广泛应用在国外学校价值观教育实践之中，美国等一些较早推行服务学习的国家，还成立了专门的机构，比如美国的国家服务学习交流中心（National Service-Learning Clearinghouse）负责指导和促进该项教育模式工作的顺利开展。活动课程也是俄罗斯学校价值观教育的重要路径。俄罗斯国家教育标准明确指出课外活动课（учебный курс внеурочной деятельности）是一门学校课程（учебный курс），并反复强调该门课程与课堂活动（урочная деятельность）具有同等重要性，学校德育工作的实施需要课外活动与课堂活动的统一发展。

一、课外活动课的基本情况

随着第二代国家教育标准出台，作为基础教育阶段学校课程的重要组成部分，课外活动课被正式写进国家教育标准。在课程定位方面，课外活动课被视为教育组织教育进程的重要组成部分，是面向小学、初中和高中三个学段学生开展的有组织的、专门化的活动。不同于课程教学体系，课外活动课既指向教学辅助，帮助学生掌握理论知识和活动能力，以此解决教学任务；同时也指向"教学之外"，聚焦学生的社会化发展、创造力和智力提升，促进学生在教学时间之外形成健康的生活方式。① 按照国家教育标准的规定，课外活动课的具体工作由各科教师和班主任负责，学生家长也可自愿参与。国家教育标准也对该门课程提出了明确的课时要求，小学阶段（学制四年）课外活动时长需达到1350 小时，年平均 338 小时；初中阶段（学制五年）需达到 1750 个小时，年平均 350 小时；高中阶段（学制两年）总时长为 700 小时，年平均 350 小时。课

---

① Алексашина И. Ю.，Антошин М. К. и др. Сборник примерных рабочих программ по внеурочной деятельности［М］. Москва：Просвещение，2020：5.

外活动课的组织时间及方式相对灵活，既可以安排在学期教学时间内，也可利用节假日、周末或假期，且学校享有决定权，可自行决定课外活动的年度活动时长和周活动频次。除此之外，按照规定，中小学还要依照各阶段国家教育标准的要求，结合学校具体情况、学生的学习兴趣以及未成年学生家长（法定监护人）的教育需求，制定相应的活动大纲和活动时间，规范课外活动课的组织实施，并将课外活动的具体安排列入学生课表。在实施场域和组织方式上，课外活动课是极其丰富多彩的，场域既可以安排在学校图书馆、游戏室、体育馆、活动厅等教学场所，教师也可以选择带领学生走出校园，在徒步、旅行、参观中组织地区实践课或野外实践活动。活动形式也是极为丰富的，如小组活动、科学实践大会、艺术工作室、大师班、喜剧表演、艺术节、体育俱乐部、智力俱乐部、地方志活动、科技协会、竞赛、比赛、科学研究、社会公益实践、军事爱国主义联合会、圆桌会议等。

二、课外活动课的主要内容

俄罗斯初等和中等普通教育示范性基础大纲均明确指出，当代俄罗斯民族的"育人理想是要培养具有高尚道德情操、创造力和突出能力的俄罗斯公民，且这些公民能够将祖国的命运与个人的前途紧密联系在一起，能够意识到自身肩负着自己国家现在与未来建设的责任，同时还能深深扎根于俄联邦多民族的精神文化传统"[1]。从德育工作的理想追求出发，俄罗斯学校价值观教育强调要从三个维度重点关注学生个体发展：一是知识层面，要掌握基于国家核心价值观的基本规范；二是态度层面，发展学生对待国家核心价值观的认知态度；三是经验层面，帮助学生获得相应价值观念的行为体验并能在实践中得以应用。上述三方面也是学校课外活动课着力关注的教育内容。从实践来看，俄罗斯学校课外活动课的内容和形式是极为丰富多样的。普通教育示范性基础大纲按照"模块化"规定了学校价值观教育的基本范畴，并将课外活动纳入固定模块，提出了课外活动课的基本内容，具体包括认知活动、艺术创作、问题讨论与价值分析、地方志旅游活动、体育健康活动、劳动活动、游戏活动，以此帮助学生了解俄罗斯传统精神价值观，掌握俄罗斯社会的行为规范。[2]

自课外活动课推行以来，为了配合指导相关教学组织工作的顺利开展，俄

---

① Примерная основная образовательная программа начального общего образования [EB/OL]. Единое содержание общего образования，2022-03-18.

② Примерная основная образовательная программа начального общего образования [EB/OL]. Единое содержание общего образования，2022-03-18.

罗斯教育机构、科研院所和学术团体不断强化育人自觉，陆续出版了各类示范性大纲，从目标任务、基础保障、实施策略等方面为课程建设提供教育支持。以 2020 年俄罗斯教育出版社出版的《课外活动课示范性工作方案汇编》（*Сборник примерных рабочих программ по внеурочной деятельности*）为例，该汇编为俄罗斯中小学课外活动课提供了分学段的专项指导，提出了课外活动课涵盖的五类教育内容，具体包括体育运动与健康、精神道德发展、社会化发展、智力发展、文化素养发展，同时强调课外活动要结合上述学生个体发展的重要领域组织开展相应工作，重点围绕学生文化素养发展、社会化发展和智力发展三方面开发了 13 项课外活动类型（见表 3-9）。围绕 13 项课外活动，还详细制定了每一项活动的配套教案，从目标、任务、方法、结果等维度提供具体指导。以高中阶段"志愿者学校"课外活动课为例，设计了"志愿者改变世界""俄罗斯志愿服务活动""你决定成为一名志愿者""志愿服务项目：从想法到结果""志愿服务活动经验"五个教学主题的教学内容（见表 3-10），内容涉及志愿服务历史、志愿服务原则、志愿者的权利与义务、志愿服务组织与项目实施等，为学生搭建志愿服务知识到项目实施的认知实践体系，并积极倡导参与志愿服务后的经验收获，旨在帮助学生认识和理解"生活、家庭、公民社会、人类价值观，确立个体公民立场，培养学生的社会积极性，增进责任感和荣誉感，使其能够尊重法律制度，自觉将个人行为与道德价值对标，认识到自身肩负的家庭责任、社会责任和祖国责任"[1]，增进思想认同、价值认同、强化实践养成。需要指出的是，这些示范性活动并非涵盖全部方向，也并非全部活动，各个学校需要以此为范例，结合本校教育情况制订满足课时要求和符合学生需要的个性化教育方案。客观来看，课外活动课既是课堂教学的巩固，围绕数学、俄语、社会知识、周围世界等多门课程的校内教学开展知识层面的内容强化，同时也在知识巩固中拓展了学生的综合素质，是教学辅助与价值观塑造引领的共享平台。

---

① Алексашина И. Ю., Антошин М. К. и др. Сборник примерных рабочих программ по внеурочной деятельности［M］. Москва：Просвещение，2020：300.

表3-9　课外活动的分学段示范性活动类型

序号	课外活动类型	教育阶段（年级）	活动方向
1	周围环境知多少	小学/1~4年级	文化素养
2	大自然教会我们什么	初中/5~6年级	
3	如何保护我们的星球	初中/7~9年级	
4	新闻学入门	初中/8~9年级	
5	生态素养与人类健康	初中/5~7年级	社会化
6	信息安全/远离病毒	初中/7~9年级	
7	志愿者学校	高中/10~11年级	
8	身边的几何学	小学/1~4年级	智力发展
9	有文化的读者/语义阅读学习	小学/1~4年级	
10	数学能力发展	小学/1~4年级	
11	小天文学家学校	小学/1~4年级	
12	天文学入门	初中/5~7年级	
13	规划大师	初中/5~9年级	

表3-10　"志愿者学校"课外活动示范课

序号	课程主题	课程内容	授课时长
主题一：导言（1小时）			
1	导言：志愿者改变世界	导言	1
主题二：俄罗斯志愿服务活动（15小时）			
2	志愿运动历史	俄罗斯志愿运动历史：古罗斯和莫斯科公国时期。俄罗斯帝国时期的志愿服务	1
3	20世纪和21世纪的志愿运动	苏联时期和当代俄罗斯志愿服务	1
4~5	俄罗斯志愿服务活动的法律调节	俄罗斯志愿服务活动的法律调节：志愿服务活动的法律基础	2
6	志愿者	志愿者的概念；志愿服务活动的目标	1

续表

序号	课程主题	课程内容	授课时长
7	志愿者的权利和义务	实施志愿服务活动的法律条件：志愿者的权利和义务	1
8	志愿服务的发展	志愿服务领域的一体化信息系统	1
9~10	志愿服务活动	志愿服务活动的组织者与参与者；个人志愿服务和小组志愿服务	2
11	志愿服务小组	志愿服务小组的参与者和领导者	1
12~13	志愿服务组织	志愿服务组织与志愿服务小组的区别；志愿服务组织的构成	2
14	社会志愿服务	社会方向志愿服务活动的特点和任务	1
15	文化体育领域的志愿服务	文化体育领域志愿服务的特点和任务	1
16	生态领域的志愿服务	生态领域的志愿服务的特点和任务	1
主题三：你决定成为一名志愿者（7小时）			
17~18	决定成为一名志愿者	参与志愿服务活动的动机；个体的价值观；志愿者的核心价值观	2
19~21	如何成为一名志愿者	选择志愿服务活动的方向；搜索志愿服务组织或志愿服务项目；在志愿服务组织面试和志愿者培训中掌握如何与他人交谈	3
22~23	志愿者应当了解和掌握的内容	志愿者的基本要求；志愿者手册	2
主题四：志愿服务项目：从想法到结果（5小时）			
24	成功实施志愿服务项目应当知道哪些内容	项目——实施志愿服务活动的基本形式；成功实施志愿服务项目应当知道哪些内容	1
25	制订志愿服务项目	确立项目目标、制订任务、设计方案、组建团队、确定资源	1

序号	课程主题	课程内容	授课时长
26	实施志愿服务项目	项目实施、筹集资源、项目介绍	1
27~28	志愿服务项目总结	项目结果评价；筹备项目总结报告；建立项目门户网站；项目参与者见面会；为项目支持者和合作者撰写感谢信	2
主题五：志愿服务活动经验（6小时）			
29	帮助儿童和老年人	制定孤儿帮扶项目"本领交流"；为老年人庆祝节日"诚心诚意的新年"	1
30	学校的创造性项目	组织艺术节；组建学校志愿服务中心	1
31	娱乐项目	为儿童筹备娱乐项目	1
32	生态项目	生态教育项目"亲手建造树林"；生态教育项目"写给森林的一封信"	1
33	健康生活方式宣传项目	组织艺术活动"健康生活方式？很简单！"；社会生活短片制作项目	1
34	教育项目	由学校志愿服务中心组织教育项目	1
备用课时			1

三、课外活动课的典型案例

在国家教育标准、示范性基础大纲和课外活动课专项方案的指导下，俄罗斯中小学结合自身特色开发研制符合本校实际情况的个性化课外活动课程体系。以俄罗斯库尔斯克州古比雪夫斯卡娅中学（Куйбышевская СОШ）为例。该所学校是一所小学、初中、高中11年一贯制学校，多年来不断探索课外活动课程的建设与优化，形成了注重辅助学科教学与促进价值观引领相结合的课外活动课程体系（见表3-11），通过创造良好的教育环境，帮助学生在提升智力和创造力的同时掌握国家核心价值观，获得社会生活所必需的社会经验，形成公民责任感、法律意识、审美能力、文化认同，为学生社会化发展创造条件。

以"体育运动与健康"维度的课外活动课"活动游戏"（Подвижные игры）① 为例，该课程主要面向小学阶段 1 至 4 年级的学生。结合低学段学生年龄和心理特征，课程主要选择操作性强、难度较低的游戏活动和接力赛等形式组织课堂，不仅关注学生身体健康，使其养成健康生活方式，同时将学生社会化发展以及民族观培育和文化认同提升作为活动游戏课的教学重点。具体来看，课程设置了大量的体育活动，在促进学生提高身体素质和养成良好运动习惯的同时，也能感受运动之美，在力与美中获得轻松、愉悦和自由，培养体育运动精神；其次，经常性开展接力赛形式的体育活动，重视发展学生的互助意识、规则意识和合作精神；此外，户外活动的另一个核心内容是组织学生开展俄罗斯传统民间游戏以及不同民族的游戏活动，如民间游戏"猫和老鼠"（Кот и мышь）、鞑靼族的"灰狼"游戏（Серый волк）、雅库特族的"鹰与狐狸"游戏（Сокол и лиса）、楚瓦什族的"小鱼"游戏（Рыбки）等，旨在通过开展形式多样、乐趣横生的民族传统游戏，帮助学生增进对传统文化的理解，特别是认识俄罗斯民族的多样性、了解不同民族的文化传统，尊重民族文化差异，形成正确的爱国情感以及对俄罗斯历史文化的认同感与自豪感。按照古比雪夫斯卡娅中学制定的活动游戏课教学要求，民族游戏部分需按照较高学时标准设置教学，目前，该学校四个年级的活动游戏课分别占到课程总学时的 24%、53%、82% 和 77%。

"有礼貌的孩子"（Вежливые ребята）是面向小学四年级学生开设的"精神道德发展"维度的课外活动课，课程主要包括"人群中的我"（Я среди людей）、"言语礼节"（Речевой этикет）、"行为文化"（Культура поведения）、"在童话世界"（В мире сказок）四部分内容，通过创意实践、文本学习、实践活动等授课形式，引导学生热爱和尊重祖国俄罗斯和俄罗斯民族文化传统，形成对待家庭、师长和他人的同情心和同理心。其中，"人群中的我"注重引导学生形成对"自我""他人""真正的朋友"等概念的认知，培养正确对待班级同学和朋友的态度，珍惜友情；认识到言语是最重要的交际工具，学会分析和处理人际问题；了解俄罗斯民族传统文化中的志同道合与友情，并且能够认识到在人际交往中，整齐、洁净、节约是人们尊重自我的重要表现。"言语礼节"部分主要让学生掌握"伦理""礼仪"等概念，了解言语交谈的基本特征和言语礼貌的基本规则，

---

① Рабочая программа по внеурочной деятельности Духовно‐нравственное направление 《Подвижные игры》1—4 класс начального общего образования форма обучения очная［EB/OL］. Инфоурок，2020‐08‐31.

了解为什么人需要礼貌和礼节。"行为文化"部分侧重俄罗斯传统家庭价值观的塑造与培养，引导学生形成正确对待家庭、父母和亲人的态度，学会敬爱、尊重、关心、帮助家庭成员，坚持尊老爱幼和尊重师长的传统美德。此外还特别强调学生在食堂就餐、到他人家做客、接打电话、乘坐交通工具以及在公共场所的行为规则，为学生社会化发展打下良好基础。"在童话世界"的教学重点则是通过阅读和讨论童话故事中的善恶行为及其后果，引导学生形成正确的善恶观。①

表3-11　古比雪夫斯卡娅中学课外活动课表②

小学课外活动课安排			
年级	一年级	二年级	三年级	四年级
星期一	12：25—12：50 运动的行星 13：05—13：30 识字	12：25—12：55 有趣的数学 13：10—13：40 有趣的数学	13：20—14：00 奇妙的文字世界 14：15—14：55 流淌的音乐	12：40—13：20 熟能生巧 13：35—14：15 熟能生巧/流淌的音乐
星期二	13：20—13：45 有趣的数学 14：00—14：25 东正教文化基础	13：20—13：50 礼仪学习 14：05—14：35 活动游戏	13：20—14：00 自己的事情自己做 14：15—14：55 书海遨游	12：40—13：20 有趣的语法 13：35—14：15 有趣的语法
星期三	12：25—12：50 流淌的音乐 13：05—13：30 运动的行星	13：20—13：50 神奇的画笔 14：05—14：35 童话世界之旅	13：20—14：00 经济 14：15—14：55 我是行人也是乘客	13：35—14：15 有趣的数学 14：30—15：10 有趣的数学
星期四	12：25—12：50 识字 13：05—13：30 有趣的数学	13：20—13：50 金融知识 14：05—14：35 流淌的音乐	12：25—13：05 活动游戏 13：20—14：00 下棋	13：35—14：15 活动游戏 14：30—15：10 有礼貌的孩子

---

① Рабочая программа по внеурочной деятельности Духовно－нравственное направление 《 Вежливые ребята 》 для 4 класса начальн ого общего образования форма обучения очная ［EB/OL］. Образовательная социальная сеть, 2021-08-31.

② Расписание внеурочной деятельности в 1—4 классах МБОУ 《 Куйбышевская СОШ 》 ［EB/OL］. Инфоурок, 2021-08-31.

小学课外活动课安排				
星期五	12：25—12：50 金融知识 13：05—13：30 右半球	12：25—12：55 右半球 13：10—13：40 金融知识	12：25—13：05 有趣的数学 13：20—14：00 我——俄罗斯公民	12：40—13：20 有趣的数学 13：35—14：15 运动的行星 14：30—15：10 有趣的数学

初中课外活动课安排					
年级	五年级	六年级	七年级	八年级	九年级
星期一		14：30—15：10 色彩世界	15：25—16：05 大师之城 16：20—17：00 库尔斯克历史	14：30—15：10 库尔斯克历史/ 有趣的俄语 15：25—16：05 大家都是 马列维奇	15：25—16：05 "阿波罗"体育 俱乐部
星期二	14：30—15：10 流淌的音乐 15：25—16：05 有趣的信息 世界	14：30—15：10 大家都是马列 维奇	14：30—15：10 有趣的地理	14：30—15：10 针线活 15：25—16：05 流淌的音乐	15：25—16：05 奇妙的物质世界 16：20—17：00 大家都是马列 维奇
星期三	14：30—15：10 有趣的数学	14：30—15：10 流淌的音乐 15：25—16：05 世界在我心中， 我在世界之中	15：25—16：05 流淌的音乐	15：25—16：05 有趣的地理世界	15：25—16：05 数学实践课 16：20—17：00 "阿波罗"体育 俱乐部
星期四	14：30—15：10 大师之城 15：25—16：05 大师之城/ 右半球	15：25—16：05 大师之城 16：20—17：00 大师之城	14：30—15：10 有趣的数学	15：25—16：05 奇妙的物质世界	
星期五	14：30—15：10 色彩世界		14：30—15：10 大家都是马列 维奇	15：25—16：05 大师之城	14：30—15：10 语言——我的 朋友

高中课外活动课安排		
年级	十年级	十一年级
星期一	14：30—15：10 世界在我心中，我在世界之中	13：30—14：10 鲜活的语言 14：30—15：10 数学实践课
星期二	14：30—15：10 鲜活的语言	13：30—14：10 小小设计师 15：25—16：05 金融安全

四、课外活动课的育人特色

作为学校价值观教育的活动课程，俄罗斯课外活动课逐渐形成了独特的育人特色。一方面，与西方学校的活动课程相比，俄罗斯学校活动课与课程教学内容的高度衔接性是其最典型的特征。西方的活动课程主要注重学生参与校外实践活动，正如致力于服务学习领域的研究人员所强调的，服务学习既是一种教育理念，也是一种具体的教育方法，指的就是通过学校和社区的合作，将服务社区与课程联系起来，使学生在参与有组织的服务行动中，促进社会责任感的培育与提升，同时也帮助学生在此过程中获得知识和技能，提高与同伴和其他社会成员共同开展分析、评价及解决问题的能力。① 俄罗斯学校的活动课程在强调校外实践的同时，更重视在辅助课程教学的过程中实现学生综合素养的提升。我们在示范性基础大纲和各校课程安排中能够看到，俄罗斯学校课外活动课的主题与数学、俄语、周围世界、体育、社会知识等学科课程紧密衔接，通过情景教学、实践体验等活动形式来实现学科知识的巩固与强化，进而引领学生形成价值认同。比如针对周围世界课，课外活动课会在学生所掌握的自然知识和社会知识体系基础上，积极调动学生学习的主动性，通过家乡地貌、地方志解读、民族文化知识竞赛等方式，帮助学生进一步了解奇妙的世界和有趣的地理，增进对人与自然、人与社会以及人与世界关系的认知，并不断形成民族自豪感以及对他民族历史文化的尊重与理解。

---

① SUSAN M. Service Learning in Alternative Education settings［J］. ClearingHouse，1999，73（2）：114-117.

　　另一方面，与俄罗斯学校价值观教育专门课程和综合课程相比，活动课程在教学场域、教学内容和教学方式等方面也表现出课程育人的独特性。一般来看，俄罗斯学校活动课程的教学场域既包括校内也包括校外，活动组织较为灵活；在教学内容方面，虽然强调课外活动对课程教学的辅助作用，但并不代表内容层面完全局限于从知识维度巩固课内教学内容，而是强调课内知识的拓展和延伸，以及学生综合能力和文化素养的提升；教学方式也不同于课堂内教学过程中的教师讲授、师生互动、小组讨论等授课形式，而是呈现为符合学生个性发展需要的更为丰富多彩的实践类活动，并且遵循学生认知规律和年龄特征，在小学阶段侧重开展观察类和参观类活动，在相对轻松的教学氛围中向学生传递价值理念、社会规则和行为规范；初中阶段开始引导学生关照社会问题，注重培养学生思维能力和解决问题的能力，大量采取研讨、辩论等方式促进学生独立思考，形成积极健康的人生观、世界观、职业观、家庭观等；高中阶段强调培养学生独立处理问题以及参与社会生活的能力，通过社会实践、志愿服务、模拟活动帮助学生积累社会经验，为成长为合格公民创造条件。简而言之，学生通过活动课程巩固学科知识、习得相应技能，进而促进学生人格发展，强化实践养成，形成积极健康的价值观念。

第四章

当代俄罗斯校园文化建设与价值观教育

校园文化是文化的有机组成部分，其天然延续着文化所葆有的育人使命，在不同历史时期和教育阶段发挥着重要的教育功能。与世界各国价值观教育实践相似，当代俄罗斯校园文化建设在学校价值观教育进程中发挥了重要的价值引领和塑造作用，其侧重从精神文化、物质文化和制度文化三个维度加强建设，逐步探索形成了以依托学校精神传承实现价值观引领、依托文化符号演绎实现价值观渗透、依托有序校园生活实现价值观约束，以及依托丰富文体活动实现价值观体验为一体的独特校园文化育人模式。

第一节 俄罗斯校园文化与价值观教育的内涵意蕴

循着文化和校园文化承载的价值与意义，立足俄罗斯学校价值观教育实践，以校园精神文化、物质文化和制度文化为研究进路，分析思考俄罗斯学校依托校园文化实施"高阶位"价值观教育的内在规定。

一、文化的内涵

俄语中"文化"（культура）词条的出现远远晚于文化现象。按照俄罗斯学者阿普雷列娃（В. А. Апрелева）的研究结论，文化一词大致是在 19 世纪 30—40 年代的俄罗斯被逐渐使用的，且主要频繁使用于源于欧洲的翻译文献。第一部诠释文化概念的俄文词典是 1837 年由雷诺万茨（И. И. Ренофанц）主编出版的《俄语书籍、报刊和新闻阅读爱好者的袖珍书》（*Карманная книжка для любителей чтения русских книг, газет и журналов*）。该书为文化一词提供了两个释义：一是种植（粮食），栽种、耕种业；二是教养程度。[①] 这一时期，文化的第一释义之所以是基于农业领域认知的解读，与文化（culture）的拉丁语词源 colo 具有直接关系，colo 在拉丁语中代表了种植、耕耘。衍生于农业领域的

[①] Апрелева В. А. Очерки по философии русской культуры ［М］. СПб：Инфо-да，2005：9.

"文化"一词随着自身使用范围和使用时间的不断扩大及演进，其意义范围也发生变化，获得了人文社会科学领域的概念属性。1864 年，俄罗斯著名教育学家、社会活动家托尔（Ф. Г. Толль）主编的《全知识领域参考辞典》将文化界定为"教育、启蒙，特别是指人民精神生活的生产、发展、丰富和完善"①。1871 年，英国文化人类学奠基人爱德华·伯内特·泰勒（Edward Burnett Tylor）在《原始文化》一书中从科学意义上对文化进行了概念界定，他指出，"文化或文明，就其广泛的民族学意义来讲，是一个复合整体，包括知识、信仰、艺术、道德、法律、习俗以及作为一个社会成员的人所习得的其他一切能力和习惯"②，这在一定程度上拓宽、深刻了人们对文化本质的认知。

长期以来，人们对于"文化"一词本质的解读各持己见。社会学家将生活世界看作一个文化世界，认为文化是"撇开一切形式可以观察到的人类行为之后留下的剩余领域。它们是内在而不可见的人类思想生活，或作为个人，或在某种难以想象的集体意义上说作为'集体目标''共同价值'和'主观实在'的概念"③。费孝通先生从"个体和群体"的角度提出了文化具有的"社会共有"和"超越个体"双重属性。他认为，"'文化'就是在'社会'这种群体形式下，把历史上众多个体的、有限的生命的经验积累起来，变成一种社会共有的精神、思想、知识财富，又以各种方式保存在今天一个个活着的个体人的生活、思想、态度、行为中，成为一种超越个体的东西"④。政治学家亨廷顿同样从人的主观视角出发，他指出倘若"从纯主观的角度界定文化的含义"，文化则指一个社会中的价值观、态度、信念、取向以及人们普遍持有的见解。⑤ 在人类学领域，有学者指出，文化是"人的价值、生活方式以及信念的表达。最为重要的是，文化有一种价值引导的作用，它可以赋予生活的日常实践意义，可以借文化去解释日常生活的存在，进而激发一种行动的动力"，因而可以依靠"文化去构建一种共同体的认同"，利用其整合作用黏合诸多的差异性。⑥ 从当今世界范围来看，各国政府对文化领域的关注已经上升到前所未有的历史新高度。从完整意义理解，国家既是权力体、经济体，同时也是一个文化体。正如有学

---

① Под ред. Ф. Г. Толля. Настольный словарь для справок по всем отраслям знания. Том 02 [M]. СПб.：Издание Ф. Г. Толля，1864：611.
② 泰勒. 原始文化［M］. 连树生，译. 上海：上海文艺出版社，1992：1.
③ 阿尔弗雷德·许茨. 社会实在问题［M］. 杭州：浙江大学出版社，2001：11.
④ 费孝通. 中国文化的重建［M］. 上海：华东师范大学出版社，2014：216.
⑤ 劳伦斯·哈里森，塞缪尔·亨廷顿. 文化的重要作用［M］. 北京：新华出版社，2010：9.
⑥ 赵旭东. 理解个人、社会与文化：人类学田野民族志方法的探索与尝试之路［J］. 思想战线，2020，46（1）：1-16.

者指出，"一个大国的崛起，需要三个基础，一个是政治基础，这个政治基础就是国家的独立和主权；一个是经济社会基础，国家的经济实力是其政治和军事实力的基础；一个是文化基础，作为国家实力的软实力的核心部分，它是国家竞争的最后战役"①。

马克思主义经典作家关于文化本质的相关论述为进一步思考"何为文化"提供了更有力的理论依据。首先，确立了分析解决文化问题的历史唯物主义基本视域。虽然马克思和恩格斯没有在知识论意义上建构一套完整的文化理论，但是所确立的唯物史观为深刻理解文化及其作用奠定了坚实的理论基础。"马克思从唯物史观出发，认为文化是上层建筑的重要组成部分。恩格斯用上层建筑与经济基础相互作用来表述文化。他认为，经济基础对社会发展起着决定作用，政治、文化等上层建筑则对经济基础产生反作用，甚至能影响到最终结果的实现程度。"② 遵循上述科学思想，毛泽东在经济与政治的辩证关系中进一步认识、揭示了文化的本质。他指出，"一定的文化（当作观念形态的文化）是一定的社会的政治和经济的反映，又给予伟大影响和作用于一定社会的政治和经济"③。其次，确立了实践是文化发展的根本源泉的基本认识。文化建设离不开实践活动，实践是文化生产与提升的前提基础。列宁在《青年团的任务》中也曾提到，"只有确切地了解人类全部发展过程所创造的文化，只有对这种文化加以改造，才能建设无产阶级的文化……无产阶级文化并不是从天上掉下来的，也不是那些自命为无产阶级文化专家的人杜撰出来的。如果硬说是这样，那完全是一派胡言"④。最后，明确了文化发展秉持多样统一性的基本原则。不同国家、民族的文化因其所经历的历史演变、所身处的国际环境、所获得的传统文化滋养以及与其平行存在的国家意识形态等因素的差异性，呈现各自的多样性与独特性。过于强调文化的多样性将不利于民族和谐与社会稳定，且将迷失方向；而过于强调文化价值的一元主导，又将阻碍文化发展，丧失文化活力。因此，保持不同国家、民族的文化张力，处理好文化一元与多样的关系，是促进社会稳定发展、国际关系和谐发展的重要前提。正如列宁认为，"多样性不但不会破坏在主要的、根本的、本质的问题上的统一，反而会保证这种统一"⑤。

---

① 艺衡. 文化主权与国家文化软实力［M］. 北京：社会科学文献出版社，2009：92.
② 孙岳兵. 列宁、毛泽东文化思想渊源共性梳理及其新时代价值［J］. 毛泽东研究，2018（5）：105-115.
③ 毛泽东. 毛泽东选集：第2卷［M］. 北京：人民出版社，1991：663-664.
④ 中共中央马克思恩格斯列宁斯大林著作编译局. 列宁选集：第4卷［M］. 北京：人民出版社，2012：285.
⑤ 中共中央马克思恩格斯列宁斯大林著作编译局. 列宁全集：第33卷［M］. 北京：人民出版社 1985：209.

在围绕"何为文化"的科学思辨过程中，探寻文化本质的路径变得更为多元，文化被赋予了更加广阔且深刻的学术视野。目前，在代表国家意志的俄罗斯国家政策领域，文化促进人和社会发展的积极价值获得了进一步关注。2014年颁布的俄联邦《国家文化政策基础》指出，"文化是能够影响精神价值（道德价值、审美价值、知识价值、公民精神价值等）保存、生产、传递、传播的一切正式和非正式的制度、现象以及因素的总和"，是"维护经济繁荣、国家主权和文明独特性的基础"①。2016年颁布的《2030年前国家文化政策战略》再次强化了文化的重要作用，将其视为"形成和加固人民的认同感，保障俄罗斯民族统一，保存俄罗斯境内文化和语言统一性的潜在的巨大力量"②。

总体来看，文化是一个具有多重含义的复杂概念，涵盖了人类在社会历史发展过程中不断创造和积累起来的物质财富和精神财富的总和。在俄罗斯哲学和文化学领域，一部分学者重点关注了文化与人的关系，如著名哲学家、文化学家米·瑙·爱泼斯坦（М. Н. Эпштейн）认为，"文化是由人创造的，人在文化中也创造着人本身"③。哲学家、文化学家莫·萨·卡甘（М. С. Каган）认为，"文化是人的特殊存在方式和形式，而不是人类生活的私人领域"④。还有学者指出，"文化不仅包括艺术、文学，还包括人的生活方式、基本权利，以及价值体系、传统和世界观"⑤，"文化反映了历史进程中社会发展所达至的程度，体现了人实现其创造力和能力的类型与形式，同时也代表了人们创造的文化价值"⑥。俄罗斯教育学领域重点思考了与文化密切相关的教育实践活动，认为"文化是由人的双手和精神创造而得的财富总和。文化是在人类社会的历史实践进程中得以创造的，代表了基于个体创造力的人的积极经验。文化服务于人的福祉、精神健康与身体健康，其不仅包括致力于社会存在的再生产与变革的人的社会活动，同时还包括一项复杂的工作，即唤醒和改变人的属性——精神属性与身体属性，以及开展触及思想和心灵的文化教育工作。文化赋予人的存在

① Основы государственной культурной политики［EB/OL］. ГАРАНТ, 2014-12-24.

② Стратегия государственной культурной политики на период до 2030 года［EB/OL］. Правительство России, 2016-02-29.

③ Эпштейн М. Н. Философия возможного［M］. СПб.：Алетейя, 2001：238.

④ Каган М. С. Осубстанции, строении и функциях культуры［C］. Москва：Российская академия государственной службы при Президенте Российской Федерации, 2005：23-38.

⑤ Карпухин О. И. Культурная политика［M］. Москва：Издательский дом «Провинция», 1996：31.

⑥ Барановский В. Е. Государственная культурная политика в условиях модернизации российского общества［D］. Москва：МГУ, 2005：29.

以意义和价值，使人能够无限发展自我并保持自我。作为人社会化和融入社会的重要途径，文化与教育活动，特别是德育活动密切相关"①。当然，俄罗斯社会也存在"本位主义"的文化解读方式，即将文化视为社会发展的一个领域，特指艺术文化、文化财富、文化产品、文化服务的再生产，并由国家设置特定的部门负责管理文化领域。处于"本位主义"价值判断之下的文化在一定意义上限制了人的创造性自我实现，同时也制约文化在社会进程的自我发展，此类观点需极力避免。②

二、校园文化释义

校园文化是社会文化系统的重要组成部分，作为特定群体拥有的文化现象，校园文化兼具文化共性以及自身独特的本质属性。通常来说，校园文化以社会大环境为背景，受到社会主流文化的深刻影响和制约，体现出鲜明的社会性和时代性，因而学界普遍将其视为一种"亚文化"。从形成过程来看，校园文化是在学校发展过程中逐步形成的，是"全体师生所共同遵守的一种价值观观念、精神支柱、学校传统、行为准则、道德规范和生活观念的总和"③。从内部构成来看，校园文化呈现为多元有序的复合式结构，"其构成要素是内在底蕴和外在气质的多重统一，包括思想文化、智育文化、文体文化、人际文化、组织文化、网络文化、环境文化与行为文化等"④。

随着俄罗斯学校价值观教育的复归，校园文化的育人作用在俄罗斯理论界也引发积极讨论。有俄罗斯学者指出，"校园文化是由集体精神生活和物质生活构成的，其中道德规范和价值观占主导地位"⑤。鉴于"校园文化内蕴着学校的价值与使命"，因此，校园文化目前已经成为俄罗斯各级学校实施教育实践活动的重要依托。校园文化建设有助于"建立一个共享、安全、民主的共同体，以此促进成员的共同发展，并指导学校政策决议的方向和日常教育实践活动"⑥。

---

① Безрукова. В. С. Основы духовной культуры（энциклопедический словарь педагога）[M]. Екатеринбург：Деловая книга，2000：408-409.

② Астафьева О. Н. Культурная политика [M]. Москва：Издательство РАГС, 2010：6.

③ 马来焕. 校园文化价值取向 [M]. 北京：北京理工大学出版社，2012：1-2.

④ 张澍军，王占仁. 校园文化建设的基本原理与实践操作系统研究 [M]. 长春：吉林出版社，2013：37.

⑤ Ушаков К. М. Управление школой：кризис в период реформ [M]. Москва：Издательская фирма《Сентябрь》，2011：162-172.

⑥ Тихомирова Е. Л.，Шадрова Е. В. Методика оценки сформированности инклюзивной культуры вуза [J]. Историческая и социально-образовательная мысль，2016（8）：163-168.

与我国学者一样，俄罗斯学者同样也关注了校园文化的多元结构。俄罗斯教育科学院玛·玛·帕塔什尼克（М. М. Поташник）院士认为，"校园文化"通常指的是一系列规范、价值观、传统、习俗、仪式与规则，包括学校集体成员的活动、成员之间的关系以及学校生活方式的规定等。① 也有学者指出，"校园文化包括符号象征、学校英雄、典礼仪式、信念价值、行为准则规范、群体心理等。其中，符号象征主要指的是校徽、校歌、校旗、奖项、称号与校训等；信念价值包括人道主义精神、竞争意识、信任、合作与自我发展等"②。从中不难发现，大部分学者关注了价值观和学校传统等一类元素，并将其视为校园文化的重要组成部分——校园精神文化。③

校园文化的多元结构从本质上也决定了开展校园文化建设的多层次实践路径。基于多年的理论研究与实践经验，俄罗斯国立高等经济大学教育学院孔·米·乌沙科夫（К. М. Ушаков）教授在《中学管理：改革时期的危机》一书中围绕校园文化建设在学校教育教学管理中的现实作用及实践路径，提出了著名的"多层洋葱"式校园文化建设模型。④ 乌沙科夫教授认为，校园文化建设是多层次的，其结构犹如洋葱。其中，校园文化建设的"外层"通常最为"醒目"，体现为一些较为容易识别的象征符号，如学校的墙画、校服，优秀教师和学生代表的照片，学生参与奥林匹克竞赛等赛事的荣誉徽章。外层符号直观传递着一个学校的文化内涵、历史经验以及未来发展方向，引领着学校师生行为的价值取向。"第二层"指的是基于学校发展沿革流传至今的事迹和故事。这些历史片段通常是在非正式场合讲述的，内蕴可向师生传递的学校历史文化以及教育理念，提醒师生去思考其中所包含的正确行为方式，以及所支持的价值观念等。"第三层"主要指的是学校各项程序的制定，各类仪式典礼活动的组织等。在这一层次校园文化建设的工作中，参与者的行为文化往往是被关注的重点。乌沙科夫教授强调，上述三层是相对"外层"的校园文化建设内容，而处于校园文化建设最内层的"洋葱心"部分，主要指的是全体成员的共同信念、价值取向和价值准则，也决定着个体的行为选择。

总的来看，作为亚文化的一种，我们可以将校园文化理解为"以社会先进

---

① Поташник М. М. , Моисеев А. М. Управление развитием современной школы［M］. Москва：Новая школа，1997：350.

② Петрова Г. М. Управление развитием организационной культуры школы［J］. Муниципальное образование：инновации и эксперимент，2015（2）：9-13.

③ Темрюков Ю. Ю. Формирование и развитие организационной культуры в общеобразовательной школе［J］. Преподаватель XXI век，2008（2）：33-37.

④ Ушаков К. М. Управление школой：кризис в период реформ［M］. Москва：Издательская фирма « Сентябрь »，2011：162-169.

文化为主导，以师生文化活动为主体，以校园精神为底蕴，由校园中所有成员在长期办学过程中共同创造形成的学校物质文明和精神文明的总和"①。校园文化具有特殊的存在场域，即校园空间；校园文化具有特定的受众对象，即全体学校成员，因而，其表现为一种群体文化；校园文化还是一个由不同要素构成的有机整体，具有多维的内在结构，包括精神文化、物质文化与制度文化等。

三、俄罗斯校园文化中价值观教育的内在规定

文化是承载一系列价值与意义的符号体系，在表现形式上既有静态亦有动态。价值观与校园文化同属于文化范畴，可理解为文化静态维度的存在形式。当我们从校园这一特定场域，以及文化生产、传播、积累的动态活动维度进行考察，价值观和校园文化通常相应表现为价值观教育与校园文化建设，范畴的同类性决定了二者目标的一致性以及实践的契合性。正如有学者指出，"从文化哲学视角来看，价值观作为高位阶的文化存在，只有在与低位阶的文化存在互动和转换的过程中，才有可能被人们理解、内化与践行"，"校园文化作为相对低位阶的文化存在，它特殊的特质和功能，为高位阶的价值观教育提供了有利载体"②。纵观国内外教育实践，良好的校园文化能够对学生的思想观念与价值取向产生正面影响，校园文化自身葆有的文化育人属性使其在目标上与价值观教育达成共识，促使其发展成为学校实施价值观教育的重要路径。自 2000 年普京就任俄罗斯总统，拉开重构国家核心价值观序幕以来，价值观教育逐步回归校园，校园文化的育人作用更是受到广泛关注。

总的来看，俄罗斯学校主要依托校园文化建设的三个维度实施价值观教育。

一是依托精神文化建设。校园精神文化是校园文化的核心，集中反映出一个学校的教育理念、办学宗旨与特色。作为全体成员认同并遵循的价值理念，校园精神文化发挥着重要的思想引领和行为约束等作用。一般来说，校园精神文化是无形的，其作用的发挥主要依托各类具体化的显性载体，如通过校训、校歌、校史、学校标识的宣传和使用，传递一所学校多年形成的历史传统与精神文化。校园精神文化一旦形成，随之即建立起一套相对稳定的价值体系，潜移默化地启迪师生思想，发挥着文化育人的重要作用。以莫斯科大学校训——"科学是对真理的清楚认识和心灵的启示"（Наука есть ясное познание истины, просвещение разума）为例，该校训充分体现了莫斯科大学崇尚科学精神的价值

---

① 冯刚，柯文进. 高校校园文化研究［M］. 北京：中国书籍出版社，2011：2.
② 赵志业. 社会主义核心价值观与高校校园文化融合的逻辑、张力与路径［J］. 思想政治教育研究，2020，36（2）：88-93.

导向，鼓励学生追求真理、崇尚科学；俄罗斯人民友谊大学的校训是"知识将我们联系在一起"（Scientia unescamus），侧重强调知识的重要性，倡导学生要尊重知识，号召全体师生保持相同的学习志趣，结为共同体相伴同行；莫斯科物理技术学院注重培养学生的科学探索精神，提出了"敢于知道"（Дерзай знать）的校训；新西伯利亚国立大学的校训是"我们不会让你更聪明，而是教你思考"（Мы не сделаем вас умнее，мы научим вас думать），体现的是学校对学生自身能力培养的重视，不是帮助学生变得更优秀，而是从长远出发，培养学生独立思考和不断自我完善的能力。

二是依托物质文化建设。校园物质文化是校园文化中最具直观性、形象性和感知力的文化形式。校园物质文化既是精神文化得以具体化的重要载体，同时也是校园文化生活得以开展的必要物质基础。作为伴随学生学习、生活的成长环境，校园物质文化具体包括学校的硬件设施、自然环境、人文环境等，通过"以物载志"的方式传递着学校的历史传统与精神力量，进而增强师生的身份认同感、归属感，塑造高尚人格。与其他国家的学校一样，俄罗斯学校也非常重视营造良好的校园物质文化氛围，尤其重视将国家军事荣誉、民族文化以及学校历史传统融入其中。目前，大部分俄罗斯学校都建有反映学校发展沿革和国家重大历史事件的博物馆、陈列室，这些场所成为校园物质文化实现育人功能的主要阵地。在圣彼得堡市第32中学陈列室，墙壁上张贴着在二战时期牺牲的师生照片，橱窗里陈列着他们当年的生活用品。学校通常会利用新生入学、重大历史事件纪念日等契机，组织参观学习活动。此外，教师也有意识地将教学与参观有机结合，将课堂教学场地从教室转移到陈列室，充分发挥校园物质文化的育人作用。

三是依托制度文化建设。校园制度文化是学校治理维度规范程度的集中体现，其中，正式的制度文化指的是学校全部规章制度的总和，如大学章程、学生行为规范、学生组织的规章制度等，具有一定的强制性，确保学校各项工作的顺利运转；非正式的制度文化则通常指的是在学校发展过程中积淀而来的约定俗成的道德规范和礼仪习惯，这类制度主要依靠通约性发挥约束作用。制定学校章程是俄罗斯学校建设的规定动作。按照俄联邦教育部要求，各级学校均需结合国家提供的指导性框架，制定本校的学校章程，具体包括学校发展目标、教育教学活动类型、财政保障、管理程序等内容。通常来看，学校一般会在正式的制度文化建设中明确融入国家和学校对人才培养的规格要求。明确的价值导向为价值观教育以及学校各项教育教学工作提供了重要的方向指引，同时作为价值标尺在学生群体中也发挥重要的示范引领作用。如莫斯科大学《章程》明确提出要培养学生的公民立场、劳动能力，保护和提高学生的道德价值观、文化价值观、科学价值观，同时还强调学生有义务面向社会大众普及知识，提高他们的教育文化水平。① 喀山国立大学学校《章程》强调，学校的基本任务之一是"培养学生崇高的公民性，发展创造力、智力、社会积极性和沟通力，能够自觉传递学校民主传统，培养学生的劳动能力及其适应现代文明生活的基本能力"②。远东联邦大学《章程》强调，要培养学生形成爱国主义情感，能够热爱和尊重人民、民族传统和俄罗斯精神遗产，重视学生公民立场教育，培养他们的责任意识、独立性和创造性，同时还强调培养学生对大学声誉的自觉珍惜和维护。③ 在基础教育阶段，除提出明确培养目标外，中小学还充分结合青少年发展阶段性特征，重视强化学生的日常行为管理，如明确规定学生在教室、食堂、图书馆等场所的纪律规范。俄罗斯阿尔汉格尔斯克市第 68 中学颁布的《学生权利与义务》指出，学生有义务维护学校的纪律和秩序，尊重其他学生、教师和学校工作人员；保持校园环境，珍惜学校设施。④ 一部分学校也会在制度建设中提出学生行为的"红线"，即对校园违纪行为做出处理规定及程序说明。此外，俄罗斯学校还十分重视制度文化建设的学生参与度，"鼓励学生参与到校园的民主化建设，允许学生自由讨论学校规章制度，参与制订校园行为准则"⑤。

第二节　俄罗斯校园文化中价值观教育的特色主体

依托校园文化实施价值观教育的施教行为主要发生在校园这一特定空间场域，因而其教育主体与学校价值观教育主体具有高度一致性，并以学校博物馆、学生自治组织、家长委员会参与校园文化建设实施价值观教育的作用最为突出。

一、学校博物馆

俄罗斯向来重视博物馆在教育科学领域的积极作用。早在 1802 年，俄国人

① Устав МГУ имени М. В. Ломоносова［EB/OL］. МГУ，2021-10-24.

② Устав государственного образовательного учреждения высшего профессионального образования " Казанский государственный университет им. В. И. Ульянова－Ленина " ［EB/OL］. ПолитНаука，2021-08-25.

③ Устав федерального государственного автономного образовательного учреждения высшего профессионального образования « Дальневосточный федеральный университет » ［EB/OL］. ДВФУ，2021-08-10.

④ Права и обязанности учащихся［EB/OL］. Средняя школа № 68，2021-10-01.

⑤ 王春英. 俄罗斯学校精神道德教育重建之路［J］. 比较教育研究，2016，38（3）：54-60.

民教育部颁布的一份公告中就提出将博物馆视为科学传播的阵地。① 这一时期，俄罗斯有许多文科中学②陆续成立了本校的学校博物馆。作为俄罗斯诸多博物馆类型中的一种，学校博物馆是在学校空间内创设的独特教育文化主体，结合学校课程设置、重要纪念日以及学生校园文化生活，通过组织考察、旅行课堂、研究课堂、各类展览、问答竞赛、主题参观等多元化教育形式，参与学校教学与学生培养工作。

与一般博物馆不同，俄罗斯学校博物馆有其独特之处。一是建造者与使用者的身份一致性。通常来看，国家博物馆或者私人博物馆都是由专业人士建设的，其受众群体是全体社会成员。学校博物馆则一般陈列着由学生、教师收集的照片、回忆录、文件和物品等直观教学资料，其通常反映出这所学校、这个城市、这个地区的历史发展。由于这些陈列品是由学生、教师以及志愿者共同收集的，因而他们既是建造者，同时也是使用者。换言之，在建设博物馆的过程中，每一位参与者都是发现者，他们用自己的方式走进历史、探访先辈，走进真理世界。因此，有俄罗斯学者曾提出，学生在学校博物馆中获得的教育影响远胜过参观城市博物馆展览。二是博物馆陈列品与教学内容具有高度契合性。博物馆主要通过陈列展示蕴含深刻历史价值、科学价值和艺术价值的物品文件，以组织会议讲座、组织研究学习等方式，引领学生走进历史、文化、科学和艺术。虽然学校博物馆与一般博物馆在教育目标实现的方式上基本相同，但相对而言，学校博物馆与学校的教育教学进程关系更为密切，其全部活动主要服务于学校的具体科目教学以及补充教育工作。③ 当然，这并不意味着学校博物馆的开放性是狭隘的开放性。作为开放教育空间的组成部分，学校博物馆不仅限于与课堂教学频繁互动，同时与其他文化机构、社会组织以及所在地区居民也保持着良好的教育合作关系。

当前，学校博物馆更是成为俄罗斯学校价值观教育中不可忽视的重要力量。为了促进学生智力、精神道德、艺术审美和身心的统一发展，大部分学校博物馆呈现多元化主题建设趋势，搭建了反映历史、民族文化、自然、文学艺术等主题的博物馆综合体。以莫斯科第709中学为例，该校向来重视博物馆的文化育人作用，从1996年起陆续建立了民族文化博物馆、军事历史博物馆、"我们是莫斯科人"地方志历史博物馆、儿童创作博物馆、古生物学博物馆、"拯救世

---

① Черник В. Э. Музей в системе подготовки учителя [J]. Среднее профессиональное образование，2010（10）：43–45.

② 通常指强化人文学科教学的普通中学。

③ Под ред. О. Б. Карповой. Школьный музей：жизнь в творчестве：методические рекомендации [M]. Вологда – Молочное：ИЦ ВГМХА，2006：3.

界的美"自然博物馆、消防英雄弗·伊·阿尔谢科夫（В. И. Арсюков）博物馆、卫国战争博物馆等主题丰富的博物馆。学校按照"博物馆综合体"实施一体化管理和使用，并专门制定了博物馆综合体的配套文件。按照文件要求，校内博物馆每学年需制订详细的工作计划，具体包括类别、任务、活动、负责人等信息，将配合课程教学和校园文化建设的具体工作条理化。学校博物馆的服务范围也不应局限在校内，而应辐射到地区社团、居民等社会群体。《民族文化博物馆 2020—2021 学年工作计划》中明确提出，博物馆该学年将重点围绕组织工作、馆藏工作、参观工作和博物馆课堂、大众节日和竞赛活动、与其他机构协作、志愿活动、宣传工作等几大类别设置 30 项具体任务。① 在服务对象上，不仅关注了学生，特别是一年级新生，如举办了"你好，学校"参观宣传活动，也关注到学生家长，专门安排家长参观博物馆，同时还特殊强调校内博物馆要与当地退伍战士委员会、儿童图书馆以及其他地区博物馆加强合作。在教育模块设计上，该博物馆一方面注重结合课程设置，紧贴教学需求，另一方面依托教师节、圣诞节、新年等特殊节日，利用节日蕴含的深刻意义，启发、引领学生形成正确的价值取向，实现文化育人。

总的来看，俄罗斯学校博物馆有其特定的历史文化传统和建设基础，并且逐渐成熟，呈现出主题多元化、形式多样化等特征，作为学校价值观教育的重要主体，在培养学生珍视文化遗产、热爱祖国，塑造历史意识以及判断历史材料真实性的能力和技能方面发挥重要作用，同时也有效提高了学生开展基础研究的基本能力，并在班级和学校范围内促进形成了团结友爱的良好氛围，激发了集体主义精神，有助于学生形成积极向上的生活态度。

二、学生自治组织

学生自治（ученическое самоуправление）是学生以自主管理方式组织活动的形式，其发展与管理主要基于社会原则、法律原则和伦理原则，不仅能够为学生提供策划和组织活动的平台，同时有助于解决校园问题，促进学生形成积极的生活立场，塑造团结集体，在丰富校园文化生活、维护学生利益、激发学生潜力等方面发挥巨大的促进作用。学生自治组织（орган ученического самоуправления）是实现学生自治的必备条件与现实载体，同时也是俄罗斯学校依托校园文化实施价值观教育的另一重要主体。

俄罗斯学生自治组织运行模式较为多元，从实践层面来看主要依托四种模

---

① План работы музея народной культуры на 2020—2021 учебный год ［EB/OL］. Школа № 709, 2020-09-01.

式推行学生自治，这也是参与者参与自治的四类方式。① 一是行政模式
（административная модель）。该模式是指基于联邦立法和地区法令需要而成立
学生自治组织，体现为法律意义上的自治形式，比如目前俄罗斯大部分学校的
学生委员会就属于此类模式。在行政模式的框架下，包括学生在内的教育进程
参与者，通过学校委员会学生分委会组织，行使公民参与教育机构和地区团体
事务管理的权利。二是角色扮演模式（игровая модель）。该模式是指在遵守联
邦立法和法律规范基础上确立"模拟"机构或部门，如模拟国家机关、地区团
体和教育机构等。与之相应的，各类法令条例也会成为"模拟"机构或部门的
基本要求而写进"游戏规则"，以此规定教育进程全体参与者在游戏互动过程中
的相互关系。角色扮演模式在实践中通常呈现为一个专门化的德育项目，在充
分调动学生积极性、主动性的过程中最大程度激发学生自我教育潜力，但同时
也存在过度关注游戏过程等弊端。此外，角色扮演模式需要创设独立的运行环
境，因此大多数情况下角色扮演模式只能在儿童夏令营中得以实现。三是行政
和角色扮演分隔模式（раздельная административно-игровая модель）。该模式
是上述两种模式的综合运用，主要以法律意义上的行政模式——学生委员会为
主，按照每年一次或者选取四分之一的实践活动项目，采取学生替代教师身份
的角色扮演模式组织相关活动。四是行政和角色扮演兼容模式（совмещенная
административно-игровая модель）。该模式也是前两种模式的综合运用，遵循
相关法律规范成立"共和国""城市""公司""学校杜马"等组织形式，并且
组织架构和岗位编制也要按照实际情况对应设置，其优势在于能够有效融合行政模
式与角色扮演模式。如俄罗斯奥伦堡地区的库尔马纳耶夫斯基中学（Курманаевская
средняя общеобразовательная школа）以"学校杜马"（Школьная Дума）的组
织形式推行学生自治。该校设有马主席 1 人，议会由 9~11 年级学生代表组成，
小委员会由 5~8 年级学生代表组成，各班相应设置班级委员会，同时设立教育
部、文化部、体育和健康部、新闻出版部、劳动与秩序部、应急部等 6 个部
门。② 该学生自治组织的全部工作均在此框架下实施开展，其优势一是体现在
于角色扮演中激发学生自我教育的潜力。教育进程的全体参与者（学生、教师、
家长）在角色扮演过程中，能够最大限度地运用角色扮演的技术和能力，在游
戏互动关系中解决问题和促进发展。二是保持了组织机构的稳定性和约束力。

①　Валькова М. В. Что необходимо при формировании школьного ученического
самоуправления ［J］. Инновации в образовательных учреждениях, 2013 (6)：51-58.

②　Совмещенная административно - игровая модель ученического самоуправления
« Школьная Дума » ［EB/OL］. Pandia, 2021-10-20.

由于该模式仍然是法律意义上的自主管理形式，保护学生生命安全和健康、履行国家最低教育标准等问题，也仍然是该组织运行和开展相关工作的原则性问题。

　　选择和推行何种学生自治模式，通常来看，俄罗斯教育组织在选择模式时，会结合学校自身发展需要以及学生心理发展的阶段特征。目前，俄罗斯大部分学校的学生自治组织都以学生委员会的形式存在。按照《俄罗斯联邦教育法》要求，学生享有"参与教育组织管理"的权利，教育组织应考虑学生对教育组织管理的意见和想法，设立学生委员会（在职业教育组织和高等教育组织中为学生会）。目前，俄罗斯大中小学基本实现了学生自治组织建设全覆盖，并配套出台相关管理规定和章程，制定明确的换届选举制度。对此，莫斯科第 1155 学校学生自治组织辅导教师格林伯格（В. В. Гринберг）曾指出，学生自治能否实现和发展的重要前提，一是在于儿童集体及其成员社会化发展的成熟水平，二是取决于教育工作者对学生开展独立工作的支持与陪伴，三是在于学生自治组织是否有本组织独特的活动及兴趣，四是取决于学生自治组织是否遵循民主选举制度，并定期进行机构调整。① 以莫斯科国际学校为例，按照该校学生自治组织章程，学生委员会每年组织一次选举活动，第一轮从 8～11 年级学生中选举10 名委员组建委员会，第二轮从委员中选举 1 名主席、1 名秘书长以及若干部长。学生委员会严格要求成员的纪律性与先进性，凡是不遵守学校规章制度和行为规范的学生不得参与竞选，当选后凡是经常缺席组织会议或不履行共同投票义务的也将实行清退机制。② 学生委员会定期组织召开全体会议，制订下一阶段的工作计划，提出活动组织与实施的新设想，同时听取相关工作报告。通常来看，各校学生自治组织不仅建设有规范的管理办法和选举制度，还致力于打造代表性的品牌活动。如莫斯科国际学校学生委员会于 2021—2022 年度规划了四个活动模块，分别是以"我是祖国公民"为主题的公民爱国主义教育，以"我们支持健康生活方式"为主题健康教育，旨在培养关爱他人的人道主义精神的"援助之手"主题活动，以及培养正确价值取向的"我是家乡小主人"活动，并根据上述主题按照月份制订详细的工作计划，协助学校积极营造良好的价值观教育氛围，促进学生形成积极向上的公民立场，有效掌握社会生存法则，同时促进学生集体实现和谐稳定发展。

　　为提高学生自治组织与学校互动的实效性，学生自治组织代表可参加学校

---

① Гринберг В. В. ПАМЯТКА " Ученическое самоуправление. Это как? Это что?" ［EB/OL］. Школа № 1155, 2021-11-24.

② ПОЛОЖЕНИЕ СОВЕТА СТАРШЕКЛАССНИКОВ ГБОУ ММГ ［EB/OL］. Московская международная школа, 2020-05-14.

定期组织召开的行政会议，学校行政代表也可以参与学生自治组织的会议，在学校内部搭建起有效的沟通路径。综上，基于自治与合作的原则，各类学生自治组织与学校加强互动、积极配合，共同参与学校建设、教育教学与人才培养。一方面，学生自治组织全力配合学校开展各项工作，促进提高学生思想觉悟，提升学生增进知识和能力的自觉意识，一方面激发学生的爱国主义精神，并通过开展历史教育和优秀传统文化教育，培养学生对城市和学校的归属感；另一方面，学生自治组织自觉配合学校行政部门制订和执行促进教学质量提升的各类方案，协助学校相关部门解决学生餐饮、卫生、文化、体育等各类问题。对学校而言，"学生自治不仅有利于提高学校德育工作成效以及国家青年政策的实施效果，同时也有利于培养具有管理能力和沟通能力的全面发展的人才"①。

三、家长委员会

家庭教育在俄罗斯有着悠久的传统。苏联教育学家苏霍姆林斯基（B. A. Сухомлинский）曾指出，"只有学校没有家庭，或只有家庭而没有学校，都不能单独地承担起塑造人的细致复杂的任务"②。家庭与学校是密切的教育同行者，双方合力是确保真正实现育人任务的必要条件。俄罗斯对家庭教育的重视，一方面体现在重视学生家长的教育主体作用。《俄罗斯联邦教育法》从法律层面明确提出家长所具有的教育优先权，"学生家长有先于他人对儿童进行教育教导的权利，有义务为儿童的身心和智力发展奠定基础"③。家庭是儿童生活和成长的第一环境，也是青少年价值观形成的重要场域。作为第一任教师，家长在青少年价值观教育过程中承担的重要责任受到广泛关注。2016 年 5 月，俄罗斯人民友谊大学邀请国内教育领域 20 余位知名专家以爱国主义为议题召开了圆桌会议，集中围绕"爱国主义、极端爱国主义、伪爱国主义""当代青年及其道德冲突"等问题展开深入探讨。伏尔加格勒国立大学教授、爱国主义教育研究中心主任阿·尼·维尔什科夫（A. H. Вырщиков）在会上强调，"放眼未来，我们需要建立起我们所需要的价值体系，既然我们已经知道未来需要的是什么，那么就应当在当下的社会行动中将这些价值充分彰显出来。未来社会取决于青年一代，毋庸置疑，在他们价值取向形成的过程中，需要家长的参与。父母应当

---

① Юрьевич Х. А. Студенческое самоуправление в контексте социального партнёрства ［J］. Высшее образование в России，2010（6）：128—136.

② 瓦·亚·苏霍姆林斯基选集［M］. 北京：教育科学出版社，2001.

③ Об образовании［EB/OL］. ГАРАНТ，1992—07—10.

关心自己的孩子与谁来往，注重塑造他们的价值观"①。

俄罗斯对家庭教育的重视，另一方面体现在强调家庭与学校的积极互动式合作。在传统的苏联家校合作模式中，家庭通常扮演"消极助手"的角色，其主要任务仅是监督孩子的成绩和不良行为。② 随着教育环境的改变，家庭角色开始转型。现行《俄罗斯联邦教育法》对家长在教育领域享有的权利、责任和义务做出明确规定，如了解教育机构的章程；了解教育内容、教学方法、教育技术和学生成绩评定；按照教育机构章程规定的形式参与组织管理等。同时也指出，为了及时了解学生、未成年学生家长（法定监护人）和教育工作者对教育组织管理的意见和想法，教育组织应设立未成年学生家长（法定监护人）委员会（简称"家长委员会"）。家长参与学校活动的机会和范围得到不断扩大，角色也已经逐渐从消极配合式转向积极互动式。客观来看，俄罗斯家校合作模式不断走向成熟，这也是教育现代化发展的内在要求。正如有学者指出，"只有在教育工作者和父母的相互协作中，才可成功解决学生发展的系列问题"③。换言之，教育并非教师一人的责任，教育离不开学生家长的配合。为了实现家庭与学校的积极互动，俄罗斯学校在协同育人过程中自觉发挥教育优势，向家长提供技术支持，通过讲座、经验交流等方式帮助学生家长提高认识，使其有意识地了解学校组织的教育教学工作，主动参与学校组织的各项活动，同时也可及时修正家庭教育的不足。

按照《俄罗斯联邦教育法》的倡议，教育组织要积极加强家长委员会建设，使其发展成为家长了解学校和参与协力育人的重要渠道。目前，俄罗斯家长委员会主要由"地区—学校"两级构成，地区层面主要指的是市级家长委员会，学校层面包括学校家长委员会和班级家长委员会。其中，市级家长委员会设置在各地区，作为协调沟通各校家长委员会的桥梁，主要承担引导与监督家长参与学校管理的责任，以及地区活动组织等工作。以圣彼得堡市家长委员会为例，为提升家校共建的有效性，该委员会组织实施了"积极家长学校"（Школа активного родителя）综合项目。在这一项目的框架下，圣彼得堡市家长委员会

---

① Пузанова Ж. В., Ларина Т. И. Патриотическое воспитание молодёжи в России：проблемы, мнения, экспертные оценки［J］. Вестник РУДН. серия：политология, 2017（1）：25-37.

② Юрьевич Б. К., Дмитриевна М. М. Участие родителей в образовании своих детей и в образовательной политике школы［J］. Перспективы науки и образования, 2020（5）：222-245.

③ Джуманиязовна А. М. Методика воспитательной работы［J］. European science, 2021（1）：48-50.

定期开展线上线下的座谈会、圆桌对话等活动，围绕"青少年校园生活的存在问题及危害""课外活动的设施与实施""家庭教育的使命""扩大教育管理的社会参与"等主题深入交流，提升家长的教育关注度和参与度，引导他们自觉参与促进学生身心健康和道德发展的教育环节。另一方面，地区家长委员会在维护社会秩序与防止青少年参加非法集会等方面也发挥了重要作用。2021 年 1 月 23 日，在俄罗斯莫斯科、圣彼得堡、叶卡捷琳堡等多地爆发了游行抗议的非法集会，参与者要求俄政府释放反对派人士纳瓦尔内。集会人群中不仅有高校学生，甚至还有 300 多名未成年的中小学生，并且计划于 31 日再次组织集会。圣彼得堡市家长委员会得到线索后，第一时间在网站上发出倡议，要求家长务必积极引导孩子，阻止未成年人参与反社会的非法集会，同时按照"自愿报名—班主任统计—学校集中上报"的原则和流程招募家长志愿者，负责维护集会当天的社会治安。

在学校层面，由于家长委员会主要针对的是未成年学生的家长或者法定监护人，所以俄罗斯基础教育阶段基本实现了家长委员会在班级和学校的全覆盖。以鲍曼技术大学第 1580 附属中学为例，该校设置有两级家长委员会——学校家长委员会和班级家长委员会。按照该校《家长委员会条例》规定，各班家长委员会由 5~7 人组成，按照自愿原则每年选举一次。校家长委员会成员由各班家长委员会代表组成，主席职位在每年召开的第一次委员会会议上选举产生。家长委员会主要承担六方面的任务：在学校管理进程中作为家长利益的代表；协助学校行政部门、管理部门和自治机构开展工作；结合学生兴趣，为提高教育质量建言献策；联合家长为解决社会任务贡献力量，并吸引更多的家长参与到家长自组织活动之中；围绕家长权利与义务，以及家长在儿童家庭教育中作用发挥等问题组织政策解读等活动；协助学校开展相关工作，如执行学校章程、内部行为规范，以及教育活动的其他要求①。条例突出强调了家长委员会活动组织的目标导向——宣传健康生活方式、培养爱国主义精神、塑造热爱劳动和尊敬长辈的优秀品质。这些规定也为家长委员会开展相关工作提供了重要的实践依据。整体来看，俄罗斯在基础教育阶段已基本搭建"家长全面参与孩子教育过程的模式，在此模式中家长能够与学校积极互动，参加学校组织的集体活动"②。家长委员会在发挥桥梁作用的同时，在助力良好班级文化氛围创建和促

① О Совете родителей обучающихся ГОУ лицея №1580（при МГТУ им. Н. Э. Баумана）[EB/OL]. Бауманская инженерная школа № 1580, 2021-10-24.

② Юрьевич Б. К., Дмитриевна М. М. Участие родителей в образовании своих детей и в образовательной политике школы [J]. Перспективы науки и образования, 2020（5）: 222-245.

进青少年健康成长等方面也发挥巨大作用。

在高等教育阶段，目前也有一部分高校按照《俄罗斯联邦教育法》要求设立了未成年学生家长委员会，如莫斯科市经济人文大学（Московский гуманитарно-экономический университет，МГЭУ）。该校家长委员会每届任期一年，成员主要由来自学校不同院系的家长代表构成。最新一届家长委员会共计 6 人，其中主席 1 人，秘书长 1 人，委员 4 人。按照学校要求，成立家长委员会的主要目的是协同促进学生德育和教学工作的实施。为进一步明确责任义务，该校校长柳·阿·杰米多娃（Л. А. Демидова）于 2020 年 9 月审批通过了"2020—2021 学年学校家长委员会委员工作计划"。按照计划，家长委员会需在学年内开展 11 项具体工作，具体包括帮助家长熟悉学校章程和相关法律规范；了解学校应对新型冠状病毒传染的工作预案；针对新生入学适应问题组织座谈交流；参与组织以抵制吸烟、酗酒等不良现象为主题的活动；与来访家长开展一对一个性交谈；了解学校教学工作和大学生德育工作；参加学校德育协调委员会的相关工作等。①

通过家长委员会这一组织形式，家长能够实质性地参与到校园文化建设和学校管理监督等环节，形成相对稳定的家校合力，从而有效服务学校发展与人才培养。为了共享家长委员会在家校合力育人方面的有益经验，2020 年 10 月，俄罗斯学生运动和教育发展基金会联合举办了 2020 年全俄最佳家长委员会竞赛。来自俄罗斯 68 个联邦主体地区的 382 个家长委员会参与了本次评比活动。参赛的家长委员会重点分享如何参与学校教育管理，如何助力校园生活更富趣味性，助力班级氛围更加团结友爱。俄罗斯学生运动的执行主任普列谢娃（И. В. Плещева）指出，"21 世纪的家长委员会，不是意味着班级需要经费的时候提供经费，而是创造和培养，是家长与教师之间的合作，这些对今天的我们最为重要。他们不想将教育孩子的责任推给学校和国家，相反，提供了有益的助力，在学校创设了一种团结友爱的氛围，使其成为孩子、家长和老师的向往之地"②。

第三节　俄罗斯校园文化中价值观教育的现实路径

校园文化与生俱来的生动、鲜活的自然底色，决定了依托校园文化实施价

---

① Совет родителей несовершеннолетних обучающихся АНО ВО МГЭУ［EB/OL］. МГЭУ，2021-09-01.

② В России выбрали лучший родительский комитет［EB/OL］. Российская газета，2020-10-20.

值观教育的现实特征，其必然也是丰富多样且极富时代感的。总的来看，当前俄罗斯校园文化建设注重传承学校精神、创设校园环境、营造有序校园生活、组织丰富文体活动，进而不断实现价值引领、价值渗透、价值约束并促进价值体验。

一、倡导学校精神传承的价值观引领

学校精神是校园精神文化建设的核心，也是依托校园文化实施价值观教育的重要载体。学校精神，是学校群体在很长一段时间的教育教学和管理实践过程中所积淀起来和形成的，在共享的情感、认知以及意志中体现出来的集体氛围、行为准则和价值观念。① 学校精神首先具有重要的价值导向与价值约束功能。学生时代是青少年形成正确价值观的重要时段，这一时期的青少年思想异常活跃，在道德选择和道德判断上还存在不稳定性甚至盲从和偏激，需要外界有意识地向其传递正确的价值观。伴随着学校精神的形成，学校应在学校系统内部建立起属于该系统的一整套价值体系和行为规范，且在价值取向上与国家主流价值观保持高度的一致性。在学校精神的日常感染与长期浸润下，学生能够持续获得精神滋养，形成正确的价值观念，同时提高自身辨别是非的能力，矫正错误思想和不良行为，不断在个体成长中有效对接国家和社会的期待。其次，学校精神具有价值凝聚与价值激励功能。学校精神中蕴含的价值观能够将学生的个人理想信念、价值追求以及日常行为与学校和国家的发展有机统一起来，进而整合为昂扬向上的校园文化氛围和奋发进取的群体意识。在统一思想观念的长期熏陶和引领下，学生将形成强烈的使命感和稳定的内驱力，进而激励自我明确目标、不断前进；同时也会在师生中促发爱校荣校和爱国强国的精神力量，进而形成巨大的凝聚力和向心力，以及投身社会建设的使命担当意识。

一直以来，重视挖掘学校精神的价值引领作用是俄罗斯学校价值观教育的重要路径。由于学校精神是抽象的，是对观念形态校园文化的一种抽象概括，因而学校在以其作为价值观教育资源并发挥价值引领作用的过程中，主要依托校训、校歌、校徽、学校传统、办学理念、育人目标等有形载体，通过教育宣传、价值渗透等方式引领和激励学校师生。

一是依托象征符号传递学校精神的价值意蕴。在俄罗斯校园文化建设中，作为集文字、图形和寓意为一体的学校精神的显性载体，校徽是必不可少的文化元素，集中传递着一所学校的历史文化和办学理念。身处俄罗斯校园，从教

---

① 陈瑞生，陈玉琨. 论学校精神的凝炼：兼对部分学校个案的述评 [J]. 教育发展研究，2010（12）：61-65.

学楼到文化用品，从文体活动现场到证书奖状、新闻海报，校徽作为代表学校形象的重要标志，全方位融入了学生的学习和生活，潜移默化地强化了学生的身份认同，同时也提醒学生时刻要以学校精神为价值导向，以学校要求为行动标尺，不断检视自身思想和行为。以俄罗斯人民友谊大学为例，该校是以研究国际关系和世界文化为主的知名学府，也是目前俄罗斯高等教育中在留学生培养方面积累丰富经验和颇具培养规模的代表性高校。该学校校徽的主图案是一个蓝色的地球仪，象征学校教育教学和人才培养的国际化理念。地球仪外侧环绕着大写拉丁字母 U，既代表了大学（university），同时也代表着学校独一无二的地位（unique），以及学校倡导不同文化之间交流融合（uniting）的发展理念。校徽蕴含的寓意与学校国际化的发展定位，以及留学生培养的办学经验具有极高的契合度，并借助参与学生日常学习和生活的常驻元素身份，将这些价值内涵直观、直接地传递给每一名学生。再以俄罗斯著名学府——莫斯科大学为例，该校创办于 1755 年 1 月 25 日，遵循"科学是对真理的清楚认识和心灵的启示"校训对科学的崇尚，数百年来，培养出大批诺贝尔奖获得者，其中包括基础理论奠基人、教育学家、文学巨匠、政坛人物等。作为百年名校，莫斯科大学以学校精神为价值引领，营造了追求真理、崇尚科学的浓郁校园文化氛围，并通过彰显学校精神文化符号的多元化演绎，为师生提供优质精神土壤。莫斯科大学的全称是莫斯科国立罗蒙诺索夫大学，是以倡议创办该校的俄国科学家、语言学家、哲学家，被誉为俄国科学史上彼得大帝的罗蒙诺索夫名字命名的。作为启蒙家、智者、大先生，罗蒙诺索夫在俄罗斯象征着真理和知识，更是对莫斯科大学校训的生动诠释，成为象征莫斯科大学学校精神的特有符号。长期以来，该校师生以罗蒙诺索夫为典范，以其人格魅力、科学贡献为奋斗的方向和追求的目标。每年五月，莫斯科大学物理系都会隆重举办"物理日"庆祝活动，节日当天，物理系的学生会聚集在校园内的罗蒙诺索夫雕像广场，为雕塑穿上印有莫斯科大学校徽、物理系标识或罗蒙诺索夫头像的文化衫，与大先生跨越时空共同欢度重要的节日，在感悟物理科学学术价值中不断砥砺前行。莫斯科大学还会在每年春季举办以"罗蒙诺索夫"命名的国际青年论坛，吸引全世界的青年学者围绕科技、教育、文化、政治等领域的研究成果交流思想，在学术争鸣中激发青年学者的科学探索意识和求真务实精神。

二是依托纪念节日感悟学校精神的价值真谛。1 月 25 日是莫斯科大学的建校日——塔基亚娜日，自 2006 年起，按照总统普京的要求，将这一天定为全体俄罗斯大学的节日——大学生节，俄罗斯各高校在这一天都会举办非常隆重的庆祝活动。同样以莫斯科大学为例，该校的校庆活动通常持续多日。1 月 25 日的庆典活动一般在学校的塔基亚娜教堂举行，由校长发表主题演讲，与学校师生共同回顾学校的建校历史，重温学校师生在推动科学发展与文明交流等领域取得的非凡成就，并对年度优秀教师和大学生进行表彰。出席庆典活动的不仅包括莫斯科大学的师生，俄罗斯知名学者、政客、社会活动家、其他高校代表、优秀校友，以及驻俄使馆的工作人员也会应邀出席。1 月 26 日是校庆的文艺活动日，通常在象征学校知识中心的图书馆举办。按照传统，校长在这一天会为学生提供具有民族特色的蜂蜜饮料和蜂蜜蛋糕，共同欣赏学校文艺团体的大型演出。在 2018 年的庆祝活动中，莫斯科大学校长萨多夫尼奇院士与在场师生分享了自己步入大学殿堂之初对科学的向往与痴迷，并对学生们提出殷切嘱托，"时代会变，一所大学和大学的学生不会变，并且必须珍视他们的传统。这对我们是神圣的、荣耀的"；"对于你们，团结是最为重要的，就是每个人都为自己的大学着想，都有保卫母校的自觉意识，这也是每一位大学生和教师应当遵守的原则"。① 近年来，俄罗斯各高校也会结合大学生节组织开展系列教育实践活动，如青年学生论坛、艺术节、表彰活动等，在强化大学生身份认同的重要节日，通过回顾学校传统、感悟大学精神，激励他们更加热爱自己的母校，明确学习奋斗的目标，清楚人生与生命的价值。

学校精神既是一所学校的外在标签，鲜明地刻画出这所学校在长期办学中形成的价值追求和发展理念，作为重要的价值遵循，为学校建设与人才培养指明方向；学校精神同时也是全体师生共同的精神家园，集中表现为师生基于普遍共识基础上的共有情感、意志、价值观念以及行为准则，在潜移默化中充实学校师生的精神世界，并指导其现实生活。有意识地传递学校精神，不断凝练和发展具有时代特征的学校精神，既是学校发展的内在需要，也是凝聚价值共识、实现价值引领的现实需要。俄罗斯高校在依托校园文化实施价值观教育的过程中，以学校精神为价值指引，通过不同方式将其融入学生的校园生活，积极引导学生树立正确的价值观念，进而培养其成长为符合学校和国家人才培养角色期待的新一代大学生。

二、侧重校园环境建设的价值观浸润

优美、高雅的校园环境承载着一所学校的人文传统与精神文化，是学校文化传承与发展的必备条件，也是展现学校精神风貌、彰显学校综合实力与竞争力的重要指标。从世界范围来看，各国学校都将校园环境视为学校建设的重要内容。一般来说，校园环境是校园物态环境与自然环境的和谐统一。所谓物态环境，指的是"校园物体在校园空间上的分布和共同存在的空间物态形式与物

---

① 《Татьянин день — 2018》в МГУ［EB/OL］. РАДИО《Моховая，9》，2018-01-26.

质载体，是人们活动的物化"①，如图书馆、宿舍、食堂、教学场地及设施、文体活动设施等，这一类物质资源通常蕴含着特定的价值观念、审美理想以及社会意义；所谓自然环境，主要指的是分布在校园空间的自然景观，以及基于学校历史沿革与人文资源而设计建立的人文景观。实践表明，优质的校园环境能够在潜移默化中带给学生情感体验，进而感染情绪、陶冶情操、启迪心智。正如马克思和恩格斯指出的，"人创造环境，同样，环境也创造人"②。

一直以来，打造优质的校园环境是俄罗斯学校实施价值观教育的"软实力"路径。相对课堂教学而言，校园环境的育人方式是隐蔽的、隐性的，但从教育效果来看，往往"教育者的教育意图越隐蔽，就越能为教育对象所接受，就越能转化成教育对象自己的内心要求"③。俄罗斯在打造校园环境、实施价值观教育的过程中主要侧重三类建设主题。第一，侧重将国家标志融入校园环境，强化学生的政治认同和国家主权观念。国旗国歌国徽是一个国家重要的政治符号，是国家主权的象征与标志。当我们置身在俄罗斯学校，常可见悬挂在图书馆、教学楼、活动厅等校园建筑之上的国旗，学校的文化用品商店会设置一个专门出售印有国家标志图案的文创用品区域，国家标志已然成为俄罗斯校园必不可少的一个政治文化元素。大部分学校还会打造宣传国家标志的教育场地。在俄罗斯卡卢加州的奥斯特洛任斯卡亚中学（Остроженская средняя общеобразовательная школа），专门设计建造了陈列国家标志的"爱国角"（патриотический уголок）④，该区域不仅悬挂和摆放着国旗和国徽的实物，主题墙上还张贴着"我的祖国——俄罗斯"系列宣传海报，书架区域摆放介绍国家标志的各类图书和期刊，依托文字、图片、实物等多元化的表现方式，向学生全方位地介绍了国家的起源发展、国家标志的发展史以及俄罗斯现任领导人的政治贡献，激发学生的爱国主义精神，提升其国家主权意识，以及捍卫祖国荣誉的坚定决心。虽然"爱国角"在建设上是静态的，但其教育方式并不是静态的。奥斯特洛任斯卡亚中学一方面通过在"爱国角"中陈列展示直观教育资源，实现其主流价值观的传递与渗透作用，另一方面围绕这一主题，持续开展分主题、分年级的教育实践

① 冯刚，柯文进. 高校校园文化研究［M］. 北京：中国书籍出版社，2011：100.

② 中共中央马克思恩格斯列宁斯大林著作编译局. 马克思恩格斯选集［M］. 北京：人民出版社，2008：92.

③ 苏霍姆林斯基. 给老师的一百个建议［M］. 杜殿坤，译. 北京：教育科学出版社，1984.

④ Государственная символика в школеМероприятия по популяризации государственной символики РФ в МКОУ «Остроженская СОШ»［EB/OL］. ШКОЛЬНЫЙ САЙТ，2021-12-01.

活动，如举办国家标志知识竞赛，组织绘制国家标志诞生史的主题墙活动，举办以国家荣誉为主题的辩论赛等，教师还会针对学生对待国家标志的基本态度以及学生自我公民身份的认同性等问题开展调查研究，以此了解教育效果，促进提升工作成效。2013年12月，俄罗斯总统普京签署了关于使用国歌和国旗的法律文件，该法律对《俄罗斯联邦国旗法》进行了修订，规定国旗应在所有教育机构建筑物上永久悬挂或在其所在区域内进行永久安置；在教育机构举行大型体育和健身等活动期间要升国旗；所有教育机构和职业教育机构（无论所有权归属）均应在新学年开学当天第一节课前以及国家和市政节日盛大活动期间演奏国歌；在纪念碑和纪念标志的揭幕仪式上以及国家和市政节日的盛大会议开闭幕式期间必须演奏国歌等。① 总的来看，俄罗斯政府高度重视国家标志的价值观教育作用，在明确的政策导向下，俄罗斯学校未来也必将加强以国家标志为主题的校园建设，并不断探索更富创造性、时代性的教育方式。

第二，侧重将英雄事迹融入校园环境，提升学生的爱国强国意识。俄罗斯向来注重军事爱国主义教育，尤其重视英雄人物对当代青少年的教育作用，并有意识地将这类元素融入学校的校园环境建设。在俄罗斯学校校园里修筑有各式各样表现战争主题和歌颂英雄人物的名人雕塑以及重要历史事件纪念碑，作为国家历史印记的缩影，这些静态景观无时无刻不在向师生讲述着祖国的故事，使人们在与民族英雄的时空对话中，感悟崇高的爱国主义精神和不惜自我牺牲的为国捐躯精神，激发强烈的爱国强国意识。莫斯科大学的校园里有一处非常著名的建筑，即位于学校一号文科教学楼旁的无名烈士纪念碑和长明火。这处建筑是为了纪念伟大的卫国战争胜利30周年于1975年5月6日落成的，纪念碑上镌刻着"献给1941—1945年伟大的卫国战争期间在保卫苏维埃祖国战斗中牺牲的莫斯科大学的学生和教员"，纪念碑的下面是一处常年喷涌着幽兰色火焰的长明火，旁边摆放着一捧捧鲜花和一个个花环，这些都是师生自发表达敬意捐献的。高耸的纪念碑和不灭的长明火，犹如鲜活的历史教材，时刻提醒学生要铭记历史，同时也不断感染和激励着他们要珍惜当下，为祖国奋斗。从落成之日起，每年在纪念伟大的卫国战争胜利日前夕，莫斯科大学师生都会在纪念碑前组织集会，缅怀先烈，汲取力量，而这一传统也已然成为校园生活的一部分。

第三，侧重将科学艺术融入校园环境，发展学生的理性思维和审美素养。俄罗斯不仅是科技大国，同时也是享誉世界的艺术国度，因而俄罗斯通常被认为是一个兼具理性与感性双重色彩的典型国家。俄罗斯学校延承这一独特的文

---

① 普京签署俄国旗法修订案教育机构需永久挂国旗［EB/OL］.中国新闻网，2013-12-23.

化基调，强化在校园环境建设中注入科学、技术、文学、绘画元素，为学生营造高雅致美、科学理性的校园环境，从感官接收到情操陶冶，提高学生的科学精神、道德修养以及审美能力。莫斯科大学有一条著名的"科学家林荫道"（Аллею учёных），道路两旁矗立着 12 座名人半身雕塑，分别是生物学家巴甫洛夫、植物学家米丘林、无线电发明家波波夫、土壤学奠基人多库恰耶夫、哲学家车尔尼雪夫斯基、非欧几何奠基人罗巴切夫斯基、莫斯科大学奠基人罗蒙诺索夫、哲学家赫尔岑、数学家切比雪夫、化学家门捷列夫、自然科学家季米里亚泽夫、航空之父茹科夫斯基，这些雕塑建于 1949—1953 年，是由八位苏联杰出雕塑家雕塑而成的。走进这条汇集顶尖科学家的林荫路，犹如置身神圣的科学殿堂，每一尊雕塑神形兼备，面部刻画栩栩如生，仿佛向人们传递着科学的独特魅力，并勉励青年学生要在科学研究中不懈奋斗。莫斯科大学主楼里有一个专门开展文化活动的小剧场，名为文化之家（Дома культуры），剧场外的罗马柱前矗立着普希金、果戈理、托尔斯泰、别林斯基、高尔基等八位享誉世界的俄国文坛巨匠雕塑，代表着俄罗斯和苏联文化的最高成就。这些文学家跨越了年代，以人物雕塑的存在形式，近距离走进青年学生的生活，引领学生重温俄罗斯民族文学发展的辉煌历程，并将他们带进高雅的文化空间。可以说，这些代表着理性与感性的科学元素和艺术元素在莫斯科大学校园交相辉映，在和谐共存中丰富着学生的精神世界，激发学生对祖国成就的自豪感，以及奋斗不息的实践品质，同时也有助于强化他们的科学探索精神，以及感受美、欣赏美、理解美、鉴赏美的审美能力。

三、营造有序校园生活的价值观约束

有序校园生活是学校发展的根本保障，其内在的价值标准和行为要求以公平公正的原则，约束着每一名学生和教师的价值取向和日常行为，同时也规定其行动"底线"，确保学校成员能够基于共同的价值追求，在获得自我发展的同时，促进学校共同目标的实现。一般来说，有序校园生活的营造需要师生自我意识的觉醒，但更离不开外力——学校制度建设的"他律"效应。如果说"自律"是基于主体理性而自觉形成的道德意识与行为实践，那么"他律"主要是源于外在的某种要求，"他律"能够促使个体获得道德力量，使其能够进一步判定事物和行为是非对错，进而在思想层面和实践行动层面起到约束作用。

学校各类制度章程是营造有序校园生活的重要"他律"形式，可有效规定和约束师生的思想品德和日常行为。俄罗斯学校一般都在学生条例中明令规定学生在学习、生活、参与活动等领域所享有的权利、义务和责任。以莫斯科第1530 中学为例，该校在学生教育管理方面：一是强调责任意识。要求学生遵守

校纪校规，尊重当地传统，自觉保护自然和历史文化古迹。二是倡导身心同步发展。要求学生关注自身健康，追求精神道德和身体健康的同步发展。三是提倡尊师重教。要求学生尊重他人的荣誉和尊严，爱惜学校公共财产，能够主动与学校教职工和来访者问好、让路，关心低年级学生。同时，该校也提出了学生行为底线，一旦发生校园饮酒、服用麻醉药品、赌博、吸烟、使用不文明语言、校园暴力等情况，学生将获得不同程度的处罚。各个学校的校园规章制度能够促进营造健康向上的校园文化氛围，同时在严格的行为约束和价值引领中促进学生形成正确的价值观。

在俄罗斯，进入大学就意味着正式步入独立生活阶段。俄罗斯高校一般会为学生提供宿舍，每间宿舍或者每层楼配套设置有厨房、会客厅等公共生活区域，大部分学生会自己动手做饭，特别是节日期间，宿舍聚会较为常见。宿舍楼中还配有文体活动室、洗衣房、超市、餐厅或者食堂等餐饮和娱乐休闲场所，基本等于一个小型社区，因而对大学生而言，这是独立生存与社会性培养的重要场域。俄罗斯向来重视青少年生命教育，在小学阶段就开设生命安全课程。为强化大学生的安全意识，培养他们珍视生命、敬畏生命的价值观念，俄罗斯各高校执行严格的宿舍管理制度，以此约束大学生宿舍行为。目前，大部分俄罗斯高校的宿舍安装摄像设备，楼内有宿管人员 24 小时工作的值班室，有任何问题或者突发事件均可联系工作人员。在宿舍楼的入口处有专门负责检查出入证件的保安，有些高校甚至在每层楼的走廊还配备一位保安，实行二次证件检查。入住本楼的学生需要凭借学生证和宿舍通行证进出，如果有外来人员需要来访，则要通过严格的审批制度。以莫斯科大学为例，邀请人必须提前一天在学校相关办公室递交申请，出示本人的学生证和宿舍通行证，同时上交本人护照以及受邀人的护照复印件，材料审核无误，学校会发放一张进出宿舍的临行通行证。如果是直系亲属，最多可以停留一周，如果是临时访客，则必须当天离开，不可留宿。一旦违反规定，将根据情节严重情况受到处分、搬迁、驱逐、开除学籍等处罚。总的来说，俄罗斯学校以学校章程和规章条例的规范化，确保了学生校园生活的有序化。

学校各类制度章程同时也对教师的教育教学工作提出要求。按照联邦教育法律要求，教师享有教学和科研工作的自主权。因而，为了保障高质量的教育教学过程，以及最大限度满足教师需求，各校也会制定相关条例以支持教师的职业化发展，保障教师的基本权益，如教师可自主决定课程内容，自主选择教学方法和途径，自由参与科学研究，免费享受学校信息、教育、服务资源等。莫斯科大学还制定了"连续十年在岗，一年带薪休假"的教师发展模式，全力为教师积淀式、持续性发展提供可能，助力教师自我提升。俄罗斯学校在强调教育科学工作者要做好本职工作、高质高效完成教育和科研任务的同时，也不断强化教师自身道德建设，要求教师履行育人职责，有意识地"发展学生的独立性、首创精神以及创造力""培养学生在所学专业形成较高的职业品质、公民立场，以及劳动能力"①，这些规定有助于教师进一步明确自身职业定位，强化育人自觉。

学校各类制度章程还有助于保障学校运行的秩序化。确保学校各部门、各类人员能够按照共同的价值追求协同配合，按照预定目标推动学校发展，按照既定标准助力人才培养。2021年6月7日，俄罗斯联邦政府颁布了《2030年前联邦国家教育预算高等教育机构"莫斯科国立罗蒙诺索夫大学"发展计划》，为莫斯科大学描绘了新十年的发展蓝图，同时也为学校各类工作的开展提供了根本遵循。该计划明确将"德育工作"列为一项重要的建设任务，强调要"基于爱国主义、历史传统、民族文化传统、俄罗斯民族精神道德价值观，培养和谐发展且有社会责任感的青年"②。为了实现这一目标，该计划对莫斯科大学提出了详细的任务清单，如校方有责任组织开展各类课外活动，以此营造和巩固大学文化，有责任促进青年精神道德和爱国主义教育体系发展，有责任发展学生志愿活动，为青年学生的自我实现创造条件等，这些规定作为学校发展的"他律"要求，能够把正航线，对校园秩序的有序运行，全体教职人员工作理念、工作思路以及具体任务的现实推进，起到重要的引领和约束作用。

四、组织校园文化活动的价值观体验

文化活动是校园文化建设的重要环节。俄罗斯各级各类学校以促进学生德智体美劳全面和谐发展的教育理念为出发点，积极开展主题多元、丰富多彩的校园文化活动，这些活动不仅是学校生活的个性化呈现，从中展示出学校、教师和学生的特色风采，更为学生提供了价值观体验式教育的实践路径，即在活动参与中不断树立正确的价值观念，培养良好的思想道德品质，构筑充盈富足的精神世界。目前，俄罗斯学校在组织校园文化活动的过程中总体呈现出三个特点。

一是注重爱国强国意识激发与军事爱国主义教育有机结合。俄罗斯军事爱国主义教育具有悠久的历史和优良的传统，也是当代俄罗斯学校实施价值观教育，传授军事知识、提高军事能力，培养学生成长为具有强烈爱国强国意识爱

---

① Устав МГУ имени М. В. Ломоносова ［EB/OL］. МГУ, 2021-10-24.

② Программа развития федерального государственного бюджетного образовательного учреждения высшего образования " Московский государственный университет имени М. В. Ломоносова" до 2030 года ［EB/OL］. Правительство России, 2021-06-07.

国者的重要落脚点。在实践方面，俄罗斯各级学校极为重视依托军事体育活动激发青少年的爱国强国意识。经过多年军事爱国主义教育活动的实践开展，俄罗斯国内已经形成了一系列贯穿"学校—地区—联邦"的三级军事体育赛事，这些赛事逐渐发展成为全国性质的教育实践活动品牌，在青少年价值观教育领域发挥着积极、持久的作用。"雏鹰"军事体育竞赛是由俄罗斯联邦教育部、俄罗斯联邦国防部、俄罗斯联邦内务部、俄罗斯联邦体育部、联邦青年事务署、俄罗斯青少年公民爱国主义教育中心、俄罗斯学生运动等多家单位联合组织开展的，在俄罗斯境内具有广泛的参与度和认可度。该赛事一般从每年9月的校级比赛开始，10月进入区/市级赛段，11月至12月进入第三赛段——区域比赛，一直持续到次年4月或5月的全俄决赛阶段，在时间上基本跨越一个完整的学年。按照规定，14～17岁的青少年均可自愿报名参加，从比赛内容来看，该项赛事设置有多个模块："祖国历史"模块，即通过测试形式，考察参赛者对国家战争史以及军事常识的掌握情况；"劳动与防御"模块，主要涉及赛跑、引体向上等项目的体能测试；"战斗中的力量之美"模块，重点检验参赛者的格斗技巧；"火线"模块，主要测试参赛者枪支组装与拆卸等实战能力；"急救"模块则是通过急救处理考察参赛者伤病救援的急救能力。"雏鹰"军事体育竞赛一类实践活动给予了学生充分体验爱国强国价值观念的教育情景，培养了青少年的爱国主义精神，激励他们形成建设强大祖国和保卫祖国的决心和信心，与此同时，大范围的军事体育活动有效提高了青少年的身体素质和军事能力，培养了他们自觉服兵役以及保家卫国的责任意识，符合俄罗斯军事强国战略对人才的培养要求。

二是注重志愿服务精神塑造与创造性劳动教育的有效融合。劳动教育是苏联时期共产主义道德教育的重要方式和内容，著名教育学家苏霍姆林斯基曾指出，劳动是道德之源。① 近年来，俄罗斯社会各界广泛支持开展劳动教育的呼声愈加强烈。《2025年前俄罗斯联邦德育发展战略》明确提出要发展劳动教育和社会公益活动，以此引导儿童尊重劳动、劳动者和劳动成果；培养儿童的自理能力，使其热爱劳动，能够认真、负责和创造性地对待各类劳动，其中也包括学习和承担家务；基于对自身行为的意义和后果的正确评价，培养儿童积极调动必要资源进行合作和独立开展工作的能力。② 部分中小学还制定了劳动教育专项条例，在获得家长与学生本人同意的情况下，组织学生参加各类自我服务

---

① 苏霍姆林斯基. 让少年一代健康成长［M］. 黄之瑞，等译. 北京：教育科学出版社，1984：9.

② Стратегии развития воспитания в Российской Федерации на период до 2025 года［EB/OL］. Правительство России，2015-5-29.

性劳动和社会公益劳动，通过劳动奉献与志愿服务的积极互动，助力提高青少年热爱劳动和服务社会的自觉意识。"俄罗斯学生先遣队"（Российские Студенческие Отряды）是当前俄罗斯高校劳动教育的重要阵地，其以"社会公益项目"形式组织青年学生利用课余时间参与社会不同领域的生产、服务和教育工作。按照项目主题，先遣队具体设置有：教学队（Студенческие педагогические отряды），该队主要从事儿童教育公益项目，一般利用寒暑假参与儿童营地活动的学习辅导和文化活动组织工作，同时也有一些教学队负责参与青少年在线课程教学工作，为儿童智力发展提供支撑；建筑队（Студенческие строительные отряды），主要参与学校和所在地区的建筑修缮、体育赛场设施维护等工作；服务队（Сервисные отряды），主要参与体育赛事以及各类论坛的志愿服务工作。学生在参与公益主题的劳动实践活动中，以亲身体验的形式掌握劳动知识与技能，形成正确的劳动观念和态度，不断增强服务社会的责任感和使命感。

三是注重崇高审美理想涵养与弘扬民族传统文化有据统合。俄罗斯是拥有深厚文化底蕴和宝贵文化资源的文化大国。作为俄罗斯民族传统文化的重要组成部分，大量传世经典的文学艺术、戏剧绘画作品集中反映了人与现实的审美关系，同时也向后人传递着深厚的民族智慧，为塑造青少年崇高审美理想以及促进发展青少年的审美情怀、审美意识和审美行为提供重要的思想依据。积极传承和创造性体验传统文化成为俄罗斯青少年审美理想塑造的重要路径。所谓审美理想，通常指的是人对物质、精神、智力，道德和艺术世界等领域关于美的现象的完美想法，是自然、社会、人、劳动和艺术中关于美的完美观念。① 审美理想代表了人对于美的追求与期待，是人观念中构建的美的理想形态。于个体而言，崇高的审美理想能够指导和激励个体，遵循美的规律塑造生活，能够遵循一定的伦理道德规则，促进自我有道德的发展。从一定意义上看，审美理想也是个体人格和谐发展的必要条件。正如别林斯基所言，"审美力是人的尊严的一个条件：具备了这个条件，才能有智慧，有了它，学者才能达到世界思想体系的高度，从共同性上认识自然和现象；有了它，公民才能为祖国牺牲自己个人的愿望和利益；有了它，人才能把生活看作伟业盛世，而不感到创业的艰辛困苦……美感是善心之本，是道德之本"②。

一直以来，传统文化融入俄罗斯校园文化建设的形式是创新而多元的，虽然俄罗斯中小学开设音乐和造型艺术类艺术课程，但依托教材单向传递课本知

---

① Хайдарова М. Д. Единство трудового и эстетического воспитания школьников［J］. Вестник науки и образования，2020（23）：63-65.

② 巴拉诺夫，等. 教育学［M］. 北京：人民教育出版社，1979：39.

识并不是传统文化教育的终极目标，学生正确回答出文学作品的主旨思想或作品与作者的对应关系也非检验教育成效的唯一标准。营造浓郁的校园文化氛围，促进学生掌握欣赏美、理解美、鉴别美、展现美的能力，在提升自身艺术人文素养中不断树立求真、求善、求美的审美理想更为重要。实践表明，俄罗斯学校校园文化主题博物馆以及学校社团在此方面发挥了重要作用。上述机构或组织通过开展体验式、沉浸式文化活动让文学和艺术走进学生生活，丰富学生的精神世界，塑造美好品格和崇高审美理想。莫斯科第 1530 中学的"俄罗斯剧院"创意工作室已经创办了三十余年，目前该校文学教师，也是工作室奠基人的米·谢·哈尤特（M. C. Хают）以及物理教师伊·亚·马特维耶娃（E. A. Матвеева）两位教师分别作为艺术指导和总导演，负责工作室的日常管理以及剧目选编和排练等工作。自 2006 年以来，该工作室每年编排一部经典剧目，参与演出的演员不仅包括学生，还有学校的教职工。在作品的选择上，该工作室聚焦国内经典，精选契科夫、果戈理、奥斯特洛夫斯基等俄罗斯国内文坛巨匠的文学作品作为剧本，通过师生对经典作品的个性化演绎，重现经典、品味经典、启迪心智。作为校园文化品牌，"俄罗斯剧院"创意工作室及其活动在学校校园文化生活中发挥了重要的作用，通过传递经典作品蕴含的深刻思想，或是突出对社会现实的认识和解读，或是凸显人性光辉，或是反映俄罗斯宝贵的民族精神，以传统文化涵养崇高审美理想，提高审美旨趣，形成正确的价值观念。

第五章

当代俄罗斯校外价值观教育

"人的本质不是单个人所固有的抽象物，在其现实性上，它是一切社会关系的总和。"① 作为一项极其重要且复杂的系统性工程，价值观教育归根到底是人的教育，是一项以培养人为价值指向的教育实践活动，因此价值观教育理应存在于宏大的社会场域，理应体现在社会关系主体的交互实践活动之中。从俄罗斯价值观教育实践来看，强力有效的政府谋划与战略推进并不意味着全部教育责任只归于俄罗斯政府，价值观教育课程体系与校园文化的建设发展也不意味着只有学校承担着价值观教育的时代任务。正如实践所示，俄罗斯政府始终强调价值观教育的"全民责任"自觉意识，"俄罗斯全体公民、各个家庭和家长，以及联邦和地区层面的国家行政机构、地方自治机关、各类教育团体及科学、文化、商业等社会机构，都应成为教育政策的积极主体"②。经过二十余年的建设与发展，俄罗斯价值观教育的社会主体范围不断扩大，校内外主体协同机制逐渐确立，在全社会范围内形成了价值观培育的浓厚氛围和良好环境。

第一节　当代俄罗斯校外价值观教育的核心力量

当代俄罗斯价值观教育的社会主体力量日益多样、多元、多维，儿童补充教育机构、青年组织、文化场馆、大众传媒与政府、学校结成协同联动的教育伙伴关系，在青少年价值观教育进程中发挥了巨大作用。

一、儿童补充教育机构

儿童补充教育是俄罗斯国民教育体系中的一大特色，其前身是苏联时期的校外教育。早在苏维埃政权建立初期，苏维埃临时政府就做出了发展儿童校外

---

① 中共中央马克思恩格斯列宁斯大林著作编译局．马克思恩格斯选集：第1卷 [M]．北京：人民出版社，2012：135.

② Концепция модернизации российского образования на период до 2010 года [EB/OL]. ГАРАНТ, 2002-02-11.

教育的战略决策。1917 年 11 月，苏维埃教育人民委员会增设校外教育管理处，用于专门部署、推进和管理儿童校外教育。在苏维埃政府的积极推进下，苏联很快形成了以少年宫为核心的校外教育网络，而后陆续创建了各类儿童校外教育机构，如俱乐部、儿童剧院、少年科技站、先锋营，以及业余体育艺术学校等，上述机构主要利用青少年的课余时间开展各项活动，以此满足青少年个性化发展的现实需要，促进青少年全面发展。从功能来看，苏联时期儿童校外教育机构不仅注重青少年的兴趣养成、能力培养和课外知识传递，也是苏联时期开展共产主义道德教育的重要力量，承担着思想引领与意识形态建设的关键任务。

苏联解体后，张贴有共产主义意识形态标签的儿童校外教育正式更名为儿童补充教育。相应地，保留下来的儿童校外教育机构，以及后续成立的旨在提供校外教育服务的机构，统称为儿童补充教育机构，致力于为 5~18 岁青少年个性发展、健康改善、职业自决和创造性工作创造条件，提高青少年个体的认知水平，促进其发展创造力。需要注意的是，儿童补充教育机构中的"补充"二字虽然在字面上可理解为学校教育的补充，但二者并非附属关系。儿童补充教育机构自始至终都是独立于学校教育之外的教育形式，且有着自身独立的教育体系和教育大纲。从教育对象来看，儿童补充教育机构不单面向少年儿童提供教育服务，还为俄罗斯全体 5~18 岁青少年提供教育支持。2022 年 3 月 31 日，俄罗斯联邦政府颁布了《2030 年前儿童补充教育发展构想》，明确将 5~18 岁俄罗斯青少年接受儿童补充教育的人员占比作为一项重要的考核指标，按照计划，到 2030 年该比例将由 2022 年的 76% 提高至 82%。①

俄罗斯儿童补充教育机构的命名形式较为多元，多采用中心（центр）、宫（дворец）、之家（дом）、学校（школа）等名称形式。从教育职能来看，儿童补充教育机构多样化的教育服务满足了青少年个性化发展的现实需要，不仅为青少年提供了知识维度或特长维度的教育支持，同时也发挥了重要的育人职能，如关注青少年创新意识的培养，积极塑造符合国家和社会发展需要的创新型人才；注重推动青少年社会化发展，促进青少年尽快适应社会、融入社会，帮助其实现自我价值；侧重培养具有高尚道德品质和高度社会责任感、人格和谐发展的个体。《2030 年前儿童补充教育发展构想》指出，要基于俄罗斯国家社会文化价值和精神道德价值观，组织开展育人活动，不仅要为天才儿童的自我实现与发展创造条件，同时也要培养道德高尚、和谐发展，以及具有社会责任感

---

① Концепция развития дополнительного образования детей до 2030 года ［EB/OL］. Правительство России，2022-03-31.

的个体，帮助青少年形成广泛的公民身份认同，培养爱国主义精神和公民责任感。①

俄罗斯儿童补充教育机构在实践层面侧重开展多样化的主题式教育项目。项目涵盖六大类别。一是人文社会类项目。这类活动主要注重引导青少年关注全球化发展、区域发展和地方发展等问题，并为青少年积极参与相关问题的社会实践创造条件，同时侧重通过搭建现实环境和虚拟环境开展创业活动，以此培养青少年形成民族交往交流的基本素质，发展其领袖品格，提高青少年在经济、法治和大众传媒等各领域的知识水平，促进形成有助于个体情感、智力和身心发展所必备的能力。二是地方志旅游类项目。俄罗斯政府向来重视发挥文化资源的育人功能，提倡在每一个俄罗斯联邦主体地区设计参观考察路线，帮助儿童了解所在地区的历史、文化、传统、自然，以及为俄联邦地区发展贡献力量。这类项目通常以家乡故土和祖国俄罗斯为研究对象，组织探险、参观游览、项目研究等活动，充分调动青少年生物、地理、地缘经济、文化学、文学、城市规划、生态等学科的跨学科知识，培养其形成安全生存的知识、能力和技能，为个体的社会化发展创造条件。三是体育文化类项目。通过开发和组织团队活动、个人项目以及游戏类活动，引导青少年包括身体健康受限儿童和残疾儿童，积极参与形式多样的运动项目，组织实施体育活动、心理教育、智力教育、健康教育以及爱国主义教育。四是自然科学类项目。引导青少年关注周围世界，使其积极参与各类观察、建模和设计类科学活动，促进青少年各领域知识的一体化发展，培养跨学科思维，帮助其掌握在自然环境和城市环境下安全生存的技能。五是技术类项目。引导青少年依据自然规律构筑技术对象和虚拟对象，掌握材料制作、电子技术、系统工程、3D 技术、数字化、数据处理的基本技能，掌握程序设计、自动化和机器人技术语言，培养青少年科学技术领域的现代知识、能力和技能，促进形成技术素养和工程思维。六是艺术类项目。通过吸引青少年走进艺术、民间艺术和手工艺，参与各类形式和题材的艺术活动和艺术创作，帮助青少年获得艺术领域的知识、能力和技能，积累从事创作活动的基本经验，促进发展青少年的创造力，以及保护传统艺术和俄罗斯联邦民族文化遗产的自觉意识。

近年来，俄罗斯政府在推动儿童补充教育机构建设和发展方面，注重从现代化基础设施建设和促进区域均衡发展两个维度着手。现代化基础设施建设是

---

① Концепция развития дополнительного образования детей до 2030 года ［EB/OL］. Правительство России, 2022-03-31.

促进儿童补充教育机构提高教育质量和服务人才培养的重要物质基础。以俄罗斯政府建设儿童艺术学校基础设施的举措为例。众所周知，俄罗斯是享誉世界的艺术大国，绘画、舞蹈、音乐、喜剧等多样化的艺术教育形式广泛存在于青少年的学校生活。按照俄罗斯联邦教育法规定，作为创新型人才三级培养体系的第一阶段，儿童艺术学校在国家创新型人才培养进程中占据重要地位。从2019年起，俄罗斯政府推行了一项系统工作，专门针对儿童艺术学校物质技术基础建设。建设期间，超过800家儿童艺术学校配置了新乐器、现代化设备以及教学资料，并对超过430个教学楼进行了彻底翻新或改造，也正是基于上述措施的积极落实，俄罗斯儿童艺术学校学员数量逐年增加。

为支持儿童补充教育机构在联邦主体地区均衡发展，俄罗斯政府提出建构儿童补充教育区域体系发展目标模型（целевая модель），通过在各主体地区成立儿童补充教育区域中心，在市级地区成立儿童补充教育支持中心，促进形成现代化的儿童补充教育管理机制、组织机制以及个性化的拨款机制，同时在政策上支持培育一系列具有代表性的儿童补充教育区域领航活动，持续推动教育项目内容创新发展，进而满足青少年的各类教育需求。为广泛推广区域领航活动，地区领航活动均同步在政府和地区服务官方网站的教育专栏中，父母（监护人）可结合儿童兴趣爱好和发展需求，在线进行补充教育项目的申请，截止到2022年11月，网上申请补充教育服务的青少年人数已达14.58万。儿童补充教育区域体系发展目标模型的提出为儿童补充教育机构的体系化建设、科学化发展提供了重要指导。目前，俄罗斯有72个联邦主体地区已经完成了目标模型建设工作，计划至2024年年底实现全境覆盖。

二、青年组织

经济全球化进程影响了世界各国政治、经济的发展，同时也对不同地区、不同民族的传统文化及其价值观念产生深刻影响。"青年的价值取向决定了未来整个社会的价值取向"①，青年价值观教育于当下愈加凸显其重要性和紧迫性。从世界范围来看，各国均将青年视为价值观教育的重点对象，并大力发展青年组织，引导青年找准社会定位、塑造价值观念。

青年组织活跃在俄罗斯历史发展的不同阶段，伴随着时代的脉搏而承担着不同的发展使命。比如苏联时期得到广泛建设和蓬勃发展的共青团和少先队等

---

① 中华人民共和国国务院新闻办公室．新时代的中国青年［M］．北京：人民出版社，2022：18．

先进组织，在青少年共产主义道德教育进程中发挥了极为重要的作用。进入 21 世纪，以政权更迭为目标的颜色革命在独联体国家以及中东北非地区陆续爆发。为了防止颜色革命的侵蚀，俄罗斯政府积极采取措施，投入大量精力用于发展青年组织，建构了一个体量庞大、覆盖广泛、分类细致、活动丰富的青年组织体系。目前，俄罗斯 85 个联邦主体均活跃着不同的青年组织，根据俄罗斯塔斯社统计，俄境内青年组织和青年运动的数量约达两万，其中，部分成规模青年组织的分支机构已经覆盖了俄罗斯境内 80 余个主体地区。俄罗斯青年组织一般按照是否有归属政党进行分类，具体分为政党组织和非政党组织两大类。所谓政党组织，意味着该青年组织是由政党组建的，在政治立场和政治倾向上与所属政党高度一致，具有鲜明的政治属性，如由执政党"统一俄罗斯"党领导的"青年近卫军"（Молодая Гвардия Единой России，МГЕР）。所谓非政党组织，则意味着不在某一具体政党的指导下开展工作，而是按照志趣爱好联合青年成员的非政治组织，如成立于 1990 年，至今已有 30 余年历史的俄罗斯青年联盟（Российский Союз Молодежи）。无论是否有政党指导，俄罗斯青年组织均强调要基于青年人的共同利益和爱好，组织开展共同活动，以此满足青年自我实现的需要，促进全体成员的社会化发展，保护青年人的权利和自由。与此同时，青年组织充分代表和保护青年人的权利与利益，鼓励青年人通过青年组织参与国家公共事务和政治活动，如各类选举、青年政策制定等，因此青年组织也是向俄罗斯政党或俄联邦政府、俄联邦青年事务署等国家权力机关输送青年干部的重要阵地。一直以来，总统普京对青年组织，特别是对"亲克里姆林宫"青年组织建设给予高度重视，定期参与青年组织举办的各类活动，并签署总统令对杰出青年代表进行表彰。① 可以说，青年组织作为青年人才孵化器，在提高青年社会政治参与、输送青年政治人才，促进青年形成公民身份认同、传承民族文化传统、培养崇高道德品质等方面发挥了重要作用，培养了一批热爱祖国、富有社会责任感和创造力的优秀俄罗斯青年。

整体来看，俄罗斯青年组织主要依靠主题鲜明的各类教育实践活动，大力宣传国家核心价值观，强化俄罗斯青年的爱国意识和公民责任，提高其国家认同和政治认同，这些青年组织也逐渐发展成为俄罗斯青年价值观教育的中坚力量。以俄罗斯境内规模最大、影响力最广的青年组织"青年近卫军"的主题活动为例。该组织成立于 2005 年 11 月，主要招募 14 周岁以上的青少年，按照

---

① О награждении государственными наградами Российской Федерации ［EB/OL］. Президент России，2008-04-23.

"责任、果敢、信任、义务"的活动原则，通过开展志愿类社会服务、国家政策集中学习、野外生存拓展训练、人物访谈对话等各式各类的教育实践活动，号召广大青年投身俄罗斯民主公平社会的发展事业和建设历程，以此培养青年群体的爱国主义情感与民族自豪感，提高青年受教育水平、智力发展水平和职业水平，促进实现社会团结与稳定。① 近年来，"青年近卫军"组织形成了一批具有特色的实践项目。其中 2014—2018 年连续四年开展的"我们时代的英雄"实践项目在俄罗斯社会产生了广泛影响。"我们时代的英雄"实践项目号召参与者将视线锁定身边人、身边事。在日常生活中挖掘有代表性的身边榜样，特别是在维护祖国荣誉、无私奉献社会以及乐于帮助他人等领域发挥积极正能量的普通人，以此树立道德典范，传播正向价值观，潜移默化地感染和教育广大青年人，提升青年群体的爱国主义精神与高尚道德品质。在关注时代英雄的同时，青年近卫军还启动了"退伍老战士日记"编写活动，追忆战争英雄和英雄事迹。青年近卫军成员通过与老战士的交谈，收集众多反映战争年代前线生活的真实经历和感人故事，在此基础上创作出版了《老战士日记：一部真实的战争史》《老战士日记：库尔斯克突出部之战》等书籍，有力地回击了歪曲战争历史的不良言论，对于抵制历史虚无主义，帮助青少年正确认识国家历史，培养爱国主义情感、民族自豪感具有重要意义。2020 年 1 月，"青年近卫军"组织倡议启动了"与老战士共度周末"新项目。按照要求，项目参与者需要利用周末拜访参加过伟大的卫国战争的老战士，帮助他们解决生活中的困难，同时倾听整理老战士的战争功绩形成音频库，以电视转播与网站音频的方式向社会传播老一辈爱国战士为祖国奉献的英勇事迹，激发人们的爱国情感。

三、文化场馆

近年来，文化与教育一体化空间的建构问题备受俄罗斯政府和社会关注。2014 年《国家文化政策基础》的颁布以及"统一文化空间"战略主张的提出，是文化与教育、德育走向"法定"协调发展的标志性事件。《国家文化政策基础》从国家战略高度提出了俄罗斯文化战略的整体性目标任务，即通过优先发展文化和人文领域，培养和谐发展的个体，巩固俄罗斯社会统一。具体包括增强公民认同；为公民教育创造条件；保护历史和文化遗产，利用历史和文化遗产开展德育和教育；象征俄罗斯文明的传统价值与规范、传统、习俗和行为范式的代际相传；为每一个人创造潜力的实现而创造条件；保证公民可享用知识、

---

① Устав［EB/OL］. МГЕР，2020-02-07.

信息、文化财富和福利。① 为实现上述目标，《国家文化政策基础》详细阐明了俄罗斯文化在"俄罗斯联邦民族文化遗产领域""各类文化活动的实施以及与之相关产业的发展领域""人文科学领域""俄语、俄罗斯联邦民族语言、国家文学领域""扩大和支持国际文化交流与人文交流领域""德育领域""教育事业领域""儿童和青年运动领域"和"有利于个性确立的信息环境的建设领域"等 9 个有待整体建设与发展的"文化和人文事业"领域所应关注的 74 项具体任务，文化与教育的天然联系得到进一步强化，文化与"人文科学领域""德育""教育事业"和"儿童和青年运动"的协调发展得到进一步重视，在俄罗斯社会范围内逐渐搭建了文化、教育、德育多维互动的一体化育人格局。

作为公共文化服务体系的重要组成部分，文化场馆承担着普及文化艺术知识、组织文化艺术活动、开展文化艺术教育、丰富民众文化生活等重要职责。这些场馆在满足人们精神文化需求的同时，在价值观教育实践中发挥了不可忽视的作用，且表现出强烈的育人自觉。《2025 年前俄罗斯联邦德育发展战略》明确要求"在教育中有效利用俄罗斯独具特色的文化遗产，如文学、音乐、艺术、戏剧和电影等"，"进一步发挥图书馆的作用，运用信息技术帮助儿童了解世界和国家文化瑰宝"，"助阅读活动，使儿童了解世界并促进其个性养成"，同时强调"发展博物馆教育学和戏剧教育学"，"使儿童接受具有高艺术价值的本国和世界的古典、现代艺术文学作品的熏陶"②。《国家文化政策基础》也强调，"要吸引社会组织、科学和文化团体、文化组织加入各年龄段公民的教育进程中"，要"在教育进程中，扩大、发展并促进文化遗产项目的现有使用经验，博物馆藏品和档案馆馆藏的现有使用经验，以及俄罗斯博物馆和保护区博物馆科学和信息潜力现有使用经验的系统化发展"，"提高博物馆、图书馆、档案馆、剧院、音乐馆、音乐厅、文化之家等文化组织在历史文化教育和德育领域的作用"③。正如有俄罗斯学者指出，包括具有历史文化意义的遗址、建筑群在内的博物馆，以及图书馆、展览馆等文化场馆现已然成为俄罗斯青少年德育和实现社会化发展的重要手段。④

近年来，俄罗斯文化场馆不断探寻与学校互联互通的有效合作形式，通过

---

① Основы государственной культурной политики［EB/OL］. ГАРАНТ, 2014-12-24.

② Стратегия развития воспитания в Российской Федерации на период до 2025 года［EB/OL］. Правительство России, 2015-05-29.

③ Основы государственной культурной политики［EB/OL］. ГАРАНТ, 2014-12-24.

④ Тиунова Тиунова Е. В. Школьный музей как средство социализации и воспитания гражданственности учащихся［J］. Вестник науки и образования, 2019（17）: 60-63.

开展多样化的教育实践活动推动价值观教育。一是组织参观学习。俄罗斯各级教育机构经常组织青少年前往博物馆、艺术馆、历史庄园等文化场馆进行参观。通过直观的教学情境，帮助青少年感知国家历史与文化，形成正确的历史文化认知。二是开设公益课堂。文化场馆定期邀请相关专家学者围绕中小学课程设计课堂教学活动，积极利用文化场馆资源进行现场教学，提升青少年国家认同感和本民族自豪感。三是搭建互动空间。部分文化场馆还定期举办文化沙龙，邀请艺术大师、社会活动家、二战老兵与青少年围绕相关主题开展交流，为青少年搭建轻松、自由的文化对话空间，在提升文化素养的过程中增进青少年对国家历史文化的了解与尊重。博物馆是俄罗斯文化场馆教育的主阵地，也是借助多元教育形式与学校密切联动并深入青少年生活，实施价值观教育的重要场所。众所周知，俄罗斯拥有发达的博物馆业，俄罗斯博物馆总网登记注册信息显示，俄罗斯共有历史类、自然科学类、建筑类、艺术类、科技类、文学类、音乐类、剧院类、方志类等3064家国立博物馆。① 作为俄罗斯社会文化生活的重要组成部分，博物馆的基础设施建设得到俄罗斯政府的高度重视，并且积极鼓励探索博物馆现代技术，建立网上虚拟博物馆。目前，在"俄罗斯文化"官网（культура. РФ）可检索和浏览246家虚拟博物馆的文化资源，这在一定程度上创新了博物馆的社会参与渠道，提升了博物馆融入社会文化生活的灵活性、便利性和创造性，满足了公民随时随地的文化需求，也拓宽了文化育人功能发挥的现实渠道。

与此同时，俄罗斯政府高度重视打造教育文化品牌活动，组织开展了一系列规模大、范围广、时段长、辐射强的文化育人活动。这些品牌活动打破了文化机构"各自为战"的传统局限，注重配合，不断创新创造协作式的活动组织方式，在促进社会文化发展多样性与完整性进程中，满足公民个体发展的文化需求，提升公民个体的创造性自我实现。其中，全俄剧院巡回活动——"大巡回"戏剧艺术巡回项目（« Большие гастроли » — общероссийская программа гастролей театров）较具代表性。该活动自2014年起，由俄联邦文化部下设的联邦巡回活动支持中心（Федеральный центр поддержки гастрольной деятельности）负责落实，通过网络公开招募参演剧院的形式，遴选俄罗斯最优秀的剧院、最杰出的演员赴俄罗斯各地区上演最优秀的经典作品和新编剧目，旨在跨越地域，吸引更多的戏剧艺术观众走进文化和艺术，借助艺术元素积极营造珍视传统文化和提升文化认同的良好社会氛围。自2017年起，"大巡回"戏剧艺术巡回项

---

① Список всех типов［EB/OL］. Музеи России，2015-05-26.

目增加了"青少年大巡回项目",即专项巡回展演符合青少年年龄特征与成长需要的戏剧作品,其中既有经典作家的创作改编,如屠格涅夫、奥斯特洛夫斯基的文学作品,也有现代原创剧目,这些富含俄罗斯民族文化与时代元素的艺术作品为提高不同地域、不同民族、不同年龄青年的文化生活质量和文化参与提供了重要保障,更向青少年积极传递了富含感染力、凝聚力的俄罗斯民族思想、传统文化理念与高尚道德情操。需要指出的是,"青少年大巡回方案"所需的全部路费、道具运输费等费用支出,均由俄罗斯政府委托俄联邦文化部统一负责,具体由联邦预算承担。

四、大众传媒

大众传媒是现代社会最重要最高效的文化传播载体,能够最大程度跨越时空局限,促进不同国家、不同民族的文化传递、沟通与共享,是人们了解世界政治、经济、文化的重要窗口。特别是随着新媒体技术的不断发展,人们获得信息资源的渠道更加丰富,了解时事政治的速度更加迅速,交流思想认识的平台更为多元,大众传媒所承担的价值观教育功能愈加凸显。当前,俄罗斯各大传统报纸、电视、广播等主流媒体都创建了门户网站,开发了手机客户端,以其互动性、实效性、开放性等特征积极宣传主流价值观念,引导人们正确看待社会发展、客观评价社会问题。有俄罗斯学者甚至指出,在信息高度发展的当今时代,大众传媒的作用已经远远超过了家庭和学校,正在对青少年的精神道德发展产生巨大影响。①

客观来看,相对其他国家而言,俄罗斯大众传媒发展缓慢,其中一个重要的原因是俄罗斯现有大众传媒的成长历程较短,且其成长和发展过程又完全是在国家急速转型——"从行政命令体系和专制制度向市场经济和民主化转变"②的社会背景下实现的。因而,如同其他领域一样,转型初期的俄罗斯传媒业也忙于从旧的传统形式"解脱"出来,却很快在告别原有约束和体验自由发展的短暂喜悦中,意识到经济困境与自身发展局限的严峻性,同时不可避免地面临了新事物出现与发展初期的诸多现实问题。一方面,民主政治道路给予了大众传媒可不接受审查、自由地表达思想的新闻自由环境,然而,"在民主俄罗斯发

---

① ЕринаИ. А., ПередерийС. Н., ФанинаЕ. Н. Духовно - нравственное воспитание современной российской молодежи с помощью СМИ［J］. Вестник. Мир науки, культуры, образования, 2020（6）：383-385.

② 亚·尼·扎苏尔斯基. 俄罗斯大众传媒［M］. 张俊翔、贾乐蓉,译. 南京:南京大学出版社,2015：17.

展的最初几年"，"不可靠、不准确和不深入的信息让相当多的受众失去了对报刊的信任。读者的失望加重了报刊行业的危机，使其受信任程度、受关注程度和订阅量下降。定期出版物的发行量锐减"①。另一方面，20 世纪 90 年代中叶，总统选举前的新闻大战愈演愈烈，一些新闻寡头甚至准备让自己的联合企业以政党的面貌出现，将自己推向总统职位。具有政治色彩和商业色彩的打破底线式的发展轨迹使大众传媒在俄罗斯社会声望不断下降。

普京就任俄罗斯总统后，为了净化传媒空间，提出了加强国有媒体建设与监督的发展理念，持续推动大众传媒的教育文化促进作用。2000 年 9 月 9 日，普京签署通过了《俄联邦信息安全学说》（*Доктрина информационной безопасности РФ*）。文件强调，政府必须通过建立法律基础的方式加强对信息传播的监督，以此保护和巩固俄罗斯社会的道德价值观、爱国主义和人文主义的传统，以及国家文化潜力和科学潜力。② 2004 年，俄罗斯成立了俄联邦出版与大众传媒署，全面负责管理出版、大众信息和大众传媒领域的国家财产并为其提供公共服务。目前，俄罗斯大众传媒在管理模式上属于混合制管理，既包括俄罗斯国家电视广播公司、俄通社—塔斯社、俄罗斯报等国有企业，也包括俄罗斯"第一频道"等由国家和私营企业各自持股的混合所有制企业，还包括以俄罗斯出版商协会为代表的非政府非商业组织以及各类私营传媒公司。总体来看，当代俄罗斯国有大众传媒的舆论宣传与价值引领作用日益增强，国家也正逐渐加大对非国有大众传媒的监督管控，同时积极促进大众传媒在文化和教育领域的作用发挥。

作为传统媒体的重要组成部分，电视仍然在俄罗斯教育领域扮演着重要的角色。2010 年，俄罗斯国家教育电视频道（Национальный Образовательный Телевизионный канал «Просвещение»）正式开通，基于对青少年自我发展和内在潜力实现的积极关注，该频道有效整合俄罗斯和独联体国家高校传媒中心的教育资源，聚焦精神道德价值观普及、青年知识水平提升、职业选择与身心发展等问题。成立以来，教育频道多次获得俄罗斯教育领域、传媒领域的高规格奖项，出品了诸多高品质电视栏目，如讲述哲学家、思想家、科学家、作家生活趣事与思想智慧的"伟人的思想"（Мысли великих людей）节目，宣传重要历史文化成就，营造文学生活的"书架"（Книжная полка）节目，围绕科学话题与主持人展开讨论的"思想运动"（Движение мысли）节目等，旨在促进

---

① 亚·尼·扎苏尔斯基. 俄罗斯大众传媒［M］. 张俊翔，贾乐蓉，译. 南京：南京大学出版社，2015：4.

② Доктрина информационной безопасности РФ［EB/OL］. Textarchive. ru，2000-09-09.

国家教育发展，提高科学活动的社会声望，号召青年人热爱科学，促进实现青年的社会化发展。其中，"我的快乐"（Радость моя）是专门针对儿童家庭教育的电视频道，全天 24 小时无间断播放历史、文化、俄语、绘画、音乐、宗教知识类电视节目。2012 年，在俄罗斯历史年建设框架下，该频道开播了一档名为《俄罗斯历史》的栏目，通过主讲人——俄罗斯著名哲学家、宗教历史学家尼·尼·利索沃伊（Н. Н. Лисовой）的视角，帮助观众正确理解俄罗斯国家历史的发展轨迹，科学认识历史争议问题，帮助青少年和儿童父母树立正确的历史观。为了普及传统家庭价值观，该电视频道还推出了对话类电视节目——"周末放送"，选择观众量最为集中的周末黄金时间，将三十岁以上的年轻父母作为目标受众，围绕信仰、家庭、祖国、历史的记忆、劳动、服务、文化等主题，邀请不同领域的专家学者做客栏目展开对话讨论，切实满足家庭教育的现实需要。

宣传主流价值观的"红色电台"也是当代俄罗斯价值观教育的重要力量。当前，大部分广播电台仍保留着传统的节目内容，如音乐、舞台剧、广播剧等，且一部分广播电台只播放反映俄罗斯精神的俄语古典和现代音乐作品。2006 年 8 月，俄联邦国防部下设中央电视广播制片厂创办了"星星"广播电台，也被定义为爱国主义教育电台，重点关注俄罗斯军事历史和国家科学技术成就，通过播放新闻时事、历史文化类题材的有声读物，以及 90 年代以来能够反映爱国主旋律的各类歌曲，积极唤醒青年人的崇高精神追求。由于栏目设计风格接近青年喜好，"星星"广播电台的节目已经发展成为俄罗斯青年范围内传播较广的广播节目。其中每天清晨一档名为"历史日记"（Исторический ежедневник）的广播节目深受青年人喜爱，该节目以历史上的今天为线索，介绍名人轶事、重要历史事件、伟大发明创造等，引发青年人对历史文化的关注、交流和反思。

第二节　当代俄罗斯校外价值观教育的实践特征

当代俄罗斯价值观教育的社会资源丰富多元，通过考察儿童补充教育机构、青年组织、文化场馆和大众传媒等校外价值观教育核心力量的教育实践活动，能够从其教育实践中体察到社会力量所表现出的主动认领价值观教育的社会主体责任、积极构建价值观教育的社会伙伴关系、广泛运用民族传统文化作为教育资源等鲜明的实践特征。

一、主动认领价值观教育的社会主体责任

普京就任俄罗斯总统以来，俄罗斯积极建构俄式主权民主，大力推进国家核心价值观建构，努力在全社会范围内形成最广泛的社会共识和国家认同。以爱国主义为核心的一系列具有保守主义取向的俄罗斯传统精神道德价值观成为这个时代俄罗斯的主流价值观，也为这个时代的价值观教育指明了发展方向。近年来，俄罗斯政府和教育部门连续颁布教育政策，从国家战略高度规定价值观教育的社会系统工程属性，号召全社会承担价值观教育的主体责任。

相比学校价值观教育而言，校外价值观教育的学员结构更为多元，教育环境也更为复杂，如何积极承担起价值观教育的社会主体责任就显得尤为关键和重要。从当前俄罗斯校外价值观教育实践来看，各类教育力量能够主动认领价值观教育的社会主体责任，积极回应国家意识形态建设的现实需要，将国家倡导的核心价值观作为舆论宣传的重要内容，努力为国家培养合格的俄罗斯公民。一是侧重目标牵引，将育人职责写入机构章程。价值观教育的主体责任认领首先体现在将育人职责写进组织机构章程和发展规划之中，为明确育人使命提供了良好的制度保障。一般来看，为有效回应价值观教育的目标要求，各类社会主体积极发挥所属社会领域的教育优势及特色，面向教育对象组织实施价值观教育。比如俄罗斯青少年作家协会（Союз детских и юношеских писателей），作为儿童文学作业培训的摇篮，主要通过打造高质量的儿童文学活动，以及在保护和发展俄罗斯文化遗产及国家文化传统中参与青少年德育，投身俄罗斯社会精神生活以及巩固统一俄罗斯的社会活动。① 重点从事青少年生态教育的阿尔泰地区儿童生态中心（Алтайский краевой детский экологический центр），强调要在生态与劳动教育项目的实施中促进青少年的智力发展、艺术审美能力发展和道德发展。② 具有鲜明政治属性的青年近卫军组织，延续了统一俄罗斯党的意识形态，突出强调俄罗斯的思想传统和文化传统，重视发展民族主义和爱国主义，并在机构《章程》中明确提出要"培养青年形成爱国主义情感、国家自豪感"和"巩固俄罗斯国家观念"③。俄罗斯青年联盟也在组织《章程》中强调要促进青年人的全面发展，帮助青年人在社会生活的各领域发挥自身潜力，维护青年人的合法利益和权利，并设计规划了"发展个体精神道德""开展爱国

① 　Цели и задачи ［EB/OL］. Союз детских и юношеских писателей，2021-07-01.

② 　Устав ［EB/OL］. АКДЭЦ，2014-09-01.

③ 　Устав ［EB/OL］. СОЗИДАНИЕ социально ориентированные НКО Свердловской области，2019-02-13.

主义教育和军事爱国主义教育""扩大国际合作，保护俄罗斯文化、语言和民族传统""组织实施志愿活动和慈善活动"等该组织日常活动的重点领域。①

二是注重内容支撑，将育人活动融入常规工作。"海洋"全俄儿童中心（Всероссийский детский центр «Океан»）成立于 1983 年，是俄罗斯最大的国家级儿童和青少年教育培养机构，每年都会邀请上万名俄罗斯儿童度假疗养，围绕人文社会科学、技术、艺术等方向组织主题丰富的公开课和实践坊，聚焦儿童教育和德育的时代命题，组织开展具有重大社会意义的各类活动，以此激发青少年的创造力，培养其崇高的道德品质。②"卡纸工艺"大师班是"海洋"全俄儿童中心开设的特色艺术类课堂，教师围绕卡纸工艺知识与制作技巧、室内卡纸装饰、民间装饰艺术传统等内容设计课堂教学。按照课程定位，该门课程关注了德育、个体发展和教学三维教学内容，课程既要完成"了解民间艺术传统、卡纸工艺的历史与现代发展，卡纸装饰技巧与元素运用方法"等学科维度的教学目标，还要实现"帮助儿童在新的集体环境中掌握积极沟通经验，学会尊重不同民族的同伴，获得创造活动的经验和细心体察周围世界的能力，学会借助图形符号表达和证明自己作为俄罗斯公民的身份属性，尊重自己和他人的劳动"等学员个体维度的教学目标。具有三十年教龄的该门课程负责教师斯·维·洛巴切娃（С. В. Лобачёва）认为，课程的教学目标不仅是提高青少年的艺术素养，促进形成技术思维和实践装饰技能，同时也要注重育人功效，在集体活动和团队方案实施中帮助学员掌握倾听、理解和接受他人意见的能力，激发学员的人文主义精神、集体主义精神和爱国主义精神，培养其不断形成公民团结意识、互助意识。③

二、积极构建价值观教育的社会伙伴关系

经过多年的育人实践，参与俄罗斯校外价值观教育的社会力量与作为价值观教育主阵地的学校，逐步探索形成了稳定的"社会伙伴关系"，通过搭建良性互动的协同教育机制，共同参与俄罗斯公民的价值塑造与思想引领。④ 这里谈

---

① Устав РСМ［EB/OL］. Российский Союз Молодежи, 2016-03-24.

② Об утверждении устава федерального государственного бюджетного образовательного учреждения " Всероссийский детский центр Океан"［EB/OL］. Правительство России, 2019-05-31.

③ Мастерская « Папье-декор »（художественная направленность）　［EB/OL］. ВДЦ « Океан », 2022-12-12.

④ Фролова Е. В., Рогач О. В. Роль социальных институтов в формировании ценностных установок восприятия российским обществом его историко-культурного наследия［J］. Социодинамика, 2018（2）：30-41.

论的价值观教育领域的"社会伙伴"（социальное партнерство），在俄罗斯通常指的是学校、儿童补充教育机构、文化机构、青年组织、大众传媒等共同参与价值观教育的社会主体，为实现共同的教育目标开展平等合作，寻求共识并最终达成共识。俄罗斯学界将其视为"德育进程主体间的一种社会关系形式"①。伙伴关系的提出和确立，进一步增进了价值观教育社会主体间的依赖关系和合作意识。

社会伙伴关系间的良性互动首先体现在知识维度的内容衔接。价值观教育的社会力量注重结合学员的知识积累，以其学校知识为基础，有计划地加深难度和扩大知识边界，在一定程度上为学校课程提供了课堂延伸与知识巩固的学习空间。"机器人城"创意设计大赛是俄罗斯巴尔瑙尔市的传统儿童补充教育项目，每年由该市的少年技术家工作站（Барнаульская городская станция юных техников）负责。在比赛中，每一名选手需要充分调动学校工艺技术课以及其他课外学习中获得的科学知识和机器人设计原理，独立完成机器人设计，并在现场介绍和展示机器人设计方案，具体包括编程语言的选择、机器人制作的材料、遥控距离等相关技术参数并进行操作演示。② 参赛选手在活动中一方面巩固和提升了课内外知识，另一方面有效激发科学探索精神，进一步提高了将科学知识转化为实践探索的想象力和创造力。

社会伙伴关系间的良性互动其次体现在师资维度的人员共享。大部分社会教育机构会定期邀请学校教师或科研人员组织艺术、文学、科技、政治等领域的文化沙龙和讲座，以此丰富市民文化生活，提升民众的精神生活富足感。在莫斯科国家历史博物馆（Государственный Исторический Музей）规划的"世界政治中的俄罗斯"系列讲座中，博物馆邀请了莫斯科大学、俄罗斯科学院、莫斯科国际关系学院等知名高校和科研院所历史、国际关系等相关领域的知名学者和专家，就"俄罗斯在地缘政治角逐中应如何确立自己与他国的国际关系""俄罗斯与世界秩序""俄罗斯在世界舞台以及国际关系体系中的地位"等问题，介绍学术界的最新研究认识并展开热烈讨论。此外，儿童补充教育机构、青年组织等社会主体在组织开展价值观教育实践活动过程中，也会经常性地邀请学校教师和相关人员作为活动、比赛的指导教师或者评审专家。比如在每一

① Нурмухамбетова Нурмухамбетова А. С. Формирование патриотизма средствами краеведения［J］. Вестник. Образование. Педагоги ческие науки, 2018（2）：24-28.

② В МБУ ДО « БГСЮТ » г. Барнаула прошел городской конкурс творческих работ « Город роботов—2022 »［EB/OL］. ЕДИНЫЙ НАЦИОНАЛЬНЫЙ ПОРТАЛ ДОПОЛНИТЕЛЬНОГО ОБРАЗОВАНИЯ ДЕТЕЙ, 2022-04-29.

年举办的"思想沃土"全俄青年教育论坛上经常可见高校教师的身影，他们以讲座、对话等方式与论坛参与者共同围绕热点问题交流思想，帮助青年人以科学视野解读国家政治、经济、科学、文化等各领域的现实发展与前景，形成正确认知，树立投身国家建设的坚定信心。克麦罗沃州尤尔加市青少年中心（Детско-юношеском центре города Юрги）在俄罗斯英雄日这一天，组织了一节"新冠疫情期间医生的英雄主义精神"的勇气课堂。特别邀请疫情防控期间始终奋战在一线的心脏外科主任克瓦休科医生，向学员讲述了医院工作的挑战与取得的"胜利"，近距离让青少年感受到医生职业的神圣，以及俄罗斯人民英勇无私的高尚品质。①

社会伙伴关系间的良性互动同时体现在实践维度的项目互联。从知识维度的巩固拓展到师资维度的人员共享，俄罗斯价值观教育的社会力量与学校建立了良好的互通机制。在此基础上两类主体注重发挥各自优势，积极推动实践领域的项目合作，不断实现教育项目的实质对接和高效互动。在研究中我们发现，俄罗斯社会教育主体与学校的项目合作方式是非常灵活的，既有两类主体联合举办的活动，也有学校选派代表队参与由社会机构组织的比赛活动的情况。学校之所以会以选派代表队的方式参与社会机构组织的比赛活动，主要因为一部分联邦级的全国教育项目或者地区大型赛事，通常是由俄联邦教育部、文化部、青年署等相关部门，或是俄罗斯联邦主体教育文化部门委托给社会教育机构、文化机构，由这些社会力量负责各个地区的活动组织。如果是面向全俄范围的国家级活动，那么这些社会教育主体在完成"城市—地区"两级选手选拔后，还负责向国家决赛输送选手。以"歌唱我的祖国"爱国主义歌曲大赛为例，截止到2022年，该项比赛已经先后举办过24届，第24届大赛决赛部分是11月1日至3日在俄罗斯阿尔泰州儿童和青年创意宫举办的，总计有20个地区的140个代表队参赛。② 在进入决赛阶段之前，该项活动的市级评比一直由各市的青少年中心等补充教育机构负责，由各地中小学选派代表队参赛，参赛选手按照年龄分组，参赛曲目一般选择歌唱祖国、赞美俄罗斯、歌颂士兵等主题，经过地区选拔的代表队将参加阿尔泰州决赛。"歌唱我的祖国"爱国主义歌曲大赛是俄罗斯阿尔泰州的传统教育项目，旨在通过传唱优秀声乐作品、宣传声乐传统，挖掘具有天赋和潜力的青少年歌唱表演者，并为青少年爱国主义教育创造条件，

---

① День героев отечества［EB/OL］. Детско-юношеский центр г. Юрги，2022-12-06.

② Краевой конкурс патриотической песни《 Пою моё Отечество 》［EB/OL］. КГБУ ДО "АКДТДиМ"，2022-11-01.

即以爱国主义歌曲的传唱和爱国主义歌曲内容的理解，唤醒青少年的爱国主义精神，因而该项活动也被视为是融精神道德教育、公民爱国主义教育和艺术审美教育为一体的教育项目。①

三、广泛运用民族传统文化作为教育资源

民族传统文化是俄罗斯校外价值观教育重点把握与广泛运用的教育资源。对传统文化进行传承与发展是俄罗斯价值观教育的本质要求，体现了教育主体对国家意识形态建设以及国家核心价值观建构内在指向的充分理解。爱国主义、强国意识、宽容仁慈、团结和睦等崇高的道德品质，是俄罗斯民族亘古不变的精神实质，流淌在俄罗斯民族的血液之中，镌刻在俄罗斯民族的思想文化之中。这些价值观念即便经历了社会制度的变革、意识形态的更替，仍然为俄罗斯国家和民族所认可和崇尚。在某种程度上来说，这些象征着俄罗斯民族的精神密码不会被历史遗弃，反而在时代发展进程中熠熠生辉。俄罗斯校外价值观教育广泛运用俄罗斯民族的历史艺术资源，深入挖掘埋藏于历史文化与民族传统中的教育因素，在彰显传统文化深厚底蕴的教育实践中实现育人功能。

传承与发展传统文化一方面体现在重视发挥历史纪念日的教育意义。历史纪念日是民族历史与民族精神的集中体现，以纪念日为契机开展相关主题活动，有助于在重温国家历史过程中唤醒青少年的历史记忆，树立正确的历史观。每年的 5 月 9 日是俄罗斯的胜利日，这是为纪念 1945 年苏联取得伟大卫国战争胜利的日子，也是俄罗斯最具代表性的全民节日。俄罗斯大部分社会教育组织和机构都会在胜利日期间，围绕爱国主义精神的传承与弘扬组织开展多样化的教育活动。2021 年胜利日这一天，青年近卫军科斯特罗马州各地区分部精心策划了庆祝活动。其中，涅列赫塔市的青年近卫军成员举办了一场大规模的车队游行活动，他们驱车途经该地区的每一处伟大的卫国战争胜利纪念碑，并在纪念碑前敬献鲜花，以此纪念在战争中牺牲的先烈；科斯特罗马市的青年近卫军成员代表来到城市街头，向市民分发了 500 余份象征着和平的圣乔治丝带和 1945 年 5 月 10 日刊的《真理报》重印版；加利奇地区分部组织的成员代表专程探望了该地区的退伍老战士。对于俄罗斯民众，胜利日写满了先辈的英勇顽强，是最为珍贵的纪念日。对此，青年近卫军科斯特罗马地区负责人叶莲娜·莫纳科

---

① В Панкрушихинском районе Алтайского края состоялся муниципальный этап краевого конкурса патриотической песни " Пою моё Отечество " [EB/OL]. ЕДИНЫЙ НАЦИОНАЛЬНЫЙ ПОРТАЛ ДОПОЛНИТЕЛЬНОГО ОБРАЗОВАНИЯ ДЕТЕЙ, 2022 - 03 - 04.

娃（Елена Монакова）在采访中谈到，"在这个节日里，骄傲与快乐、悲伤与痛苦相互交织在一起，我们永远为英勇的战士、官兵和后方人员的勇气和坚韧感到骄傲，我们也会教育我们的孩子，自豪于祖辈的功勋——这是我们神圣的职责"①。

传承与发展传统文化另一方面体现在重视凸显文艺作品蕴含的民族精神。俄罗斯是一个有着深厚文化底蕴的国家，以文艺作品传递俄罗斯民族精神，是各类教育主体塑造学生高尚审美理想与道德情操的重要途径。以普希金造型艺术博物馆为例。该博物馆积极发挥馆藏资源优势，由馆内审美教育中心牵头，通过参观考察、对话交流、课程教授和赏鉴沙龙等形式，专门面向5~18岁青少年组织开展多元化的教育项目。"家庭小队"是针对学龄前儿童组织的一个以家庭为单位的教育项目，针对学龄前儿童的艺术接受能力，工作人员精心设计了欣赏馆内造型艺术代表作品的参观路线。在活动中，儿童与父母在倾听艺术家故事的同时，了解俄罗斯传统造型艺术作品的种类、题材和风格，从中体会艺术蕴含的审美旨趣，感悟艺术作品所传达的思想力量。对于年级高一些的青少年，教育项目更加注重挖掘艺术作品所反映的所处时代的民族精神以及对当今生活的思想启迪。比如"艺术的主题式讨论"教育项目，强调在艺术作品的赏析中探索古代文明的独特性与特殊性，引发青少年对当今世界不同文明多样性的思考。戏剧是俄罗斯另一重要的传统艺术形式，也是当代俄罗斯社会文化生活必不可少的组成部分。在2019年"俄罗斯戏剧年"框架下，各级教育组织和各类教育机构纷纷围绕戏剧主题出台教育方案。圣彼得堡"飞翔"儿童和青年公民爱国主义教育中心面向7~15岁青少年开设了"戏剧工作坊"（Театральная мастерская）补充教育项目，通过戏剧艺术历史与传统的学习、舞台服装设计与制作、人物形象的多维度塑造等，着重发展青少年的艺术创造力、审美能力和团队意识，与此同时，青少年在角色扮演中通过不断加深对戏剧人物形象的理解，学会以不同的视角和不同的方式看待所处的世界，正确认识和理解全人类价值，进而努力追求创造自己的美好生活。②

---

① Молодогвардейцы Костромы провели серию патриотических акций в День Победы [EB/OL]. МГЕР, 2021-05-09.

② Дополнительная общеобразовательная программа « Театральная мастерская » [EB/OL]. ВЗЛЕТ Невского района, 2019-09-02.

第三节　当代俄罗斯校外价值观教育的典型案例

当代俄罗斯校外价值观教育极富特色，各类社会主体基于社会伙伴关系不断强化育人自觉，探索形成了提案类、体验式、搜寻类等类型多元的本土化价值观教育特色项目，注重公民责任意识涵养、青年政治领袖培育与爱国主义精神提升等问题的教育聚焦，彰显出鲜明的俄式价值观教育实践风格。

一、提案类公民教育项目：涵养公民责任意识

苏联解体后，俄罗斯迅速进入社会发展的转型阶段，政治、经济、文化等各个领域面临着巨大的挑战。对俄罗斯社会而言，要迎接挑战必然需要进行改革，改革是俄罗斯适应转型的必经之路。改革可否顺利推进，一个重要的基础在于稳定的社会秩序，为了促进形成稳定的社会秩序，俄罗斯一方面积极建构统一的社会价值取向，另一方面大力培养认同和奉行统一价值取向的俄罗斯公民。只有这样，社会之中的每一名成员才能够遵循相同的价值取向行使自己的行为，特别是当社会利益和个人利益发生冲突时，才可更积极有效地处理二者关系，促进俄罗斯社会实现稳定发展并彰显出强大的凝聚力和向心力。另一方面，面对俄罗斯转型初期多元文化的猛烈冲击，增强公民身份认同，确保公民能够充分认识到我是俄罗斯人、我是俄罗斯公民，形成强烈的公民责任意识也是极为必要的。因而，涵养公民责任意识，培养合格俄罗斯公民成为俄罗斯校外价值观教育实践着重关注与建设的一个重要方向。

近些年来，俄罗斯教育领域以公民责任意识为目标聚焦，从俄罗斯联邦到地区在实施价值观培育进程中打造形成了一批特色鲜明的公民提案类教育项目，其中既有综合议题的，如全俄行动"我是俄罗斯公民"（Всероссийская акция «Я – гражданин России»），也有专项议题的，如全俄环境方案竞赛"环境巡逻队"（Всероссийский конкурс экологических проектов «ЭкоПатруль»）。实践表明，由这些教育项目之中提出的一大批倡议最终发展为俄罗斯社会建设的重要方案。在积极推动提案类教育项目过程中，俄罗斯校外教育机构充分发挥教育主体自觉，不仅负责选送参赛团队，还积极承办赛事活动，比如莫斯科州儿童和青年补充教育与爱国主义教育发展中心（Областной центр развития дополнительного образования и патриотического воспитания детей и молодёжи）一直负责莫斯科州的地区赛事，又如"雏鹰"全俄儿童中心、"接

班人"全俄儿童中心也都曾多次作为决赛承办单位。

以全俄行动"我是俄罗斯公民"为例。该项活动创办于2001年，是由俄联邦教育部、"为了公民教育"区域间协会（Межрегиональная ассоциация « За гражданское образование »）、教师报（Учительская газета）、萨马拉地区公民教育中心（Самарский региональный Центр гражданского образования）、斯维达斯公民慈善基金会（благотворительный фонд « Сивитас »）联合发起的，截止到今年，已经成功举办了22届，且已经发展成为俄罗斯境内辐射范围最广、影响力最大的提案类竞赛项目之一。全俄行动"我是俄罗斯公民"主要面向12~18岁青少年，由俄罗斯联邦教育部在每年年初或上一年年末签发新一届活动的组织章程，明确规定活动目标、任务、参赛要求、议题范围、活动阶段、财政保障等具体要求，参赛者需要结合组委会规定的议题范围关注社会发展，针对俄罗斯各地区或者社会整体存在的问题，提出问题解决的具体策略和方案，旨在推动俄罗斯青少年踊跃投身公益性社会实践，形成积极的公民立场，促进青少年智力发展和个性发展。① 活动主要分为四个阶段，分别是校级比赛、市级比赛、区级比赛和联邦决赛，各地区前三名获奖者最终可进入决赛。按照比赛要求，参赛者要以团队或个人的形式通过所在学校、补充教育机构或者青少年社会联合会等教育主体进行第一阶段的申请报名，这也为校外教育机构共同参与青少年价值观教育拓宽了途径，提供了可行性保障。

2022年举办的第22届全俄行动"我是俄罗斯公民"决赛于8月在位于克拉斯诺达尔边疆区的"接班人"全俄儿童中心举行。来自全国22个地区的100名青少年进入决赛环节。本届大赛预先设定了9个类别的提案范围，"历史文化遗产的保护与发展"主题，重点关注俄联邦民族历史文化遗产的保护，民族思想的复兴和发展，地区、公园和自然保护区环境美化等问题；"可持续发展"主题，重点关注2015年9月25日联合国可持续发展峰会通过的17个可持续发展目标；"社会治理实践的发展"主题，重点关注公民政治生活引领，公民社会和机制的确立，地区自治发展等问题；"发展志愿实践活动"主题，重点关注志愿服务，以此解决社会文化、社会经济问题；"社会企业家"主题，重点关注青年人的商业创意；"技术工程方案"主题，重点关注俄罗斯科学和技术发展，并基于技术发明解决人文社会问题；"发展法律素养"主题，重点关注不同社会群体的法律素养和技能的形成与发展问题，保护人权和自由；"发展财经素养"主

---

① Положение о Всероссийской акции « Я - гражданинРоссии » [EB/OL]. Я-гражданин России，2022-03-03.

题，重点关注财经素养和能力的培育和发展，依次确保各类社会群体的财务稳定与安全；"绿色金融"主题，重点关注向环保等绿色产业投资的商务素养和财经素养的培育。① 上述主题涵盖了俄罗斯社会发展的前沿领域和重点问题，也是俄罗斯政府制定国家战略的关键着力点，从这些问题着手引发青少年深入思考，极大地调动了青少年参与国家治理和社会发展的公民责任意识。决赛阶段前后历时三周时间，在正式比赛前组委会还特别安排了大师班、工作坊、团队游戏等形式的专家指导和参赛培训，确保每个参赛队能够以最专业的状态提出和展示各队的提案。最终获胜的三支代表队的提案主题分别关注了教育领域，提倡通过制作和普及教学影片来提高青少年学习兴趣；医疗领域，倡导重建儿童医院候诊室以此改善患者就医的舒适度；历史文化遗产保护领域，倡议成立信息门户网站，便于人们共享俄罗斯历史文化地区的旅游线路。参赛者在活动过程中表现出强烈的主人翁精神，认真履行作为小公民的社会责任，积极为社会发展建言献策。正如全俄艺术创作与人文技术发展中心副主任戈·安·谢尔吉耶夫娜（Г. А. Сергеевна）指出，"专家在看过孩子们的提案报告后，更加认识到工作的重要性与必要性，这些提案会让我国人民的生活变得越来越好"②。

总的来看，提案类公民教育项目充分关注到青少年公民个体的个性与社会性的同步发展，通过引导小公民以建言献策服务社会发展的实践路径，涵养社会责任感，提高青少年履行公民主体责任的积极性和主动性。其中，对青少年个性的关注主要集中在引导其掌握合格公民的基本素质，成长为积极投身俄罗斯社会建设的好公民。这里既包括培养具有崇高精神品格的道德主体，即要引导青少年形成与俄罗斯社会倡导核心价值观相符合的思想认识，不仅在知识层面"了解"爱国、仁慈、公平、正义，还要能够以此价值取向指导个人的实践生活，学会平衡集体利益和个人利益，并为行使公民权利提供重要的道德基础；也包括具有反思批判精神的道德主体的培养，即鼓励青少年发展反思批判意识和技能，能够以积极公民身份关注社会发展，并从中发现问题、分析问题和独立解决问题，履行公民义务。而对青少年社会性的关注则主要体现在引导青少年参与社会生活、服务社会发展，这也是衡量青少年公民身份确立、国家认同感与归属感是否得以充分体现的重要指标。人的发展不可与社会的发展相悖，积极参与公共生活是每一名公民应尽的义务，也是实现自身社会化的重要前提。

---

① Положение о Всероссийской акции «Я － гражданинРоссии» ［EB/OL］. Я-гражданин России，2022-03-03.

② Итоги Всероссийской акции «Я — гражданин России» ［EB/OL］. Я-гражданин России，2022-09-07.

对公民个体而言，只有前期搭建了系统的公民知识体系，培育形成了基本的公民技能，掌握了参与社会生活的行为准则，才能处理好国家、社会和个人之间的关系，提案类公民教育项目恰是通过为青少年搭建参与社会建设和改造的活动平台，引导青少年通过合作、交流和反思，关注和解决社会发展问题，进而不断提高公民责任意识。

二、体验式营地教育项目：培育青年政治领袖

注重体验式营地教育是俄罗斯校外价值观教育的又一本土特色，也体现出俄罗斯传统育人模式的当代发展。依托青少年营地组织开展育人活动是俄罗斯重要的教育传统，其发端可以追溯到苏联时期的少先队夏令营活动。但相比苏联时期，当前俄罗斯青少年营地的教育内容更加丰富、教育形式更加多元，侧重结合青少年身心发展特点和兴趣爱好组织营地活动，使青少年在实践体验中充分获得身心发展，培养积极向上的生活态度，促进形成崇高的爱国主义精神和政治领导能力。俄罗斯青少年营地通常分布在圣彼得堡、滨海边疆区、黑海沿岸等地区，地处环境优美的海滨地带或空气清新的森林深处，大部分营地面向 6~17 岁的俄罗斯青少年，部分接收学龄前儿童，为营地学员提供丰富的季节性或全年性实践课程。目前，有一部分儿童补充教育机构就是以营地教育的形式组织开展各项工作的。其中，"海洋"全俄儿童中心、"阿尔捷克"国际儿童中心、"小鹰"全俄儿童中心、"思想沃土"全俄青年教育论坛等大型青少年营地和儿童中心在俄罗斯具有广泛的影响力，并长期与俄罗斯联邦教育部、联邦青年事务署等政府部门保持密切的合作联系，每年活动期间均会邀请俄罗斯政府官员及相关领域的专家学者为营地学员举办讲座，俄罗斯领导人每年也会亲自参加部分营地的开幕式或闭幕式活动。

在组织形式上看，营地教育项目充分体现了对传统集体主义教育理念的继承与发展。俄罗斯青少年营地教育通常是 2~3 周的集中式封闭学习和管理，项目组织方为营地学员创设环境舒适、积极向上的集体学习空间，结合营地教育主题设计丰富多彩的学习内容，组织形式多样的团队活动，充分激发学员的团队合作意识，引导学员在临时创设的集体生活中获得最大程度的自我实现与全面发展。营地教育不仅在形式上是对苏联少先队夏令营活动传统的延续，也从本质上充分彰显了苏联时期克鲁普斯卡娅、马卡连柯、苏霍姆林斯基等教育家所倡导的"在集体中接受教育"的教育理念。首先，在何为集体的认识上，秉持了马卡连柯对"优秀集体"的规定，注重打造结构合理、理念先进的社会有机体。只有集体本身是优秀的，集体教育才能是成功的。俄罗斯每一处营地教育基地不仅重视硬件设施方面建设，如基地的选址，活动区域、宿舍、餐饮等学习和生活场地的建设，还注重软环境建设，配备了经验丰富的专业化工作人员，设置了体系化的营地教育项目，构建积极向上的营地文化。其次，强调发挥集体对个体的感染力和影响力。基于"共同的思想、共同的智力、共同的情感、共同的组织"① 构成的"精神共同体"的集体生活，营地教育强调以集体生活消除个人主义和利己主义，帮助学员掌握正确处理个人利益、集体利益、社会利益和国家利益之间关系的个体能力，进而获得能力提升与个性的全面和谐发展。

通过角色体验的方式关照青少年政治价值观的培育和塑造，是俄罗斯青少年营地教育的重要特色。以"海洋"全俄儿童中心营地活动安排为例。成立于1983 年 10 月的"海洋"全俄儿童中心，其前身是"海洋"全苏少先队夏令营，1992 年根据俄联邦政府第 1152 号令正式更名，目前由俄罗斯联邦政府和俄罗斯联邦教育部共同指导管理。每一年"海洋"全俄儿童中心都会安排主题丰富的营地活动，2023 年全年总计组织 15 场活动（见表 5-1），活动主题涵盖了体育运动、自然科学、艺术、社会经济、教育、工程技术等不同领域，充分满足青少年的兴趣需要，促进青少年各方面素质和能力的综合提升。在诸多营地教育项目的主题设置中，"俄罗斯青年领袖"是一项传统的教育项目，自 2011 年创办至今已连续举办了 12 年，旨在通过实践演练和角色扮演等活动形式培养和发展学员的领袖素养。在活动组织过程中，组织方特别设置了"我是领袖"的模拟角色扮演环节，为学员搭建立足社会领袖角色立场审视社会发展的对话空间，在角色体验中引导学员积极思考并提出社会发展倡议，注重提高学员的组织能力，攻克难关的意志力，以及团结他人、理解他人的协同能力，促进发展学员的领袖能力，培养俄罗斯青年领袖。事实上，在俄罗斯青少年营地不仅是"俄罗斯青年领袖"这类专项活动注重青少年领袖素养的培育，大部分活动也都关注了青少年政治价值观。比如"海洋"全俄儿童中心曾组织过"俄罗斯联邦总统选举"的角色体验活动。在活动中，学员需要分组扮演选举委员会成员、监督员、新闻媒体记者、选民等角色，通过选举模拟过程，帮助学员了解选举制度和公民的权利与义务，充分认识到国家领袖应然具备的领导力、决策力和责任意识。

---

① 苏霍姆林斯基. 苏霍姆林斯基选集：第 2 卷［M］. 北京：教育科学出版社，2001：719-720.

表 5-1　2023 年"海洋"全俄儿童中心活动安排①

场次	主题	日期
冬季		
第一场	无限创意；健康的一代	1 月 10 日—1 月 30 日
第二场	IT——海洋；健康的一代	2 月 2 日—2 月 22 日
春季		
第三场	健康的一代；全俄国际象棋节	2 月 25 日—3 月 17 日
第四场	技术节；在自然科学世界；创造未来	3 月 20 日—4 月 9 日
第五场	健康的一代；网络艺术论坛	4 月 12 日—5 月 2 日
夏季		
第六场	俄罗斯雄鹰联盟	5 月 5 日—5 月 18 日
第七场	技术假日；铁路国家；体育；开放的世界	5 月 29 日—6 月 18 日
第八场	生态论坛；海洋研究者；成功；通往未来的电梯；法律实验室；海洋奥林匹克；海洋天才	6 月 21 日—7 月 11 日
第九场	俄罗斯青年领袖；"东风"全俄帆船会	7 月 15 日—8 月 4 日
第十场	马戏星球；高级情报员；俄罗斯日出	8 月 8 日—8 月 28 日
秋天		
第十一场	安全之路；数字起点；重大变化；远东青年教育论坛；英雄的国家；青年水手集会	8 月 31 日—9 月 20 日
第十二场	勇气勋章；民族俄罗斯	9 月 28 日—10 月 18 日
第十三场	成功的方向；创新的起点（技术）	10 月 21 日—11 月 10 日
冬季		

①　Смены 2023 года ［EB/OL］. ВДЦ « Океан », 2023-01-05.

场次	主题	日期
第十四场	创新的起点（科学）；技术团队；俄罗斯从这里开始；海洋论坛	11 月 13 日—12 月 3 日
第十五场	海洋体育节；冬季数学学校	12 月 6 日—12 月 26 日

塑造和培养青年政治领袖不仅是以营地运营模式为主的儿童补充教育机构的工作重心，俄罗斯联邦青年事务署和各类青年组织也将营地教育作为组织青年论坛的重要模式。在俄罗斯青年教育领域，"论坛"是俄罗斯青年参与社会政治、经济、教育和管理的新方式，特别在青年政治价值观培育过程中发挥了广泛的育人作用，论坛活动能够培养青少年的政治领导能力，包括团队工作能力、领导能力、责任感和爱国主义精神，激发青少年创造的主动性、激活创新性思维。① 目前，在俄罗斯最具影响力的营地式青年论坛活动是"思想沃土"全俄青年教育论坛（Всероссийский молодёжный образовательный летний форум «Территория смыслов»）。该论坛原名为"谢利格尔"全俄青年教育论坛（Всероссийский молодёжный образовательный форум «Селигер»），是由俄罗斯青年组织"纳什"（2005—2013 年）与俄罗斯联邦青年事务署于 2005 年联合发起创办的，每年利用 7—8 月大致一个月的时间面向俄罗斯 18~35 岁的杰出青年，开设"青年议员与政治领袖""青年政治学家和社会学家""俄罗斯——有希望的国家""国家青年卫队""俄罗斯——有潜力的国家""生态环境中的政治""政治与网络领袖"等不同主题的夏令营学习班，以此培养和选拔青年人才。2015 年，"谢利格尔"全俄青年教育论坛停止工作，转型发展为"思想沃土"全俄青年教育论坛。

"思想沃土"全俄青年教育论坛也同样以促进青年成长和青年发展为主要工作目标。以 2022 年"思想沃土"全俄青年教育论坛的组织工作为例，共有 2000 余名来自俄罗斯不同地区、不同领域的青年领袖，从 7 月 5 日至 8 月 5 日前后历时一个月，参与了本届青年夏令营活动。这一届营地活动打破了以往传统的主题学习班模式，组建了"城市""教育""商务""社会""安全""管理""政治"七个主题的社区，全体学员结合工作领域、兴趣爱好或专业特长选择社区，

---

① Пальцев Пальцев И. М. Молодежные форумы как одна из форм политической активности молодого поколения［J］. Вестник. Общество：политика，экономика，право，2017（1）：38-40.

以组队的形式共同破解科学、体育、国际合作、教育等领域难题，立足青年城市活动家、教育工作者、企业家、非营利组织和全俄青年组织代表、执法机关和联邦执行权力机关的公务员，以及青年议员等领域的青年领袖角色为国家发展建言献策。为确保各个团队调查研究和方案制订工作的顺利开展，俄罗斯联邦青年事务署向每一位学员提供 5000 卢布到 150 万卢布金额不等的经费支持，供其购买活动必备的材料和设备，也可作为宣传活动经费或支付场地租赁费。据统计，在 2022 年的论坛活动中，组委会总计向 44 个青年项目提供了 2100 万卢布的活动经费。①

按照青年论坛举办传统，每年论坛活动期间，组委会都会邀请政府官员以及教育界、商业界、文化界知名人士出席，俄罗斯国家领导人普京与梅德韦杰夫也曾数次访问营地。2022 年论坛邀请了俄罗斯政府副总理、俄联邦国家杜马主席等政客和知名人士。俄联邦杜马主席维·沃洛金（B. Володин）与"政治"和"管理"社区的青年营员围绕公务员的职业能力进行了亲切交谈。沃洛金主席认为对公务员而言，要具备两类基本品质：一是品行端正，二是热爱人民和国家。他指出："如果一名政客不热爱人民，那么他就不适合做这样的工作。"②莫斯科大学政治系安·谢列兹尼奥娃（A. Селезнёва）教授围绕政治领袖成长以"当代世界的政治领域：现状与发展趋势"为题做了专题报告，针对政治领袖的领导力、创造力、洞察力、自控力、宽容与合作等素质和能力进行了深刻解读，并系统介绍了政党青年分部、国家权力机关青年机构等招募青年领袖的渠道和制度，让青年营员更加清楚地认识到作为青年政治领袖应然掌握的基本素质以及如何通过正规渠道为社会政治发展贡献力量。③ 依托与重要政府官员和高校专家学者的对话平台，通过承担政治身份的角色体验，青年学员不断坚定职业追求，提升政治参与意识和领袖政治素养水平，为未来作为青年代表参与国家建设奠定坚实基础。

三、搜寻类军事爱国项目：激发爱国主义精神

搜寻类军事爱国项目是俄罗斯校外价值观教育的特色实践模式，也是对俄罗斯军事爱国主义教育传统的时代诠释。20 世纪 80 年代末，苏联国防部成立了

---

① Территория смыслов. Итоги ［EB/OL］. Территория смыслов，2022-08-04.

② Встреча с Наставником Сообщества « Политика » ［EB/OL］. Территория смыслов，2022-07-29.

③ Политическое лидерство в современном мире: состояние итенденции ［EB/OL］. Территория смыслов，2022-08-01.

纪念祖国保卫者的协调中心，专门用于整合国家和社会组织的各方力量，开展军人身份确认和军人墓地整修等工作。1993 年 1 月，俄罗斯最高委员会通过了《卫国烈士永垂不朽》（*Об увековечении памяти погибших при защите Отечества*）法令，这也是迄今为止指导俄罗斯搜寻工作的标志性文件，具体确定了以铭记卫国烈士为目的的搜寻工作的流程、管理机构、财政保障和物质技术保障，为俄罗斯境内搜寻工作提供了重要的法律基础，同时也使得这份光荣的活动获得了国家的认可和支持。1993 年 7 月，俄罗斯总统普京签署了"关于伟大卫国战争 1941—1945 纪念日庆典的筹备工作"的总统令，次年 6 月，俄联邦政府通过了筹备工作方案，首次提出开展"卫国战争烈士纪念劳动日"（Вахта Памяти）活动，由此推动了伟大卫国战争阵亡将士的搜寻工作，具体包括确认烈士姓名，清理烈士坟墓、纪念碑和方尖碑，建设纪念新区等。① 2000 年 7 月，俄联邦政府颁布了《青少年军事爱国主义联合会章程》（*О военно-патриотических молодежных и детских объединениях*），将开展"搜寻考察、确认烈士姓名、记录战争目睹者证言"等永远铭记祖国保卫者的搜寻任务，明确写进了青少年军事爱国主义联合会的活动方向。② 由此，俄罗斯境内从事搜寻工作的青少年联合会数量不断增多，各类搜寻工作也逐渐蓬勃发展起来。2001 年俄联邦政府通过的《2001—2005 年俄罗斯联邦公民爱国主义教育国家纲要》也同样强调了搜寻工作，提出要在公民爱国主义教育五年发展纲要中推动搜寻工作，这部文件成为了俄罗斯搜寻活动获得资金支持的重要法律依据。在如何落实搜寻工作的问题上，该文件不仅强调了要在伟大卫国战争的战役旧址开展搜寻工作，还要基于搜寻工作将战争年代的战争技术进行修复、整理并保存到俄联邦博物馆，同时号召尽快成立专业的大学生建设队，组织大学生赴战役旧址地区开展士兵墓地美化和搜寻工作。上述国家政策有效促进了俄罗斯烈士搜寻工作的积极开展，同时也为搜寻类教育项目营造了良好的发展空间。

具体来看，搜寻类活动主要通过招募搜寻队员赴野外搜索战争遗物、武器残骸、烈士遗骸，引导青少年对军事历史形成浓厚兴趣和正确认知，形成对祖国战争英雄和功勋人物的崇敬之情，激发爱国情感。目前俄罗斯有多个组织搜寻工作的社会机构，包括"俄罗斯搜寻运动"（Поисковое движение России）、"搜寻队联盟"（Союз поисковых отрядов）、"俄罗斯陆空海军志愿支援协会下

---

① История поискового движения в России ［EB/OL］. StudFiles, 2016-03-10.

② О военно-патриотических молодежных и детских объединениях ［EB/OL］. ГАРАНТ, 2014-12-24.

设的搜寻协会"（Поисковое объединение ДОСААФ России）等，其中最具影响力的搜寻类军事爱国项目是由非营利组织"俄罗斯搜寻运动"策划开展的。该组织成立于 2013 年，是俄罗斯境内规模最大的从事野外搜寻和档案研究工作的机构，致力于协助俄罗斯国家和地区权力机关保护和纪念护国烈士工作，同时协助国家权力机关落实青年政策，开展俄罗斯公民爱国主义教育和精神道德教育。①"俄罗斯搜寻运动"组建了 1500 多支搜寻队，地域覆盖俄罗斯 83 个联邦主体，组织中汇集了 45000 余名不同年龄的队员，搜索足迹遍布俄罗斯千岛群岛上的舒姆舒岛、斯摩棱斯克等战役旧址地区。搜寻队的工作强度是比较大的，以 2023 年为例，"俄罗斯搜寻运动"规划了 2423 场搜寻工作，其中也包括部分与俄罗斯大学生搜救队联合会、俄罗斯陆空海军志愿支援协会下设的搜寻协会等机构联合举办的工作。②

根据全俄搜寻信息中心的数据显示，截止到 2021 年，"俄罗斯搜寻运动"总计寻找到 19 万名苏联士兵的遗骸并对其进行了安葬，从中还确认了一万多名士兵的生平信息。在搜寻工作中，队员们既要完成烈士遗骸和武器装备残骸的搜寻工作，也要完成档案整理和研究工作，搜寻结束后还需要结合搜寻到的各类物品和信息举办展览，组织开展爱国主义教育活动，将烈士事迹整理后告知其亲人，出版相关纪念书籍。2020 年，俄罗斯总统普京为纪念书籍《士兵勋章中的名字》（Имена из солдатских медальонов）第十卷作序。普京高度赞扬了这项工作的重要意义，他指出："野外搜寻工作具有鲜明的俄罗斯特色。搜寻队员高强度的劳动，历史学家和档案工作者的细致研究，都具有非常重要的价值。他们揭开了我国历史上鲜为人知的一页，他们向阵亡将士、军官的家人提供了盼望已久的珍贵信息，这些出版的书籍更将为青年爱国主义教育做出重要贡献。"③

在俄罗斯搜寻运动中有一支特殊的队伍——大学生搜寻队联合会（Ассоциация студенческих поисковых отрядов）。该机构成立于 2018 年，队员数量 1750 名，分别来自俄罗斯 23 个地区的高校和中职院校。这些队员年龄分布在 18~35 周岁，按照地域等原则组成 104 支搜寻小队，每年都会在不同地区组织搜寻工作，各

① Устав Общероссийского общественного движения «Поисковое движение России» [EB/OL]. Поисковое Движение России，2021-11-20.

② План поисковых работ на 2023 год [EB/OL]. Поисковое Движение России，2022-10-27.

③ Коноплев А. Ю.，Салахиев Р. Р.，Салахиева М. Ю.，Кислицина Т. Н. Имена из солдатских медальонов Т. 10 [M]. Казань：«Отечество»，2020：3.

地区队员结合自己的时间进行网上报名并参加具体批次的搜寻工作。2021 年 7 月，来自俄罗斯各地区的 70 名高校学生在俄罗斯伏尔加格勒州卡拉切夫斯基地区开展了为期 18 天的搜寻活动。为了确保搜寻队员的人身安全，在正式搜寻工作前联合会一般会安排系列指导环节。在这一次出发前，圣彼得堡地区大学生搜寻队指导员基·安特罗波夫（К. Антропов）向队员围绕搜寻工作的安全问题举办了讲座，其中特别介绍了如何区别各类物品，一旦发现爆炸类装置应如何采取行动等，① 全力确保搜寻工作的科学性和安全性。70 名高校学生在这次搜寻工作中，不仅顺利完成了常规性搜寻工作内容，还对沿途发现的烈士纪念碑进行了清理和美化。在野外搜寻类教育项目中，参与者从国家战争史中获得鼓舞，从英雄事迹中得到感染，让成长于和平年代的青少年保持了对战争的记忆、对英雄先辈的敬意、对国家生存的危机意识，在头脑中构筑起军事强国的精神防线，强化爱国主义意识，不断坚定热爱祖国、捍卫祖国利益、时刻准备保卫祖国的价值追求，以此培养具有坚定、英勇、奉献、平等和热爱等宝贵品质的祖国保卫者。

---

① Завершилась « Студенческая Вахта Памяти » в Волгоградской области ［EB/OL］. Поисковое Движение России，2021-08-06.

第六章

当代俄罗斯价值观教育战略的理性审思

回溯当代俄罗斯价值观教育战略二十余年的发展历程，构建国家核心价值观、塑造大国强国形象、建设统一教育空间是贯穿俄罗斯价值观教育战略的重要主题。其中，构建国家核心价值观聚焦了意识形态层面建设，提出了凝聚当代俄罗斯民族和社会的精神力量，为价值观教育提供了重要的价值遵循；塑造大国强国形象，明确了当代俄罗斯应当坚持的国家发展道路和对外国家姿态，是对价值观教育培育合格公民、建设稳定社会的目标诠释；建设统一教育空间，是于系统化思维视阈下对价值观教育新发展格局的积极探索，明确了当代俄罗斯价值观教育的结构部署和实施路径，为多领域协力育人提供了基本建设思路和操作保障。上述主题相互包含、相互倚重，共同促进了当代俄罗斯价值观教育的现实发展。虽然现阶段俄罗斯价值观教育依然处于机遇与挑战并存的时代境遇，但可以肯定的是，当代俄罗斯价值观教育领域已经取得了显著的建设成效，俄罗斯民族文化认同感不断增强，民众的向心力和社会稳定性不断提高。俄罗斯政府在探索社会价值整合与实施价值观教育战略进程中，逐渐形成和积累的符合俄罗斯社会发展诉求的战略布局与实践经验，值得我们审视与思考。

第一节　理性审思的基本立场

立场是人们观察、认识和处理问题的立足点，是人们观察事物和处理问题时所处的地位和由此而持的态度。① 对审思当代俄罗斯价值观教育这样一项具有跨文化色彩的科学工作而言，能否达至"理性"取决于研究者所持的立场。如果立场偏颇或者错误，那么得出的结论必然无法"理性"。比较思想政治教育是中国特色哲学社会科学体系的重要组成部分，无论从学科属性还是比较论域来看，兼顾体现"中国特色"与"国际视野"是其题中应有之义，这就要求我

---

① 钱广荣. 论思想政治教育理论研究与建设的学术立场 [J]. 思想教育研究，2011 (6)：16-19.

们不断增强理论自觉与理论自信，以马克思主义为思想之舵，坚持自信自立的中华民族立场，坚守和美共进的中华文化立场，此也正是研究者理性审思当代俄罗斯价值观教育所应持有的态度。

一、坚持以马克思主义为指导

习近平总书记在哲学社会科学工作座谈会上指出，坚持以马克思主义为指导，是当代中国哲学社会科学区别于其他哲学社会科学的根本标志。坚持以马克思主义为指导开展比较思想政治教育研究，最为关键和重要的就是自觉把马克思主义基本原理及其立场、观点、方法贯穿于研究全过程。在思想认识上要牢牢把握马克思主义的根本政治立场——人民立场，在具体研究推进中更要始终坚持马克思主义思想方法和工作方法。

牢牢把握马克思主义人民立场，意味着要将服务人民的需要和维护人民的利益作为研究起点和价值归宿。人的问题是哲学社会科学研究的根本性、原则性问题，以人民为中心、为人民做学问，是廓清为谁著书、为谁立说这一问题的根本所在，也是理性审思俄罗斯价值观教育的根本遵循。作为研究者，首先就要深植胸怀人民的责任感与使命感，学习发扬中国共产党服务人民需要、维护人民利益的优良传统，坚持将服务人民需要、维护人民利益，以及破解人民群众普遍关心的问题，作为研究本身的出发点和落脚点。当前，价值观教育是世界各国普遍关注的重要问题，既关系到国家意识形态安全，也决定着整个社会的价值取向以及青年一代的道德水平。对一个国家和民族而言，价值观教育问题已然上升至国家战略高度，这也反映出全体社会民众的普遍关切与美好期盼。因而，审思俄罗斯价值观教育，首先要站稳人民立场，明确学术使命，努力从域外经验的实践镜鉴中探寻价值观教育的普遍规律，积极回应全体社会的普遍关切，为中国特色社会主义事业培养适应社会发展需要的高质量人才做出学术贡献。其次，要将人民立场作为超越性批判借鉴的衡量标准。立场，是基础性、根本性的问题，立场不同，思想和观点的出发点就不同，认识活动和实践活动也会不自觉地受其影响。[①] 思想政治教育向来注重以人为本，尊重人的主体性与个体差异，关注人的解放与全面发展。因而，在对俄罗斯价值观教育开展域外经验审思的过程中所获得的可借鉴性经验，一方面必须充分关切人的主体性。换言之，研究者对经验的把握需要结合教育实际，包括教育对象身心发展的阶段特征、教育项目实施的社会背景等，坚决避免"完全照搬"或"生

---

① 骆郁廷. 论立场 [J]. 马克思主义研究，2020（9）：5-18，159.

硬嫁接"，要坚持问题导向，从符合和贴近人民群众自身发展需要的角度进行方法借鉴。另一方面可借鉴性经验是必须关切人的自由全面发展。从研究对象的锚定与分析原则的坚持，都必须体现进步意义，具体来看就是要将人的需要和人的发展放在问题研究的核心位置，将是否有助于实现人的解放、推动人的自由全面发展作为学习借鉴的判断依据。

　　始终坚持马克思主义思想方法和工作方法，意味着研究工作全过程应充分体现实事求是、唯物辩证的方法论自觉，并将其作为辨识教育现象、把握教育规律和评价教育成效的根本准则。开展哲学社会科学领域的比较研究，模糊概念、以偏概全、主观臆断以及"拿来主义"极不可取，这就更需要依靠正确科学的思想方法和工作方法，以获得准确的概念认知、全面的现象解读、科学的规律把握，进而立足国际视野关照和体察人类共同面临的重要议题，从中寻找有助于我国价值观教育优化发展的积极经验。作为研究者，首先要坚持从客观实际出发，秉持实事求是的方法论自觉。准确全面把握俄罗斯价值观教育的真实情况是对其进行理性审思的重要前提。如何做到准确和全面，这就要求研究者能够广泛、精准且尽可能详尽地搜集俄罗斯价值观教育的各类资料，尤其是一手文献，通过翻译的"信达雅"、解读的全面客观，去认识和弄准俄罗斯价值观教育的真实图景，揭示其内在规律，谨防人云亦云和主观臆断导致的错误结论。只有符合客观实际的，经过实践检验的，才是真实可信的。因而如果条件允许，可适当开展实地调研，这对充分把握俄罗斯价值观教育发展实际，从中挖掘有益经验具有积极意义。其次还要坚持系统思维，秉持唯物辩证的方法论自觉。在分析和研究俄罗斯价值观教育时，不能仅就这一教育现象开展孤立地、片面地甚至割裂地考察，将其与俄罗斯政治、经济、社会和文化背景相分离，而是要从教育作为社会子系统的角度，充分考虑教育与社会、教育与其他子系统之间的紧密关系，结合国情特点具体分析俄罗斯价值观教育是如何回应国家发展需要的。在评价和反思环节，研究者更应保持清醒理性，自觉以批判的、辩证的态度去审视，不能仅看到"优势"而忽视问题，要有分析、鉴别，开展有效甄别，对于具有进步意义的成熟经验，要结合我国价值观教育实际情况合理分析，对于那些已然偏离价值观教育轨道的、脱离时代发展和丧失价值合理性的落后方法，也要主动批判并坚决抵制。

二、坚持自信自立的中华民族立场

　　当今世界正处于百年未有之大变局，国内外形势发生深刻复杂变化。面对世界之变、时代之变与历史之变，保持中华民族的精神独立性、坚持自信自立的中华民族立场极为重要，这既是确保中华民族屹立于世界民族之林的重要前提，也是中华民族能够以强大民族自信心和独立性为世界贡献中国智慧的关键基础。自信自立是当前中华民族应有的精神面貌和处世姿态，这种自信自立理应体现在社会发展的各个领域和社会生活的方方面面。哲学社会科学致力于回答中国之问、世界之问、人民之问、时代之问，崇高的学科使命要求这一学科的建设与发展必须保有自信自立的中华民族立场，而一切有理想、有抱负的哲学社会科学工作者，也必须将这一精神面貌积极融入个人的科研工作中，立时代之潮头、通古今之变化、发思想之先声，不断增强根植中国做学问的自信心与主动性，为党和人民述学立论、建言献策，担负起历史赋予的光荣使命。

审思他国价值观教育是一项立足中国立场、彰显国际视野的科学研究工作，这一过程更需要坚持自信自立的民族立场，只有这样，我们才能在国际比较研究中时刻保持清醒的头脑，强化自身主体意识和精神独立性，避免对他者文化的盲目崇拜与照抄照搬。中华民族拥有五千年文明历史，对理想人格的不懈追求，对道德修养的无比重视，对精神发展的高度关切，形成了中华民族稳定的思想基础和独特的精神气质，这些宝贵精神财富经由一代代华夏儿女传承至今，深刻影响着不同阶段中国社会的发展，也指引着中华民族不断发挥理性思辨的独特优势。我们党历来重视思想政治教育，特别是党的十八大以来，以习近平同志为核心的党中央高度重视社会主义核心价值观在全社会的培育与践行，坚持用社会主义核心价值观铸魂育人，积累形成了一系列规律性认识和宝贵的成功经验，思想政治教育理论基础不断夯实，实践策略不断优化，党的思想政治教育工作不断迈向新高度。这些经过实践检验的思想政治教育的成熟经验体现了鲜明的中国特色和中国风格，其蕴含的深刻民族基因以及所产生的教育成效，是我们在价值观教育领域理应保有的自信与底气，更是我们不断坚持自信自立民族立场开展国际比较研究的现实根基。

审思他国价值观教育是一项放眼世界、胸怀祖国，以我为主、为我所用的科学研究工作，这一过程更需要坚持自信自立的民族立场，只有这样，我们才能在国际比较研究中确保方向准确、目标明确。坚持自信自立的民族立场不是意味着一概排斥他者文化，对于他国有益的教育经验，我们要认真分析考察和批判借鉴，也就是说要"开门搞研究"，同时也要清楚地认识到，对他国价值观教育特征的把握，对他国价值观教育存在问题的揭示，并非我们所开展研究工作的最终目标。审思俄罗斯价值观教育，"开门搞研究"最重要的是扎根中国国情、立足中国实际，从思想政治教育服务国家战略发展需要的价值导向出发，本着对世界各国价值观教育事实的尊重开展跨文化考察，最终将研究的落脚点放置到我国价值观教育的理论建设与实践发展上来，对人类创造有益的理论观点和学术成果。一百年来，我们党坚持扎根中国实际，推进马克思主义中国化的历史经验告诉我们，解决时代命题不能故步自封，也不能照抄照搬。破解价值观教育问题也是如此，需要在新的环境与新的形势下，牢牢站稳民族立场，结合本民族特定的历史语境和社会背景，从中国国情出发，从当前青少年价值观教育的现实境遇出发，坚守为党育人、为国育才的初心使命，才能创造性地解答时代赋予我们的新问题。放眼世界的前提是胸怀祖国，放眼世界的指向是以我为主、为我所用；国外的理论观点和实践策略在一定的地域和历史文化中具有其合理性，但是永远不可能以此套用于各个民族，任何一个民族也不可能成为另一民族的翻版。因而，只有坚持自信自立的民族立场，才能避免生搬硬套，才能确保研究目标和方向更为坚定，确保我们的研究是回应我国价值观教育研究的理论关切、解决我国价值观教育实践发展的现实诉求，以此提炼出符合我国国情需要的价值观教育新理论和新实践，为全面落实立德树人根本任务和实现中华民族伟大复兴而贡献力量。

三、坚持和美共进的中华文化立场

全球化语境之下，不同民族、不同国家的文化跨越地理边界相互影响、交融碰撞，文化的多元共存已然成为世界文化发展的典型趋势。人类文化从来不是孤立的、封闭的，而是在不同文化的融合交汇中丰富发展起来的；人类文化也不会仅有一个单一模版，没有哪一个民族和国家的文化能够成为他者范本或将异于自我的他者文化全部同化。当然我们看到，当前在世界范围内仍然存在着文化霸权的行为。一些地区和国家企图通过行使独断专行的文化话语权，借用非正当方式向外渗透和兜售狭隘的价值观和生活方式，否定他国文化独立性，对全球文化安全和世界和平带来巨大危害。对此，世界各国更要保持清醒的头脑。一方面，我们要尊重世界文明的多样性。"文明因交流而多彩，文明因互鉴而丰富"，人类文化必将以一种多元化的形态存在，和而不同、美美与共是促进不同文化和谐共存、世界各国真正实现共赢的发展密码。越保守、越排他的文化，自身发展也会越为缓慢，也终将被人类文明所遗弃。另一方面，我们还要坚定文化自信，不断明确本民族文化的特殊性，保护本民族文化的独特性，时刻警惕强势文化消解他者文化的不良企图，要以坚定的文化自信包容外来文化，以兼收并蓄、天下大同的理念积极开展文化交流，不断推动本民族文化的创造性转化和创新性发展。

立足比较思想政治教育学科审思俄罗斯价值观教育，是研究者以价值观教育为关照场域，通过比较研究推动两国价值观教育领域跨文化对话的一项科研活动，因而就其本身而言，审思俄罗斯价值观教育是一项富有重要意义的文化交流工作。将和美共进的中华文化立场融入研究工作，首先在于认识和把握"和"，即"和而不同"。人类在其栖息繁衍的过程中缔造出不同类型的文化形态，每一个民族也在自身历史发展进程中不断创造独具特色的灿烂文化。"中华民族有着深厚文化传统，形成了富有特色的思想体系，体现了中国人几千年来积累的知识智慧和理性思辨。这是我国的独特文化优势。"① 同样，其他民族也在自身生产生活实践中不断积累形成体现本民族特质的物质财富和精神财富，汇聚成这一民族宝贵的、独一无二的民族文化。在对待不同民族文化关系的问题上，"和而不同"的思想为我们提供重要启示，正如党的二十大报告指出，"万物并育而不相害，道并行而不相悖"②。"和而不同"是中华优秀传统文化的经典理念之一，主张在保持"不同"的基础上，通过理解、包容寻求统一，达到和睦相处。我们在文化交流中强调"和而不同"，提倡的就是要以开放、包容、平等的态度和立场对待不同民族文化，要能够包容他者，与他者和谐共处，在矛盾对立中寻求统一。这一思想同时也为审思俄罗斯价值观教育提供了有益启迪。审思俄罗斯价值观教育，离不开对俄罗斯民族文化心理、社会文化背景的考察，只有坚持"和而不同"的学术立场，才能以开放包容的姿态充分实现交流互鉴。通过对俄罗斯价值观教育现象的学理思考和实践关照，思考与其具有密切内在联系的社会文化因素，包括了解俄罗斯民族的文化基因，掌握俄罗斯社会政治、经济、文化的现实背景，在此基础上充分认识俄式价值观教育的独特性，客观评价其经验与不足，推动中俄两国教育领域的跨文化对话。

坚持和美共进的中华文化立场，其次在于理解和追求"美"，即"美美与共"。"美美与共"是费孝通先生针对认识和处理不同文化之间关系而提出的理想原则，也为世界文明观提供了中国智慧。"美美与共"指向的是不同文化共存的状态，换言之，不是某一文化的一枝独秀之美，也不应存在文化与文化之间的强弱之分。正如习近平总书记指出，"不同历史和国情，不同民族和习俗，孕育了不同文明，使世界更加丰富多彩。文明没有高下、优劣之分，只有特色、地域之别"③。不同民族的文化都是人类精神瑰宝，各具特色、各有千秋。各民族在确保本民族文化传承好、发展好的同时，还应尊重理解他者文化，并对世

① 习近平. 习近平谈治国理政：第二卷 [M]. 北京：外文出版社，2017：340.
② 习近平. 高举中国特色社会主义伟大旗帜为全面建设社会主义现代化国家而团结奋斗 [N]. 人民日报，2022-10-17.
③ 习近平. 习近平谈治国理政：第二卷 [M]. 北京：外文出版社，2017：544.

界文化怀有美好期望，"以文明交流超越文明隔阂、文明互鉴超越文明冲突、文明共存超越文明优越"①，在交流互鉴中努力建设一个开放包容的世界，最后达至大同之美。坚持"美美与共"的文化立场审思俄罗斯价值观教育，一方面要做到坚守"自我"，认识到本民族文化的独特魅力和深厚底蕴。在价值观教育的比较研究中难免产生价值冲突，作为研究者必须头脑清醒，不断厘清自身定位，坚决不可否定和丢掉民族文化基因。中华文明中承载着中华民族的道德标准与价值体系，牢牢把握道德标准和价值体系是防止立场动摇或被不良文化渗透的重要价值基础，对此要时刻保持清楚认识。另一方面还要超越文化中心主义，积极推动"自我"与"他者"的交流互鉴。通过考察俄罗斯社会文化因素、民族心理与价值观教育的内在关系，把握价值观教育的基本规律。对于具有进步意义的成功经验要给予客观评判，学会欣赏、取长补短，为我国价值观教育提供更多"他山之石"，以"美美与共"的境界促进两国教育文化的共同繁荣与和美进步。

第二节　当代俄罗斯价值观教育战略的内在机理

当代俄罗斯价值观教育战略是一项系统工程，充分体现了国家顶层设计框架下全社会多维主体的合力推进。理性审思俄罗斯价值观教育战略发生、运行与实践的基本逻辑和主要规律，是分析当代俄罗斯价值观教育战略可借鉴性的思考前提与重要依据。

一、发生机理：公民期待与国家意志的相合一致

集体主义与个体主义可以被视为区分中西方价值文化的最主要标志。倘若从首都莫斯科的地理位置来看，俄罗斯理应是具有个体主义倾向的欧洲国家。但地理上地处欧亚大陆的东西方坐标也同时深刻影响着俄罗斯民族的自我认知与文化心理，因而单一的个体主义标签无法廓清俄罗斯民族的完整形象。俄罗斯常以"第三种文明"自诩，对此我们可以从俄罗斯国徽上找到最为形象的视觉解读。一只傲视世界的双头鹰，瞭望着东方，同时也注视着西方，双脚却深深扎入俄罗斯大地。自诩为"第三种文明"，体现出俄罗斯民族对自身独特性的

---

① 习近平. 高举中国特色社会主义伟大旗帜为全面建设社会主义现代化国家而团结奋斗
　　[N]. 人民日报, 2022-10-17.

理解，对东方和西方的瞭望、注视，并不是对东西方文化的简单照搬，而是在结合了本民族与生俱来的价值观念、民族精神和思维特质的基础上，超越了东西方文化的机械叠加，巧妙地将东、西、俄三种文明有机融合在一起，进而不断形成俄罗斯民族的鲜明特征。因而对俄罗斯而言，将传统认识中的集体主义和个体主义作为区分中西方文化最主要标志的判断并不准确。与其他欧洲国家不同，深厚的集体主义情怀是俄罗斯民族的一个典型文化心理，人们对国家的强烈主观依赖也是俄罗斯不同于其他欧洲国家的重要民族特质。因而，在俄式民主化道路的独特发展进程中，民主化并不意味着政府在国家治理体系中主导地位的绝对丧失，相反，公民个体通常在自我发展和社会发展问题上表现出对国家的高度依赖。

苏联解体后，俄罗斯社会各个领域面临着转型阶段的革命性变革。变革年代为市场经济发展创造了条件，同时也保障了公民个体自由，改变了人们的生活方式，但与此同时也带来了巨大的思想危机。西方资本主义国家不断加紧在俄罗斯社会的价值渗透，多元化思潮持续涌入俄罗斯社会，个人主义、实用主义、享乐主义价值倾向影响了俄罗斯社会的健康发展，严重损害了社会民众的民族向心力和国家自豪感，同时也降低了社会民众的整体道德水平，制约了俄罗斯政治、经济、文化等社会各领域的现实发展。从一定程度上看，更严峻的思想危机出现在青年一代身上。青少年开始盲目崇拜与追求西式的民主与自由，青少年犯罪活动和各种形式破坏行为的数量不断增加，消极思想在青年一代中不断蔓延，善良、正义、品行端正和爱国主义等宝贵的传统价值观受到忽视。2007 年俄联邦公众院文化发展问题委员会通过的《俄罗斯文化与未来：新观念》报告指出，"青年一代变得头脑简单、精神赤贫，他们成长在远离了丰富俄罗斯文化传统的环境里，不能完全理解复杂的社会现象，也不能辨识大师作品和滥竽充数的文章，甚至相信文化只存在于电视里"①。面对国家境遇曲折动荡，意识形态纷然杂陈，国家凝聚力下降，公民道德水平下滑，犯罪事件频发等负面现象，在全社会范围内促进社会价值共识形成、实现精神道德引领、恢复社会稳定秩序，无不体现出实施价值观教育的重要性与紧迫性。

破解社会思想道德发展困境既是俄罗斯国家治理进程无法规避的战略任务，同时也符合公民追求基本社会秩序和自身全面发展的现实需要。那么，应当如何推动价值观教育，应当由谁来充当价值观教育战略的核心主体，走上民主化政治进程的俄罗斯是否将会像美国一样，扮演教育领域的"助理角色"。从俄罗

---

① Культура и будущее России. Новый взгляд［EB/OL］. Refdb. ru，2007-11-24.

斯民族心理来看，自古以来形成的对集体主义精神的高度崇尚，使得人们坚持集体利益的优先性，认为人的发展有赖于社会。换言之，人们希冀获得来自国家上层力量的操控和管理，运用国家行为尽快改善社会道德水平的现实状况。包括价值观教育的主体力量——各类教育、文化和艺术组织，由于面临着并不理想的现实发展境遇，"对争取国家监管和获得国家经费补贴表现出强烈的渴求"①。从国家层面来看，当代的俄罗斯政府既没有西化效仿美国成为社会建设与管理的助理人员，也没有继续充当苏联时期掌握唯一话语权的"工程师角色"，而是积极修正自身与社会其他领域主体的关系，将部分教育领域的管理权交由社会机构。当然，无论国家角色如何调整，国家仍是俄罗斯教育领域的主要战略投资者。自 2000 年以来，俄罗斯政府持续以国家政策文件形式推动实施价值观教育战略，正式公开表达了由国家推动价值观教育战略制定与实施的国家意志和决心。因而，公民对美好生活的向往以及由国家充当价值观教育战略核心主体全面推进公民道德建设的个体迫切期待，与国家掌握教育主导权加速推动价值观教育发展的国家意志相合一致，这也成为当代俄罗斯价值观教育战略得以发生、演进和不断深化发展的重要逻辑起点。

二、运行机理：顶层设计与多维主体的协同合力

当代俄罗斯价值观教育战略的制定与实施体现了强烈的国家意志和积极的国家行为。总体来看，俄罗斯政府并不单纯依靠国家管理系统的"权力"，也不仅仅依靠"政治精英"，而是强调国家顶层设计框架下社会多维主体的协作配合，努力打造全社会广泛参与的育人工程。其中，国家政策作为顶层设计，赋予了各类教育主体协同合力推动价值观教育的良好教育生态，确保价值观教育在其发展的二十余年历程中发展目标不断明确、资金投入持续稳定、主体力量日益庞大、教育成效持久彰显。多维主体作为教育力量，确保了各类价值观教育政策的有效实施，在教育自觉与外部约束的共同作用下不断形成实质性教育合力，共同推动价值观教育政策与活动的落细落实，同时也基于实践对国家政策做出积极反馈，进而促进教育政策不断修订完善，持续提高教育政策对教育实践的指导力。

自 2000 年普京执政以来，俄罗斯政府、教育部、青年事务署等部门陆续出台和实施了一系列价值观教育的标志性国家政策，营造了价值观教育蓬勃发展的社会氛围。政策既包括作为价值观教育领域相关政策制定根本依据、具有鲜

---

① Барсуков Д. П., Носкова Н. А., Холодкова К. С. Управление сферой культуры [М]. Москва：СПбГИКиТ，2015：10.

明规约性与导向性的"价值观教育的战略性政策"——《2025 年前俄罗斯联邦德育发展战略》，也有突出实践取向、代表俄罗斯政府对爱国主义教育做出具体规划与方案设计的"价值观教育的操作性教育政策"——《俄罗斯联邦公民爱国主义教育国家纲要》。价值观教育领域一系列国家政策的颁布和实施，一方面逐步厘清教育目标，为价值观教育提供重要的方向指引，破解了俄罗斯价值观教育"培养什么人"的根本问题；一方面强化社会主体育人自觉，扩大价值观教育主体范围并对从业人员职业素养提出具体要求，集中回应了"谁来培养人"的教育主体问题；另一方面确保教育资金的持续支持，通过强有力的国家预算拨款，解决了俄罗斯价值观教育基础设施建设与活动经费的资金路径问题。总的来看，制定兼顾目标规约、指导原则、主体参照、实践依据的全方位价值观教育政策，既体现了俄罗斯政府集中破解价值观教育领域现存问题的战略决心，同时也反映了政府对国家教育资源的整体分配，更为重要的是，从国家层面指明了当代俄罗斯价值观教育发展的基本方向，并以法律规范形式为其提供了可靠的制度保障。

在价值观教育政策落实层面，有别于 20 世纪 90 年代初俄联邦政府和教育部门对教育发展的"放任自流"，俄联邦教育部、各联邦主体的教育部等垂直教育管理机构已经发展成为价值观教育的重要力量牵引，积极拉动各地区、各级教育机构、文化组织加入价值观教育进程，推动全社会构建起国家主导、多维主体协同合力的价值观教育战略运行模式。教育职能的重新归位、教育自觉的不断彰显，俨然与苏联解体前后价值观教育的萧条发展全然不同。事实上，这也是俄罗斯价值观教育二十余年来能够得以广泛发展的重要基础，即充分凸显国家在教育领域的权威话语权并塑造稳定的教育合力。从经验层面来看，俄罗斯价值观教育主体的协同合力一方面体现为合力目标的一致性，即以国家价值观教育政策为导向，共同聚焦、共同瞄准价值观教育发展的战略需求。在各类国家政策中，无论是教育领域的全局性国家政策，还是关涉某一类具体教育主体的专门化章程，无一不强调价值观教育的重要性和必要性，将培育俄罗斯合格公民作为首要发展目标。另一方面，协同合力体现为合力形式和内容的实质化。充当校外价值观教育主体力量的各类机构，所扮演的并非学校价值观教育的"配角"，而是发挥同等重要的互补式育人职能，通过制定跨地区、跨领域的实质性合作项目，开发校内外衔接式的教育实践项目，集中整合、共享各类优质的校内外教育文化资源，进而实现教育和文化主体的积极融合与深度合作，探索多维主体合作育人的价值观教育路径。

三、实践机理：凝聚共识与培育公民的并行共进

苏联解体后，俄罗斯经历了近十年的动荡时期。国力衰退、经济危机等现实困境加重了人民生活的艰难程度，西方社会从各个领域对俄罗斯发展的千方遏制"恶化"了俄罗斯国内的社会关系，导致人们对国家发展道路的信心以及对政府的信任度不断下降，国家凝聚力、向心力也随之降低。在国际社会，俄罗斯在与西方国家的宣传战中一直处于劣势位置，西方媒体的恶意丑化，西方政客的舆论打压，使俄罗斯总统、政府、军队，甚至国家历史被张贴了负面的标签，俄罗斯在国际舞台上的形象下滑，并进一步影响了社会民众对俄罗斯国家形象的认知。俄罗斯亟待在破解社会共识之困和国家形象之困中寻找到答案。"现代国家的崛起应当有配套的文化和意识形态做支撑，否则其崛起很可能成为一种短暂的现象。"① 然而，转型阶段的俄罗斯在意识形态领域处于"真空"状态，自身缓慢发展的俄罗斯传统文化在直面西方文化大举入侵的过程中表现乏力，使得俄罗斯传统价值观念一度弱化，甚至无法在提升文化认同和社会共识问题上发挥作用。另一方面，与意识形态建设息息相关的价值观教育发展也因国家财政拨款不断缩减而导致教育功能大大降低，公民道德水平不断下降，民族凝聚力和向心力都面临着严峻考验。

如何缓解意识形态"真空"导致不断降低的国家认同的负面效应，如何发挥传统文化凝心聚力的时代使命，如何有效培养俄罗斯合格公民，均是俄罗斯政府必须面对的现实问题。经过二十余年的探索与实践，俄罗斯价值观教育基本形成了稳定的发展局面。在此过程中，价值观塑造以及合格公民培育是始终伴随价值观教育战略实践进程的两个重要着力点，且二者相互促进、共同发展。其中既是从价值观教育的特殊场域关照了意识形态建设，强调以俄罗斯民族自古以来繁衍与传承的共同文化积淀滋养社会道德发展与公民价值追求，推动凝聚价值共识，筑牢社会思想基础；同时从教育事业本身出发瞄定了价值观教育的核心命题——人的培养，塑造俄罗斯社会发展需要的合格公民，不断提升社会凝聚力、民族向心力，巩固意识形态建设的阶段成果。两个重心相互支持，相互依赖，并行共进。国家核心价值观在教育实践中不断凝塑和建构，价值观教育在不断建构成熟的国家核心价值观的指引下，获得更为明确的发展轨迹。

客观来看，价值观塑造以及合格公民培育没有绝对的时间界限和阶段划分。但倘若从时间向度来看，当代俄罗斯价值观教育战略确实是从价值观建构开启

---

① 王军，吴亮，王健君. 营造务实健康的国民心态 [J]. 瞭望，2007（43）：14-18，20.

的。在就任俄罗斯代总统前夕，普京在《世纪之交的俄罗斯》纲领性讲话中指出了转型阶段俄罗斯面临的一系列尖锐问题，他认为俄罗斯"迫切需要进行富有成效的建设性的工作，然而，在一个四分五裂、一盘散沙似的社会是不可能进行的"①，由此普京提出了蕴含"爱国主义""强国意识""国家观念"和"社会团结"四部分内容的"俄罗斯新思想"，正式拉开了俄罗斯意识形态重构的时代序幕，即从冲破意识形态"真空"与"混沌"现实藩篱转向核心价值观的凝塑与建构，其目的在于夯实俄罗斯民族精神基础、凝聚社会共识，事实上也为价值观教育提供了明确的价值引领，指明了俄罗斯合格公民理应具备的高尚品质和道德素养。为加速推动价值观教育，普京就任总统后很快颁布了爱国主义教育专项计划——《2001—2005 年俄罗斯联邦公民爱国主义教育国家纲要》，重点在爱国主义教育目标、任务、措施体系、实施机制、资金保障等方面进行了系统部署，明确规定了公民爱国主义教育体系发展的基本方向和主要结构，旨在培养俄罗斯公民服务社会、报效祖国的爱国意识，增进价值共识，提高文化认同。总的来看，总统普京第一任期的四年帮助俄罗斯"越过了一个艰难的，但是非常重要的分界线"，人民生活水平得到改善，俄罗斯"多少年来我们首次成为一个政治经济稳定的国家，一个在财政和国际事务中独立的国家"②，政治、经济、军事、文化、外交等各个领域基本恢复正常秩序。随着价值观教育逐步走上体系化、系统化，社会民众的价值共识逐渐形成，社会风貌与道德水平不断改善，意识形态建设阶段成果得到巩固，转型阶段俄罗斯紧张的社会关系也在一定程度上得到了及时有效的缓解，为俄罗斯国家发展奠定了稳定的社会基础。与此同时，不断趋向稳定的社会氛围和精神风貌有效助力俄罗斯在世界舞台塑造大国形象，国际地位的提升反向促进了俄罗斯民族的文化自信，极大提升了民族凝聚力和向心力。

第三节　当代俄罗斯价值观教育战略的现实局限

回顾俄罗斯价值观教育二十余年的建设与发展，俄罗斯已然形成了独具特质的俄式价值观教育实践范式，呈现出体系化运转、协同化运行的良好发展模

---

① Владимир Путин. Россия на рубеже тысячелетия [N]. Независимая газета, 1999 - 12 - 30.

② Послание Президента Федеральному Собранию [EB/OL]. Президент России, 2004 - 05 - 26.

式，不仅获得了教育领域的优先发展地位，也取得了有效的价值观教育成效。任何事物在其自身发展进程中均会面临诸多挑战与考验，这既是客观辨析自身发展形势的探窗，更是不断趋向完善和实现自身突破的阶梯。俄罗斯价值观教育也同样如此，在不断形成自身实践优势的同时，也呈现出新形势、新问题下的发展局限与不足。结合俄罗斯国情对价值观教育局限性做以客观把握，有助于更加全面把握俄式价值观教育的现实状况，并更为理性地审视思考提供重要判断基础。

一、价值观教育区域发展有待平衡

当代俄罗斯价值观教育战略是在政治秩序亟须恢复、经济水平亟待提高的外部环境下，与国家政治、经济、文化、教育等各领域建设同步启动的。能够肯定的是，俄罗斯政府在价值观教育领域倾注了大量精力，但是相对而言，包括价值观教育在内的教育领域的发展步伐较为缓慢，周期也较为漫长，并呈现出价值观教育区域发展的差异化现象。众所周知，俄罗斯是一个联邦制国家，每一个联邦主体享有教育领域广泛的自主管理权，教育空间相对独立。因而，鉴于不同联邦主体对价值观教育的关注程度、投入程度，以及各地区固有经济水平、文化水平、教育水平等客观因素，各联邦主体地区在宣传价值观教育政策、组织开展价值观教育实践活动、推动价值观教育创新发展等方面存在意识和措施差异，必然在一定程度上降低了这一地区的价值观教育成效，制约公民道德发展的整体水平，特别是在一些偏远地区以及人口数量较少的地区，价值观教育发展不平衡现象更为突出。

价值观教育地区发展进程的不均衡现象，首先体现在教育机构经费配备存在差异。多渠道获取教育经费支持是俄罗斯各级各类教育主体实施价值观教育的重要保障。根据《俄罗斯联邦教育法》规定，俄罗斯教育领域财政拨款主要来源为联邦预算、联邦主体预算和地方预算，教育机构同时亦可自筹经费或开展有偿教育服务，即依靠自然人或法人资金从事教育活动。从实际情况来看，联邦层面的预算拨款通常会从地区经济发展和教育实际情况出发，通过政策倾斜有针对性地减少区域经费差异，以此促进教育公平、提高教育质量。针对专门从事青少年价值观教育相关工作的社会组织，俄联邦政府也会划拨财政专款为其提供专项经费支持，并制定相关措施实施税收优惠政策，鼓励更多的社会机构参与青少年价值观教育。此类来自联邦预算的专项经费一部分直接面向教育机构划拨的，如针对儿童补充教育机构的联邦预算、针对青年组织的联邦预算，还有一部分是面向教育项目划拨，即以活动经费的方式进行拨款，如针对全俄行动"我是俄罗斯公民"提供的专项经费支持，针对"俄罗斯搜寻运动"提供的活动经费等。近些年来，俄罗斯政府在爱国主义教育领域投入了相当大比重的财政支持，从 2001 年第一部公民爱国主义教育国家纲要颁发起，用于爱国主义教育措施的经费逐年递增。2021 年 1 月 1 日，俄罗斯联邦政府通过了《俄罗斯联邦公民爱国主义教育》联邦方案（федерального проекта « Патриотическое воспитание граждан Российской Федерации »），明确规定俄联邦政府在 2021—2024 年用于公民爱国主义教育方案的联邦预算总计 136.4 亿卢布，以此保障爱国主义教育体系有效运转。在政府划拨的财政预算之外，各地区所获得的联邦主体预算、地方预算以及教育机构自筹经费的数额差异通常还是比较明显的，教育机构的经费金额在很大程度上受到"区域社会经济发展程度"和"地区人口情况"的制约。比较而言，经济发达地区向教育主体划拨的教育经费数量更为充足，经济欠发达地区教育经费划拨相对不足。另一方面，在人口数量总体呈现负增长的趋势下，越来越多的家庭从传统的多子女型转向少子女或独生子女型，生源数量紧缩，这也在一定程度上压缩了教育机构通过有偿教育服务自筹教育经费的空间。有俄罗斯学者针对罗斯托夫地区的教育发展状况进行了调研，结果显示，该地区的各类型教育机构的教育资金均存在不够充足的情况，再加上地区人口出生率较低，适龄接受教育的孩子数量不断减少，很多校外教育机构已无法从付费服务中获得机构运行的额外资金，导致部分磨损的教育设施得不到及时维修，甚至还有部分设施直接停用，[①] 严重影响了地区教育项目的实施以及育人目标的实现。罗斯托夫州教育发展面临的问题仅仅是俄罗斯偏远地区或经济欠发达地区教育现状的一个缩影，只有切实突破区域经济发展程度和地区人口现状等制约价值观教育发展的瓶颈性问题，才能真正促进价值观教育获得均衡发展。

其次，价值观教育地区发展进程的不均衡现象体现在价值观教育社会力量配置存在差异。作为一项全社会工程，价值观教育是由多维教育主体协同推进的，总体呈现出学校、家庭和社会共同育人的教育格局。其中，类型多元的价值观教育社会主体基于对社会资源的合理优化，延展了价值观教育的时空向度、拓宽了价值观教育的实践进路，弥补了学校价值观教育在时间和空间上的局限，也为地区价值观教育的特色化发展提供了重要的实践支撑。就目前各地区价值观教育社会主体的建设情况来看，城市和发达地区教育资源较为丰富，可在学

---

① Чуракова Р. Г. Региональные особенности управления содержанием дошкольного и общего образования［М］. Москва：Академкнига, 2020：103.

校之外提供给青少年的教育服务极为多样化，而农村和欠发达地区参与价值观教育的社会机构数量和类型十分有限。俄罗斯联邦调查统计数据显示，2019 年俄罗斯城市地区儿童人均接受补充教育服务的次数为 1.37 次，而农村地区仅为 0.72 次，也就是说城市地区儿童普遍接受了至少一项的补充教育服务，而大量农村地区的儿童并没有接受过补充教育。不同地区儿童补充教育覆盖率也存在较大的差异，莫斯科、秋明、坦波夫等发达地区儿童补充教育覆盖率远远高出塞瓦斯托波尔、车臣共和国、因古什共和国等地区。① 为推动各地区价值观教育社会力量的积极发展，"统一俄罗斯党"于 2016 年发起了一项党内项目工程——地区文化之家（Местный дом культуры），旨在推动居民数量少于 5 万人的农村地区的文化俱乐部和文化之家物质技术基础的发展与更新，依托文化元素实现价值观传播和地区价值观教育。在人员设置方面，"地区文化之家"项目委任俄联邦国家杜马议员、国家杜马文化委员会副主席奥·卡扎科娃（О. М. Казакова）作为该项目的总负责人，同时在俄罗斯 71 个联邦主体地区设置地区负责人，如沃洛格达州的负责人是沃洛格达州立法议员，教育、文化和卫生常设委员会主席雅·格奥尔基耶娃（Я. Л. Георгиевна），梁赞州负责人是梁赞州民间创作科学方法中心主任沙·米哈伊洛夫娜（Ш. Е. Михайловна）等，确保"地区文化之家"项目在各地区推进的可行性与接续性。实践表明，推行此类教育文化项目一方面能够拉动地区教育文化建设，为国家核心价值观的有效传播提供稳定、可靠的宣传渠道；另一方面，扩大价值观教育的受众范围，其活动不仅面向在校学生，同时也有效关照了所在地区的社会成员，使其能够在丰富多彩的实践活动中提高自身道德水平，涵养高尚品质。

价值观教育地区发展进程的不均衡现象还体现在高校价值观教育人员配备存在差异。早在 2006 年，俄联邦教育科学部通过了《关于组织高校德育进程的意见》，建议高校要适当安排相应工作机构，负责管理本校德育活动，确保学校德育工作的方向和内容。指导意见颁布后，俄罗斯大部分地区高校能够积极行动并迅速落实，搭建"学校—院系—教研室"校内三级德育工作队伍，及时配齐主管德育工作的副校长、副院长（副系主任）、辅导员等相关岗位人员，极大推进了俄罗斯高校德育进程加速发展的新局面。但也存在部分地区的部分高校始终未对此问题做出迅速回应，这类高校价值观教育的相关工作主要由行政教

---

① Косарецкий С. Г., Павлов А. В., Марцалова Т. А., Анчиков К. М. Мониторинг экономики образования［М］. Москва：Национальный исследовательский университет «Высшая школа экономики», 2020：3.

师或青年教师兼任，或者完全依靠学生自我教育和自我管理，其中也包括莫斯科大学等俄罗斯知名学府。2021 年 6 月，俄罗斯总理米舒斯京签署了《莫斯科大学 2030 年前发展规划》（*Программа развития федерального государственного бюджетного образовательного учреждения высшего образования Московский государственный университет имени М. В. Ломоносова до 2030 года*），强调要从七个领域加强建设以实现莫斯科大学发展的战略目标，其中包括"发展莫斯科大学德育工作"①，由此不难看出俄罗斯政府对高校德育工作的重视程度与推动力度之大。但截止到目前，莫斯科大学仍然没有设置负责学生德育工作的副校长、副系主任等相关岗位，仍然按照传统方式由各院系兼任学生辅导员的青年教师协助处理学生日常事务，同时积极发挥学生会等学生自治组织的自我教育和自我管理作用，但可以预判，在俄罗斯政府的强势推动下，莫斯科大学等高校的育人队伍建设将逐渐完善并走上正规化发展。此外，为实质推动高校育人工作的创新发展，俄联邦科学和高等教育部于 2021 年还颁发了《关于高等教育组织制定德育工作大纲和日程规划的方法建议》（*Методические рекомендации по разработке рабочей программы воспитания и календарного плана воспитательной работы образовательной организации высшего образования*），要求各高校围绕德育活动组织的价值基础、目标任务、组织原则、方法路径、资源保障等相关问题做出论证，并在此基础上形成具体的德育工作活动规划。其中，围绕"高校德育活动的人才保障"问题，俄联邦科学和高等教育部重点强调了人才保障在高校发展战略中的关键作用，将其视为高校德育工作实施的重要资源保障，并要求各高校在制定德育工作大纲中务必列清负责德育活动的机构和部门、从事德育活动管理的人员情况、德育工作部门负责人情况、担任学生班级或社团负责人的教师情况、从事学生德育活动的教育工作者和组织者的技能提高和职业培训情况，② 进一步压紧压实高校育人队伍建设工作。

二、价值观教育监测机制有待完善

从世界范围来看，开展有效的教育监测是各国科学评估教育成效、合理预

---

① Программа развития федерального государственного бюджетного образовательного учреждения высшего образования Московский государственный университет имени М. В. Ломоносова до 2030 года［EB/OL］. МГУ，2021-06-07.

② Методические рекомендации по разработке рабочей программы воспитания и календарного плана воспитательной работы образовательной организации высшего образования［EB/OL］. Министерство науки и высшего образования РФ，2021-11-24.

测教育发展趋势、防范教育潜在风险，推动教育高质量发展的重要路径。2012年12月，俄联邦政府批准通过了最新修订的《俄罗斯联邦教育法》，正式提出开展教育体系监测（Мониторинг в системе образования），并强调监测实施程序由俄联邦政府制定。次年8月俄联邦政府颁布了《教育体系监测实施条例》（Правила осуществления мониторинга системы образования），明确规定教育体系监测工作具体由俄联邦教育部、联邦教育和科学监督局、从事教育活动的联邦国家机关，以及负责教育管理的俄联邦主体执行权力机关和地方自治机关承担，并委托原俄罗斯联邦教育科学部负责制定教育体系的监测标准。2014年，《教育体系监测指标测算方法》（Об утверждении методики расчета показателей мониторинга системы образования）由原俄罗斯联邦教育科学部正式颁布，各类监测内容的评价指标得到进一步细化。而后，俄联邦各主体结合这部具有指导意义的监测指标陆续启动本地区监测指标的制定并实施监测工作。在具体落实过程中，部分俄罗斯联邦主体地区还成立了专门从事教育监测工作的机构，如沃洛格达州的国家预算机构"教育质量信息与评估中心"、伊尔库茨克州的"教育发展研究所"、萨拉托夫州的国家预算机构"教育质量评估区域中心"等，这些机构积极发挥技术优势，为当地教育部门实施教育监测提供技术和科学方法保障。①

全国范围教育监测工作的推动与实施，一方面"为俄罗斯联邦国家教育领域政策的制定和实施提供信息支持，持续为教育发展的现状和前景提供系统分析与评价，通过提高管理决策质量和划分违反教育法要求的行为，提升教育系统性能"②，另一方面也推动了价值观教育监测工作的实施。比如在教育监测标志性文件《教育体系监测实施条例》中，不仅面向教育相关部门提供了针对普通教育、职业教育、补充教育和职业培训四大类教育开展教育监测的内容清单，还单列一栏"教育体系补充信息"条目，着重强调要针对"青年社会化与自我实现"开展教育监测，具体包括青年与社会的融合情况，青年人的价值取向以及他们参与社会发展的基本情况，青年教育与就业情况，以及联邦执行权力机关和主体执行权力机关为青年社会化和自我实现创造条件的活动组织情况等四个方面内容。在《教育体系监测指标测算方法》中，针对青少年价值观教育监

---

① Княгинина Н. В. Правовое регулирование мониторинга системы образования в Российской Федерации на федеральном, региональном и муниципальном уровнях [J]. Ежегодник российского образовательного законодательства, 2016（11）：174-190.

② Правила осуществления мониторинга системы образования [EB/OL]. Правительство России，2013-08-05.

测部分条目更为具体，重点考察了青年组织的建设情况，以及青年参加各类活动的基本情况。在青年组织方面，对"14~30岁青年人参与青年和儿童社会团体的人数比例""获得国家支持的儿童和青年社会团体的数量比例""与执行权力机关协同落实国家青年政策或从事青年工作的团体数量比例"和"青年政治团体数量比例"等指标进行了监测；在具体活动类别方面，重点考察了"14~30岁青年人参与创新性活动和科技创新活动的人数比例""参加爱国主义教育活动的人数比例""参加志愿活动的人数比例""参加促进发展青年自治的活动的人数比例""参加促进形成家庭价值观的活动的人数比例""参加促进形成俄罗斯民族统一、跨文化跨宗教对话活动的人数比例"等。① 自2015年到2017年，《教育体系监测指标测算方法》先后进行了五轮修订，在此基础上，俄联邦教育部、俄联邦科学和高等教育部又分别于2021年和2022年颁发了针对基础教育和高等教育阶段教育监测的新版指标。其中，高等教育阶段持续关注了"18~30岁青年参与青年社会团体（区域和地区）的人数比例"，以及18~30岁青年人参与创新性活动和科技创新、爱国主义教育、志愿服务等活动的人数比例，同时还关注了"参加补充教育机构艺术、技术、体育、军事爱国主义教育等各类实践活动的人员情况"②，但从基础教育阶段的教育监测内容来看，并没有围绕价值观教育单设专项指标。③ 客观来看，俄罗斯教育领域的大规模监测已经为价值观教育监测营造了良好的外部环境，虽然现有监测指标针对价值观教育的覆盖率并不高，甚至在基础教育阶段出现了指标"缩水"的现象，但是教育监测的外部环境业已确立，也必将促进价值观教育专项监测的进一步发展，且目前并不排除俄联邦政府和教育部门已经将基础教育阶段价值观教育监测专项指标的单独制定任务提上日程的可能性。

事实上，在俄罗斯价值观教育二十余年的发展历程中，俄罗斯政府和教育

---

① Об утверждении методики расчета показателей мониторинга системы образования [EB/OL]. ГАРАНТ, 2017-09-22.

② Методика расчета показателей мониторинга системы образования в установленной сфере ведения Министерства науки и высшего образования РФ [EB/OL]. ГАРАНТ, 2022-07-01.

③ Об утверждении показателей, методики расчета показателей мониторинга системы образования, формы итогового отчета о результатах анализа состояния и перспектив развития системы образования в сфере общего образования, среднего профессионального образования и соответствующего дополнительного профессионального образования, профессионального обучения, дополнительного образования детей и взрослых [EB/OL]. Информационно-правовая база данных РФ, 2021-09-10.

部门在不断探索创新模式与总结实践经验的同时，始终重视监测价值观教育进程。早在2002年，俄罗斯联邦教育部下发给普通教育机构第30-51-914/16号函就已强调了在教育机构针对育人工作实施监测的重要意义——"以此评估德育工作的有效性，并及时调整教育机构的育人条件"①。在第一部公民爱国主义教育国家纲要执行期间，俄联邦政府也提出要在地区层面对爱国主义教育进程开展监测的发展要求。2013—2014年，为了分析俄罗斯公民融入爱国主义教育体系的现实情况，了解爱国主义教育组织者和专家在爱国主义教育活动中采用和推广的现代教育形式、方法和手段，以及他们为爱国主义教育体系物质技术基础建设做出的贡献，俄联邦教育部门围绕俄罗斯联邦各主体的公民爱国主义教育和精神道德教育情况进行了跟踪监测，监测数据反映的爱国主义教育体系建设和发展情况为体系完善提供了重要支撑。《2016—2020年俄罗斯联邦公民爱国主义教育国家纲要》正式提出要针对公民爱国主义教育体系开展科学方法研究工作，其中一项工作就是建设公民爱国主义教育效果科学监测系统，并提出要在国家纲要执行的五年期间完善合理反映公民爱国主义教育水平的测量方法，以此监测地区爱国主义教育计划的实施状况，同时对俄罗斯联邦主体在活动经费保障方面的执行情况进行监督。② 对此，俄联邦政府每年拨款300万卢布专项经费，委托俄罗斯教育科学部、文化部等多家单位联合监测俄罗斯联邦主体的儿童和青年爱国主义教育和精神道德教育活动（见表6-1）。此外，俄罗斯联邦政府于2015年颁布的《2025年前俄罗斯联邦德育发展战略》也再次强调，要"构建反映俄罗斯联邦德育体系有效性的指标监测体系"。从现有教育监测发展趋势来看，针对爱国主义教育计划建立的"科学监测系统"，以及针对各类教育机构德育进程的统一监测工作，在短期内得到落实的可能性非常大。

---

① Министерствао образования РФ письмо от 15 декабря 2002 г. N. 30-51-914/16［EB/OL］. ИМЦ Невского района，2002-12-15.

② 雷蕾，等. 21世纪以来俄罗斯文化发展文献选编［M］. 武汉：武汉大学出版社，2021：305，308.

表6-1 《2016—2020年俄罗斯联邦公民爱国主义教育国家纲要》实施措施①

（单位：千卢布）

活动名称	执行单位	总预算									
		2016年		2017年		2018年		2019年		2020年	
		联邦预算拨款	预算外资金	联邦预算拨款	预算外资金	联邦预算拨款	预算外资金	联邦预算拨款	预算外资金	联邦预算拨款	预算外资金
1. 公民爱国主义教育的科研工作和科学方法研究工作											
1.1 研究爱国主义教育规范性法律文件制定的新方法和新方案											
1.1.1 监测俄罗斯联邦主体的儿童和青年爱国主义教育活动，包括分析俄罗斯联邦主体公民爱国主义教育项目实施效果，评价致力于军事爱国主义军意识培养的教育组织，体育设施和体育技术设施在教育上的有效性	俄罗斯教育科学部、俄罗斯文化部、俄罗斯国防部、俄罗斯体育部、俄罗斯青年事务署、联邦财政拨款单位"俄罗斯公民爱国主义教育中心"（以下简称爱国主义教育中心）、俄罗斯联邦主体执行权力机关	3000	—	3000	—	3000	—	3000	—	3000	—

① 雷蕾，等. 21世纪以来俄罗斯文化发展文献选编[M]. 武汉：武汉大学出版社，2021：311.

当前，虽然统一的"科学监测系统"并未在俄罗斯教育领域得到全面推广，但大部分地区的教育部门也在积极推动属地价值观教育监测工作，这些数据和结果同样成为价值观教育国家战略制定与调整的重要支撑。以俄罗斯乌德穆尔特共和国莫日加市为例，该市教育局于 2022 年面向所在地区 8 所学校就 2020—2021 年度学生德育工作进行了 9 个维度的监测工作，重点考察了教育组织德育工作的社会辐射力、德育进程创新发展的基本情况、志愿服务的落实情况、儿童社会团体的发展情况、青少年犯罪预防情况、班级管理中教育工作者从事教育活动的有效性、从事未成年人培养与社会化发展工作的人才培训情况，并统计了母语非俄语未成年人参与活动的情况，以及利用假期参与不同形式活动的未成年人基本情况。结合上述数据，莫日加市教育局制定了下一年度的工作规划重点，并对教育组织提出了针对性建议。比如，针对在市级层面参与各类活动的学生人数比例（由高到低分别为：参加爱国主义教育活动的人数最多，达到 17.9%，参加体育类活动的学生比例为 5.4%，生态教育类活动为 5.1%，公民教育类活动为 3.7%，文化遗产保护类活动参与人数比例为 2.8%，1.9% 的学生参与了基于俄罗斯传统价值观教育的精神道德教育类活动，0.4% 的学生参与了科学知识普及类活动，0.2% 的学生参与了劳动实践活动），对下一阶段提出"提高公民爱国主义教育、精神道德教育、生态教育、劳动教育和体育活动的学生数量"等要求。① 此外，还有部分学校自行制定了校内德育工作的监测指标体系。以俄罗斯斯维尔德洛夫斯克州瑟谢尔季地区为例，该地区第三中学于 2021 年启动了学校德育空间的监测工作，制定了涵盖监测目标、任务、原则、指标体系和组织实施的监测章程，重点要求评估学生德育工作的组织情况与学生社会化状况，具体考察学校德育项目、德育队伍建设、实施德育项目的基础条件、志愿服务类资源的运用情况、预防未成年人犯罪的活动情况、德育和社会化项目实施的有效性、班级管理中教育工作者从事教育活动的有效性、促进学生实现自决并确定职业取向的组织建设情况、就业指导方向的教育环境和条件、就业指导成效等，旨在通过监测数据进一步掌握学校育人工作的现状、成效及趋势，并以此为基础不断完善学校育人机制。②

通过比对俄罗斯联邦主体教育部门以及教育组织自行制定的各类监测指标，不难发现，"过度多元"与"过度单一"是制约价值观教育监测的两类重点问

---

① Аналитический отчет ［EB/OL］. Домашняя‐Образовательный Портал УР, 2022‐04‐29.

② Положение о мониторинге системы организации воспитания и социализации обучающихся МАОУ СШ3 ［EB/OL］. Школа №3 г. Красноуфимск, 2022‐04‐25.

题。其中，"过度多元"主要指的是价值观教育监测指标制定和实施流程过于多样化。近年来，在俄联邦政府和教育部门颁布的指导性监测指标框架下，各主体地区教育部门或教育机构陆续制定了具有区域性和地方特色的监测标准，然而，多样分散的监测内容降低了数据之间的可比性且不利于监测数据的整合分析，事实上也不利于达成目标一致的教育反馈并集中发现价值观教育存在的问题。换言之，现有价值观教育的监测指标多元化、个性化，缺乏统一标准，制约了价值观教育问题的集中攻关。另一方面，由于教育监测工作的监管不到位，目前仍有为数不少的俄联邦主体地区未能将此项工作落实到位，不仅没有制定教育监测地区指标，配套的监测流程或章程更无从谈起。这就导致一些地区的教育监测标准不明确，且在落实的过程中流程随机，甚至无法做到教育机构或者学段的全覆盖，削弱了监测结果的公信力，也影响了教育反馈的有效性。那么，要提高监测结果的有效性，就必须加强监测流程的管理，并且及时制定和持续完善监测指标体系。目前，这一问题已经在俄罗斯教育界得到广泛关注，有俄罗斯学者提出倡议，有必要在联邦文件中增加"专家研讨机制""指标体系更新机制""监测数据检验机制"等内容，并呼吁有必要在俄罗斯联邦和地区层面尽快建立相对单一的监测系统，以此提高监测数据之间的可比性，为教育管理与发展提供更加积极有效的结果反馈。①

　　"过度单一"的问题主要指的是价值观教育监测指标的维度过于单一化。研究表明，俄罗斯现行的大部分监测指标主要是基于价值观教育组织者的视角，侧重价值观教育活动的基本情况统计，为教育现状摸排以及教育政策和工作重心调整提供了重要的数据支持。相对而言，从受教育者出发，立足教育对象主体视角分析价值观教育成效的监测指标是明显不足的。那么势必会引发一个根源性追问，价值观教育监测的目的在于哪里，实施价值观教育是否能够不考虑教育者的接受程度以及道德发展水平，答案显然是否定的。目前已有俄罗斯学者尝试建构新的监测模型，如基于"情感—价值、信息—认知、活动—结果"三个维度搭建指标模型，全面考察受教者的道德发展水平。也有部分学者倡导应当面向受教育者同步开展访谈调查，且问题设置要避免"我是爱国者"一类总结性结论，而是建议访谈问题体现开放性和多元化的特点，如"我为自己国家的历史遗产感到自豪""我认为，俄罗斯是伟大的世界大国""感兴趣于历史

---

① Княгинина Н. В. Правовое регулирование мониторинга системы образования в Российской Федерации на федеральном, региональном и муниципальном уровнях［J］. Ежегодник российского образовательного законодательства，2016（11）：174-190.

上的俄罗斯""我了解国家节日""我参与学校的社会生活""我参与了搜寻队的工作""当我听国歌的时候，我感到骄傲""我参与了地方志小组或者俱乐部的活动""我是社会组织的成员""努力保护自然资源""参加军事体育运动会"等。① 破解监测指标维度的单一化，是确保监测结果更为全面、教育反馈更为客观的重要条件。这既是当前俄罗斯价值观教育监测面临的迫切问题，也是未来一段时间内俄罗斯价值观教育监测有待加强的工作增长点。这就需要俄罗斯政府和教育部门统合负责教育管理的执行权力机关，以及各级各类教育机构专家学者的各方力量，集中攻关探索建构兼顾教育组织、教育主体、教育对象等多元视角，融合情感、认知、态度、行为等多维标准的监测模型，进而为价值观教育提供更为科学全面、合理有效的信息反馈。

第四节　当代俄罗斯价值观教育战略的启示借鉴

中俄两国同处在民族复兴的重要时期，基于文明交流互鉴的认识前提，遵循扎根中国、放眼世界、以我为主、兼容并蓄的研究立场，审思俄罗斯价值观教育的理论发展与实践探索，有助于牢固树立人类命运共同体意识，在文明交流、文明互鉴、文明共存中，以更为宽广的国际视野和更深邃的战略眼光，为破解人类精神价值领域的共通性问题提供方案。

（一）深刻认识意识形态工作的"极端重要性"

"意识形态工作是为国家立心、为民族立魂的工作。"② 党的十八大以来，习近平总书记把意识形态工作摆在全局工作的重要位置，多次强调"意识形态工作是党的一项极端重要的工作"③，在党的二十大报告中明确指出要"建设具有强大凝聚力和引领力的社会主义意识形态"④。"极端重要性"突出体现了意识形态工作在引领社会、凝聚人心、促进发展等方面具有的强大力量，也警示我们绝不可以放松警惕，必须把意识形态工作的领导权、管理权、话语权牢牢

---

① Саяпина Н. Н. Гуманизация образовательного пространства［M］. Саратов：Саратовский национальный исследовательский государственный университет имени Н. Г. Чернышевского，2020：239-240.

② 习近平. 高举中国特色社会主义伟大旗帜为全面建设社会主义现代化国家而团结奋斗［N］. 人民日报，2022-10-17.

③ 习近平. 习近平谈治国理政［M］. 北京：外文出版社，2014：153.

④ 习近平. 高举中国特色社会主义伟大旗帜为全面建设社会主义现代化国家而团结奋斗［N］. 人民日报，2022-10-17.

掌握在手中，任何时候都不能旁落。筑牢意识形态防线、抓好意识形态工作是一项系统工程。反观苏联历史，我们不禁感慨苏联亡党亡国的惨痛教训，也不禁疑问为何苏联共产党最终无力捍卫社会主义制度而走向了解体的悲剧。苏联作为世界上第一个社会主义国家，它的成立极大地推动了社会主义事业的发展和马克思主义的传播。正因如此，苏联亡党亡国的历史更令人唏嘘。习近平总书记曾深刻指出，"苏联为什么解体？苏共为什么垮台？一个重要原因就是意识形态领域的斗争十分激烈"①。苏共领导集团在思想上政治上的蜕化变质，瓦解了苏联意识形态的核心战斗力，同时更是为西方自由主义意识形态提供了可乘之机。阶级立场的严重丧失、错误思潮的严重泛滥，成为了苏共和整个苏联社会意识形态从弱化到崩溃的起点，更是最终导致了苏联偌大一个社会主义国家在"没有硝烟"的战场上败下阵来。

苏联亡党亡国在意识形态领域的历史教训具有重要的警示作用。对苏联主要继承国——俄罗斯而言，这些源于历史教训的警示就显得更为鲜明与强烈。这也是为何普京在就任俄罗斯总统前后反复强调要聚焦"社会统一的价值观和思想倾向"的建设命题，并在吸取总结苏联经验教训的基础上，积极探索构建国家核心价值观，大力推进价值观教育国家战略的重要原因之一。虽然俄罗斯在这一问题上受到不少西方国家的批判与指责，但是普京始终秉持强势态度，从提出"俄罗斯新思想"到"主权民主"到"俄罗斯保守主义"，普京从不讳言自己的治国理念，并通过"统一俄罗斯党"的指导思想和理论构建持续公开发声。按照普京的理解，一个社会必须具有共同的道义方向。② 经过二十余年的实践探索，"俄罗斯学校、社会、家庭等各方面力量也积极承担起价值观教育的时代重任，在爱国主义教育、公民教育、精神道德教育等具体教育实践活动中，发挥着公民价值观塑造与培育的重要作用"③，极大地凝聚了社会共识，让俄罗斯成功走出苏联解体后意识形态的"真空"与"混沌"。

反思苏联亡党亡国在意识形态领域的历史教训，审视当代俄罗斯在意识形态建设以及价值观教育领域的战略举措，带给我们更清醒的认识：必须从事关

---

① 中共中央文献研究室．十八大以来重要文献选编：上［M］．北京：中央文献出版社，2014：113．

② Послание Президента Федеральному Собранию［EB/OL］．Президент России，2007‒04‒26．

③ 雷蕾，叶·弗·布蕾兹卡琳娜．普京时代俄罗斯核心价值观建构及价值观教育［J］．比较教育研究，2019，41（3）：6．

党的前途命运、事关国家长治久安、事关民族凝聚力和向心力①的高度，认识意识形态工作的"极端重要性"地位，任何时刻都要坚持党对意识形态工作的全面领导，任何时刻都要敏锐地分辨意识形态领域错综复杂的形势，保持精准研判和科学防范意识形态领域重大风险的高度警惕。进入新时代，我国意识形态领域形势发生全局性、根本性转变，全党全国各族人民文化自信明显增强，全社会凝聚力和向心力极大提升，②但也仍须认识到，影响意识形态安全的内外因素比历史上任何时候都要复杂。从外部风险看，随着中国日益走近世界舞台中央，我们面临的国际竞争和矛盾越来越多。特别是随着我国综合国力和国际地位的不断提升，一些西方国家一方面以固化的冷战思维提出和鼓噪"中国威胁论"的论调，企图"唱衰中国"，恶意抹黑中国形象；另一方面加紧对我国意识形态领域的渗透，通过输出资本主义的价值观和政治信条，企图毒害中国人的精神。从内部发展看，随着社会主要矛盾发生新的变化，各种思想文化相互渗透影响、交流交融交锋异常频繁，社会思想观念和价值取向更趋活跃，社会成员思想认识差异甚至价值观分化冲突等现象也均有呈现。面对这些意识形态领域的风险和挑战，我们更要保持警惕，坚持马克思主义在意识形态领域指导地位的根本制度，善于运用党的创新理论武装全党、教育人民、指导实践，不断巩固壮大奋进新时代的主流思想舆论，坚定不移用习近平新时代中国特色社会主义思想凝心铸魂，统一思想、统一意志、统一行动。

二、科学把握立德树人的普遍规律和特殊规律

党的十八大以来，习近平总书记高度重视立德树人在教育中的重要地位和作用。党的十八大报告明确将立德树人作为我国教育事业的根本任务，党的十九大报告进一步指出，"要全面贯彻党的教育方针，落实立德树人根本任务"③。党的二十大报告再次强调，"育人的根本在于立德。全面贯彻党的教育方针，落实立德树人根本任务，培养德智体美劳全面发展的社会主义建设者和接班人"④。立德树人关乎党的事业后继有人，关乎国家前途命运，将立德树人作为教育的根本任务，是党对教育本质认识的进一步深化，为我国教育工作提供了

① 中共中央宣传部.习近平总书记系列重要讲话读本［M］.北京：人民出版社，2014：105.
② 中共中央关于党的百年奋斗重大成就和历史经验的决议［N］.人民日报，2021-11-17.
③ 习近平.决胜全面建成小康社会夺取新时代中国特色社会主义伟大胜利［N］.人民日报，2017-10-28.
④ 习近平.高举中国特色社会主义伟大旗帜为全面建设社会主义现代化国家而团结奋斗［N］.人民日报，2022-10-17.

基本遵循。

当前，世界各国都通过各自独特的教育实践活动将国家意识形态转化为社会成员个体的思想观念、价值准则、行为规范，培养符合国家发展需要的合格公民。当我们立足思想政治教育学科，从各国价值观教育的世界图景来探寻立德树人的基本规律，不难发现，基于政治制度、历史文化、民族传统的差异性，不同国家不可避免地在价值观教育的形式和内容等方面注入了强烈的本土元素，也正由此彰显其独具特色的教育模式。比如相当大一部分国家是将这项教育实践活动隐秘于道德教育、公民教育、品格教育，甚至政府行为的教育活动之中的，但是无论外在形式是哪一种，只要是开展价值观教育，那么就是需要我们去思考和甄别的研究对象，就是我们把握不同国家立德树人普遍规律和特殊规律的重要切入口。以我们的研究对象俄罗斯价值观教育为例，虽然中俄两国在意识形态、政治制度、国情文化、社会现状等方面存在着根本差异，价值观教育的目标、内容和方略也不尽相同，但在价值观教育具有维护社会稳定、巩固主流意识形态、强化主导政治文化、培育合格公民重要作用的认识上是相似的，这也构成了中俄价值观比较研究得以可能的现实基础。充分认识这一现实基础之后，作为研究者，我们还应从俄罗斯价值观教育的实际情况出发，原原本本、真真切切地对其发展历程、特色做法、经验不足等方面开展学理探究，从而不断厘清概念、甄别现象、澄明观点，逐步廓清立德树人的普遍规律和特殊规律。

科学把握立德树人的普遍规律，实质上是从"共性"方面揭示不同国家价值观教育的共同本质。比如为什么中俄两国在各自历史进程的不同阶段都聚焦人的培养、关注社会成员的思想引领和价值观培育；为什么中俄两国都明确聚焦国家核心价值观的建构，并通过国家顶层设计明确育人导向；为什么中俄两国均注重发挥学校主阵地的教育引导作用；为什么中俄两国均关注优秀传统文化的育人功能；为什么中俄两国将青少年视为价值观教育的主体……对上述问题答案的探寻，事实上也回答了中俄两国在立德树人方面的相通性和共同点。研究证明，通过价值观教育培育具有高尚道德情操的社会成员是人类普遍存在的一项实践活动，突出体现为世界各国对开展价值观教育的普遍重视，各国政府对价值观教育国家顶层设计的普遍关注，对搭建价值观教育社会合力的普遍关照，以及普遍将青少年视为价值观教育的重点人群，强调尊重受教者个性和道德发展规律，秉持以人为本的教育理念，等等。对普遍规律的科学把握，有效避免了仅对单一国家价值观教育开展研究的结论局限。正如习近平总书记在党的二十大报告中强调，"万事万物是相互联系、相互依存的。只有用普遍联系的、全面系统的、发展变化的观点观察事物，才能把握事物发展规律"①。通过对中俄两国价值观教育本质与规律中普遍联系的科学分析，我们能够进一步认识到立德树人根本任务的重要性和紧迫性，深刻认识到价值观教育在承载服务国家意识形态建设、培育高尚道德情操社会成员、促进社会稳定发展等方面具有的时代责任，从而不断提升核心价值观建构的自觉意识，充分把握国家意识形态建设与价值观培育的战略意义及内在关系，最终通过对镜比较为破解当前我国社会主义核心价值观教育领域面临的重大现实问题做出学术贡献。

科学把握立德树人的特殊规律，实质上是从"个性"方面揭示不同国家价值观教育的特殊性。发端于经济领域的全球化在进一步推动社会生产力发展的同时，也给世界各国的政治、文化、教育等领域带来一定影响，世界各国的价值观教育越来越表现出典型的相通性，与此同时，我们也看到，鲜明的民族特色也越发凸显。不同国家在价值观教育的理念、目标、内容、方法、途径等方面均张贴丰富、独特的个性化标签，也是我们把握特殊规律的重要着力点。比如，作为艺术大国，俄罗斯充分借助文化资源开展场馆教育；作为军事大国，蓬勃发展的军事爱国主义俱乐部积极投身青少年爱国主义教育实践；作为教育大国，校外教育机构与学校教育有效弥合，共同搭建价值观教育主体合力。此外，普京就任俄罗斯总统以来，在一系列重要的政治文献和活动讲话中反复提出要建构以爱国主义为核心的国家思想，推动全国范围公民爱国主义教育体系工程的搭建，并通过连续颁布国家政策确保公民爱国主义教育具体落实，从政策到举措，从监督到实施，充分彰显出俄罗斯政府实施爱国主义教育的力度和决心，分析俄罗斯政府在爱国主义教育领域的教育行为，事实上也回应了对俄罗斯立德树人特殊规律的积极探寻。上述"特殊性"充分反映出俄罗斯民族的鲜明特质，体现了俄罗斯民族独有的思想观念、价值文化、教育传统，事实上这也正是异彩纷呈、交相辉映的世界教育图景的真实样貌。作为研究者，要以尊重、包容、互鉴的态度对待他国的价值观念与教育实践，既要从共性的角度揭示立德树人的普遍规律，同时也要看到共性之中的差异与区别，以此碰撞出更多的育人火花。

三、实质搭建优化价值观教育的广阔时空场域

人类社会的一切活动都寓于特定的时间和空间之中，恩格斯曾指出："一切

---

① 习近平. 高举中国特色社会主义伟大旗帜为全面建设社会主义现代化国家而团结奋斗[N]. 人民日报，2022-10-17.

存在的基本形式是空间和时间，时间以外的存在像空间以外的存在一样，是非常荒诞的事情。"① 作为人类重要的教育实践活动，价值观教育同样也依赖于一定的时间和空间，并且随着人们对价值观教育重要性认识的不断深入，其时空向度也不断得到延展。人们早已打破了将学校作为集中开展价值观教育唯一场域的传统认识，积极推动学校家庭社会协同育人格局的升级转型。2021 年 7 月，中共中央办公厅、国务院办公厅印发了《关于进一步减轻义务教育阶段学生作业负担和校外培训负担的意见》，该意见总体上着眼于建设高质量教育体系，强化学校教育主阵地作用，深化校外培训机构治理，促进学生全面发展和健康成长，并提出要"进一步明晰家校育人责任，密切家校沟通，创新协同方式，推进协同育人共同体建设"②。2021 年 10 月，第十三届全国人民代表大会常务委员会第三十一次会议通过了《中华人民共和国家庭教育促进法》，明确强调"家庭教育以立德树人为根本任务，培育和践行社会主义核心价值观，弘扬中华民族优秀传统文化、革命文化、社会主义先进文化，促进未成年人健康成长"③。2022 年 10 月，党的二十大报告再次强调要"健全学校家庭社会育人机制"④。党和国家以及全社会对主体协同育人问题的高度关注，为尽快搭建学校家庭社会育人新格局提供了重要支撑。那么，立足中国实际，理想的"协同育人共同体"要如何建设，"学校家庭社会育人机制"当如何建设。换言之，各方育人主体应当如何协同，才能真正发挥实质性作用，使得价值观教育可以真正做到不完全依赖于学校的施教时间，真正做到逾越学校家庭社会各自教育场域的独立边界从而促进人的全面发展。

从当代俄罗斯价值观教育来看，俄罗斯政府将价值观教育作为一项社会系统工程的战略定位，积极推动社会多方力量合力落实价值观教育的教育策略，与我国在这一类问题的认识上具有高度相似的态度和立场。无论是"教育文化一体化空间"理念的提出，或是"搭建教育的社会伙伴关系"策略的倡议，特别是儿童补充教育机构、文化机构等社会主体相对成熟的发展历程和育人模式，以及父母（监护人）以固定身份参与校园文化建设等，均体现出俄罗斯政府积

① 中共中央马克思恩格斯列宁斯大林著作编译局 . 马克思恩格斯文集：第 9 卷［M］. 北京：人民出版社，2009：56.

② 中共中央办公厅、国务院办公厅印发《关于进一步减轻义务教育阶段学生作业负担和校外培训负担的意见》［N］. 人民日报，2021-07-25.

③ 中华人民共和国家庭教育促进法［N］. 人民日报，2021-10-25.

④ 习近平 . 高举中国特色社会主义伟大旗帜为全面建设社会主义现代化国家而团结奋斗［N］. 人民日报，2022-10-17.

极推动多元主体协同联动参与价值观教育的战略决策，或可在一定程度上给予我们启发和思考。实质搭建优化价值观教育的广阔时空场域，那么首先就要在认识上提高教育主体责任自觉。以家庭教育为例。家庭是人生的第一个课堂，父母是孩子的第一任老师。中华民族自古以来有着重视家庭教育的优良传统，"家之兴替，在于礼义，不在于富贵贫贱"，良好家风家教的养成，积极家庭文化的塑造，以及父母的言传身教都将为孩子成长带来重要影响。客观来看，当前很大一部分父母认为学校教育是儿童汲取成长养分的主要阵地，将孩子的成长完全交给学校，忽视了通过正确的思想、方法和行为教育未成年人养成良好思想、品行和习惯的家庭教育的主体职责。因而，要发挥家庭教育的育人功能，首先就必须从根本上纠正家长对自身承担主体教育职责的认识偏差，即从思想认识上不断强化自觉，主动认领责任，主动参与家校社共建，主动走进孩子的世界，积极关注孩子的思想道德发展水平并对未成年人面对的成长困惑和问题给予及时干预。同时还要不断追求发展高质量、常态化的家庭教育。这就需要各地政府积极调动所在地区学校和教育部门的现有资源，有针对性地组织家长学校、培训活动，搭建科学、完整的家庭教育知识体系，为实施家庭教育提供科学指导，确保其朝向高质量发展目标不断前进。此外，还要建构常态化的家庭教育。换言之，家庭教育不可作为应急之需，而是要不断走向常态化建设。一个家庭就是一个道德共同体，健康、稳定的家风家训对儿童成长发挥着潜移默化的作用，只有长期的道德浸润才能促进实现家庭教育育人效能的最大化，事实上这也正是家庭教育的题中应有之义。

实质搭建优化价值观教育的广阔时空场域，还要在实践中提高校外教育资源运用自觉，切实打造融合多方主体力量的教育实践项目。"广义的校外教育是指青少年在学校以外，在生理上和心理上受到教育作用的各种手段、方法和效果的总和，它是社会教育的组成部分，具有广泛性、长期性、随机性等特征。"[1] 作为校外教育的重要组成部分，家庭和社会拥有丰富的教育资源和得天独厚的教育优势，能够有效弥补学校教育在时间和空间上的局限。以校外教育机构为例，少年宫、青少年活动中心、爱国主义教育基地、研学实践基地、图书馆、博物馆、科技馆、美术馆、体育馆、国家公园等校外教育场所，本身就蕴含了优质的物质资源、人力资源、精神资源、组织资源和信息资源，我们既要充分挖掘这些校外资源优势，组织开展主题鲜明、形式多样、感染性强的价

---

① 吴遵民，钱江，任翠英. 现代校外教育论 [M]. 上海：上海社会科学出版社，2014：5.

值观教育实践活动，同时还要加强设计，在教育项目的实施过程中精心规划，切实打通主体合力育人的实践路径，建设价值观教育的协同育人共同体，从根本上促进协同育人从意识自觉走向行为自觉。我们在俄罗斯青年论坛等营地活动中经常看到俄罗斯高校专家和学者作为讲座教授或评委参与各种活动，在中小学的教学检查队伍里也会看到许多学生家长代表，在博物馆等文化机构由父母带领儿童共同参与审美体验活动的现象更是非常常见，这些已有的教育探索都为我们进一步思考价值观教育实践项目提供重要启发。

在实质搭建优化价值观教育的广阔时空场域过程中，有必要进一步整合各地优质教育文化资源，打破地域界限，构建教育文化资源共享网。目前，我国各地区具有地方特色的教育基地、文化场馆在社会生活中发挥了重要的作用，有必要增强统合意识，强化组织管理，通过组建跨地区教育协调发展部门，或在现有教育机构设置协调部门，集中力量促进地区间教育文化资源共享与均衡化发展。另一方面，亦可尝试开发一些充分彰显时代感和教育意义且符合青少年群体特点和成长需要的联合教育项目，如依托博物馆组织以家庭为单位的参观考察活动，通过学校联合户外拓展基地开展以家庭为单位的营地活动等。在教育项目的开发过程中，组织者要有意识地适当增加一些"人工雕琢"，即从规则上直接将学校、家庭和社会这三类教育力量设定为必备角色，从而在拉动合力育人的初期确保从根本上避免学校家庭社会的角色缺位。当然，"人为设定"的规划行为仅适用于推动价值观教育广阔时空场域搭建的最初阶段，当教育主体责任自觉不断建立，教育资源的运用自觉不断确立，价值观教育时空场域也将真正打破传统场域边界，并不断趋向理想化的价值观教育协同育人共同体建设和发展。

四、切实以优秀传统文化丰盈价值观教育实践

21 世纪以来，世界各国的综合国力竞争呈现出更趋激烈的局势，意识形态领域日益成为各国政府角力的重要场域，越来越多的国家将核心价值观建设和价值观教育上升至国家战略高度。"人类社会发展的历史表明，对一个民族、一个国家来说，最持久、最深层的力量是全社会共同认可的核心价值观。核心价值观，承载着一个民族、一个国家的精神追求，体现着一个社会评判是非曲直的价值标准。"① 放眼全球，世界各国尤其是发达国家的政府越来越重视核心价

---

① 习近平 . 青年要自觉践行社会主义核心价值观：在北京大学师生座谈会上的讲话 ［N］.人民日报，2014-05-04.

值观的塑造、引导、传播、培育和践行，注重挖掘民族传统文化蕴含的强大育人资源，以民族文化之根为情感要素和精神密码全面助推价值观教育战略实施。苏联解体后，以马克思列宁主义为指导思想的原有共产主义意识形态被全盘否定，发轫于西方的民主价值也在民众不断扩大化的失望情绪中受到了严重质疑。加之"非政治化""非意识形态化"的国家政治发展定位，使得一切与意识形态有关的东西在俄罗斯社会疏离而去，进而引发了俄罗斯国家意识形态的"真空"状态，并在一定程度上加重了意识形态领域的长期分化，招致了公民道德滑坡、犯罪事件不断攀升、国家凝聚力骤然下降等社会负面现象。

为弥合意识形态"真空"带来的思想分歧，破解由此引发的各类社会弊病，重塑新时期俄罗斯国家形象，俄罗斯政府从国家战略高度关注意识形态领域的建设问题，将核心价值观塑造和价值观教育作为国家发展战略的重要议题。在推动实施价值观教育战略过程中，俄罗斯政府更是关注到了民族传统文化的巨大精神力量，正如普京曾指出，只有依靠文化、历史和身份认同才能保证政治文化共同体的和谐发展。① 近年来，俄罗斯政府积极弘扬具有保守主义的传统价值观念，充分挖掘俄罗斯民族传统文化的育人功能，一方面将传统文化作为精神滋养注入价值观教育基本内容，强调继承和弘扬爱国、奉献、宽容、仁慈、责任、团结等俄罗斯民族自古以来宣扬崇尚的珍贵道德品质，引导全社会形成正确的价值观念，构筑民族精神家园。另一方面，将文学、艺术等民族文化瑰宝作为重要的教育资源，在深入挖掘和深度阐释传统文化中激活民族精神力量，同时广泛依托民族传统节日组织开展形式多样的教育实践活动，以润物细无声的方式激发社会民众最广泛的思想共鸣和情感联结，最终促进广大民众在精神层面有所"寄托"，在道德维度有所"规范"。

中俄两国都是拥有丰富文化资源的世界公认的文化大国，两国民族在自身漫长的生息、繁衍和发展过程中，不断创造着本民族的特色文化样式，鲜明着本民族的特有文化记号。中华五千年文化广博精微、体系恢宏，代表了中华民族深沉的价值追求和精神信仰。在实现中华民族伟大复兴中国梦的征程中，人们深刻认识到，弘扬中华民族优秀传统文化的时代价值愈加凸显。无论是从巩固马克思主义的意识形态指导地位，还是落实立德树人根本任务为出发点，都应注重发挥传统文化的培根铸魂作用，将其作为巩固共同思想基础、引领全社会向上向善的重要法宝，运用中华优秀传统文化涵养社会主义核心价值观，全面构筑中华民族精神文化家园。

---

① 普京.普京文集：2012—2014［M］.北京：世界知识出版社，上海：华东师范大学出版社，2014：15-17.

　　切实以优秀传统文化丰盈价值观教育实践，首先要在内容上积极做好中华优秀传统文化价值意蕴的阐释工作。一方面深入挖掘中华优秀传统文化蕴含的思想观念、人文精神、道德规范，科学阐发中华优秀传统文化蕴含的讲仁爱、重民本、守诚信、崇正义、尚和合、求大同等思想理念，且要做到讲清楚、讲深刻、讲透彻。另一方面，也要将优秀传统文化的思想素材灵活运用于社会主义核心价值观的宣传教育工作，"使中华民族最基本的文化基因与当代文化相适应、与现代社会相协调，把跨越时空、超越国界、富有永恒魅力、具有当代价值的文化精神弘扬起来"①，促进中华文化更好植根于人们的思想意识和道德观念。其次要在载体上不断创新发展中华优秀传统文化的传承方式。坚持守正创新、固本培养的基本原则，探索更加丰富的叙事方式，从时代内涵上、依托载体上、传播渠道上赋予中华优秀传统文化以新的生命力。通过现代技术手段加速优秀传统文化数字化转型，搭建更富时代感、艺术化和感染性的文化服务体系，如电子服务平台和数据库等，让古籍中记载的古人智慧、留声机里刻录的难忘岁月、博物馆艺术馆里陈列的历史记忆真正活起来，推动优秀传统文化的创造性转化和创新性发展。最后，打造弘扬中华优秀传统文化为主题的品牌活动。学校要充分认识到优秀传统文化与马克思主义具有的相互贯通和相互契合的内在联系，深入挖掘所在地区的历史文化资源，组织开展贴近生活、贴近实际、主题鲜明的校园文化活动，如戏剧戏曲类艺术节、诗词歌赋大赛、红色主题的纪念日活动等，促进学生在参与体验中深入理解优秀传统文化的精神实质。各地区的文化机构、红色教育基地也要积极回应时代新人培育工程的发展需要，增强依托优秀传统文化育人的自觉意识，发挥自身文化育人优势，与学校联合建设实践育人基地，开发弘扬和宣传优秀传统文化的高品质主题活动，如以学生为第一视角讲述身边的优秀传统文化、参与所在地区历史文化发展轨迹的档案搜集和整理工作等，让学生在主题活动中充分体悟中华优秀传统文化的独特魅力，不断增强中华文化认同感和民族自豪感。

---

① 习近平.习近平谈治国理政：第二卷［M］.北京：外文出版社，2017：340.

参考文献

一、经典文献

［1］中共中央马克思恩格斯列宁斯大林著作编译局．马克思恩格斯选集：1—4卷［M］．北京：人民出版社，2012．

［2］中共中央马克思恩格斯列宁斯大林著作编译局．列宁选集［M］．北京：人民出版社，2012．

［3］习近平．习近平谈治国理政［M］．北京：外文出版社，2014．

［4］习近平．习近平谈治国理政：第二卷［M］．北京：外文出版社，2017．

［5］习近平．习近平谈治国理政：第三卷［M］．北京：外文出版社，2020．

［6］习近平．习近平谈治国理政：第四卷［M］．北京：外文出版社，2022．

二、中文著作

［10］费孝通．中国文化的重建［M］．上海：华东大学出版社，2014．

［11］罗国杰．马克思主义价值观研究［M］．北京：人民出版社，2013．

［12］江畅．论当代中国价值观［M］．北京：科学出版社，2017．

［13］李德顺．价值论［M］．北京：中国人民大学出版社，2017．

［14］袁贵仁．价值观的理论与实践［M］．北京：北京师范大学出版社，2006．

［15］韩震．社会主义核心价值观五讲［M］．北京：人民出版社，2012．

［16］沈壮海．兴国之魂［M］．武汉：湖北教育出版社，2015．

［17］刘济良，等．价值观教育［M］．北京：教育科学出版社，2007．

［18］冯刚，柯文进．高校校园文化研究［M］．北京：中国书籍出版社，2011．

［19］张澍军，王占仁．校园文化建设的基本原理与实践操作系统研究［M］．长春：吉林出版社，2013．

[20]肖甦，王义高．俄罗斯转型时期重要教育法规文献汇编［M］．北京：人民教育出版社，2009.

[21]杨晓慧．当代大学生成长规律研究［M］．北京：人民出版社，2010.

[22]陈立思．比较思想政治教育［M］．北京：中国人民大学出版社，2011.

[23]陆南泉．转型中的俄罗斯［M］．北京：社会科学文献出版社，2014.

[24]刘莹．普京的国家理念与俄罗斯转型［M］．北京：北京大学出版社有限公司，2014.

[25]吴亚林．价值与教育［M］．北京：北京师范大学出版社，2009.

[26]雷蕾．当代俄罗斯爱国主义教育研究［M］．北京：商务印书馆，2021.

[27]雷蕾，等.21世纪以来俄罗斯文化发展文献选编［M］．武汉：武汉大学出版社，2021.

[28]柳海民．教育学［M］．北京：中央广播电视大学出版社，2011.

[29]刘淑华．俄罗斯教育战略研究［M］．杭州：浙江教育出版社，2013.

[30]郭小丽．俄罗斯的弥赛亚意识［M］．北京：人民出版社，2009.

[31]宋瑞芝．俄罗斯精神［M］．武汉：长江文艺出版社，2000.

[32]艺衡．文化主权与国家文化软实力［M］．北京：社会科学文献出版社，2009.

[33]苏霍姆林斯基．苏霍姆林斯基选集［M］．北京：教育科学出版社，2001.

[34]苏霍姆林斯基．给老师的一百个建议［M］．杜殿坤，译．北京：教育科学出版社，1984.

[35]别尔嘉耶夫．俄罗斯的命运［M］．汪剑钊，译．昆明：云南人民出版社，1999.

[36]亚·尼·扎苏尔斯基．俄罗斯大众传媒［M］．张俊翔，贾乐蓉，译．南京：南京大学出版社，2015.

[37]劳伦斯·哈里森，塞缪尔·亨廷顿．文化的重要作用［M］．北京：新华出版社，2010.

[38]泰勒．原始文化［M］．连树生，译．上海：上海文艺出版社，1992.

[39]普京．普京文集［M］．北京：中国社会科学出版社，2002.

[40]普京．普京文集：2002—2008［M］．北京：中国社会科学出版社，2008.

[41]普京．普京文集：2012—2014［M］．北京：世界知识出版社，2014.

三、中文期刊

[38] 侯惠勤．"普世价值"与核心价值观的反渗透 [J]．马克思主义研究，2010 (11)．

[39] 骆郁廷．论立场 [J]．马克思主义研究，2020 (9)．

[40] 江畅．论当代中国价值观构建 [J]．马克思主义与现实，2014 (4)．

[41] 杨晓慧．推动构建人类命运共同体：基于价值观教育的视角 [J]．上海交通大学学报（哲学社会科学版），2023 (1)．

[42] 庞大鹏．"普京主义"析论 [J]．俄罗斯东欧中亚研究，2016 (1)．

[43] 庞大鹏．俄罗斯的发展道路 [J]．俄罗斯研究，2012 (2)．

[44] 秦宣．关于增强中华文化认同的几点思考 [J]．中国特色社会主义研究，2010 (6)．

[45] 赵旭东．理解个人、社会与文化：人类学田野民族志方法的探索与尝试之路 [J]．思想战线，2020 (1)．

[46] 李忠军．论社会主义核心价值观、中国精神与社会主义意识形态 [J]．社会科学战线，2014 (3)．

[47] 雷蕾，叶·弗·布蕾兹卡琳娜．普京时代俄罗斯公民爱国主义教育二十年回顾 [J]．比较教育研究，2020 (11)．

[48] 雷蕾，叶·弗·布蕾兹卡琳娜．普京时代俄罗斯核心价值观建构及价值观教育 [J]．比较教育研究，2019 (3)．

[49] 尤莉娅·西涅奥卡娅，华格．20—21 世纪之交俄罗斯的国家认同 [J]．社会科学战线，2015 (12)．

[50] 王春英．俄罗斯学校精神道德教育重建之路 [J]．比较教育研究，2016 (3)．

[51] 钱广荣．论思想政治教育理论研究与建设的学术立场 [J]．思想教育研究，2011 (6)．

[52] 孙岳兵．列宁、毛泽东文化思想渊源共性梳理及其新时代价值 [J]．毛泽东研究，2018 (5)．

[53] 王立新．论俄罗斯转型时期的十个重大调整 [J]．人民论坛·学术前沿，2013 (10)．

[54] 张钦文．普京时代俄罗斯国家意识形态的重塑 [J]．江苏社会科学，2015 (2)．

[55] 艾伦·林奇，张品，潘登，等．普京与普京主义 [J]．俄罗斯研究，2008 (1)．

四、俄文著作

［56］Зимняя И. А. Стратегия воспитания в образовательной системе в России ［М］. Москва: Изд-во « Сервис », 2004.

［57］Астафьева О. Н. Культурная политика ［М］. Москва: Издательство РАГС, 2010.

［58］Карпухин О. И. Культурная политика ［М］. Москва: Издательский дом « Провинция », 1996.

［59］Барсуков Д. П. , Носкова Н. А. , Холодкова К. С. Управление сферой культуры ［М］. Москва: СПбГИКиТ, 2015.

［60］Мардахаев Л. В. Социальная педагогика ［М］. Москва: Юрайт, 2016.

［61］Мудрик А. В. Социальная педагогика ［М］. Москва: Издательский центр « Академия », 2013.

［62］Олешков М. Ю. , Уваров В. М. Современный образовательный процесс: основные понятия и термины ［М］. Москва : Компания Спутник+, 2006.

［63］Константиновский Д. Л. Неравенство и образование. Опыт социолог-ических исследований жизненного старта российской молодежи (1960-е годы - начало 2000- х) ［М］. Москва: ЦСП, 2008.

［64］Под ред. Н. Л. Селивановой, А. В. Мудрик. Педагогика воспитание: избранные педагогические труды ［М］. Москва: ООО « ПЕР СЭ », 2010.

［65］Под отв. ред. Н. Л. Новикова и др. Воспитательная система учебного заведения: Материалы Всесоюзной научно - методической конференции (г. Николаев, июль 1991 г.) ［М］. Москва: Б. и. , 1992.

［66］Под ред. Н. Л. Селиванова. Развитие личности школьника в воспитательном пространстве: проблемы управления ［М］. Москва: Педагогическое общество России, 2001.

［67］Мудрик А. В. Основы социальной педагогики ［М］. Москва: Издательский центр « Академия », 2006.

［68］Байлук В. В. Человекознание. Самореализация личности: общие законы успеха ［М］. Екатеринбург: Урал. гос. пед. ун-т, 2011.

［69］Байлук В. В. Человекознание. Самообразовательная и самовоспитательная реализация личности ［М］. Екатеринбург: Урал. гос. пед. ун-т, 2012.

［70］ Аплетаев М. Н. Основы нравственного воспитания личности и подростка в процессе обучения：учебное пособие ［М］. Омск：ОГПИ, 1987.

［71］ Безрукова. В. С. Основы духовной культуры（энциклопедический словарь педагога）［М］. Екатеринбург: Деловая книга, 2000.

［72］ Сергеев А. Г. Компетентность и компетенции в образовании ［М］. Владимир: Изд-воВладим. гос. ун-та, 2010.

［73］ Мищенко Н. М. , Попова В. Ц. Выбор модуля учебного курса « Основы религиозных культур и светской этики » в 4 классе ［М］. Сыктывкар: КРИРО, 2016.

［74］ Алексашина И. Ю. , Антошин М. К. и др. Сборник примерных рабочих программ по внеурочной деятельности ［М］. Москва: Просвещение, 2020.

［75］ Баева Л. В. Ценности изменяющегося мира：экзистенциальная аксиология истории ［М］. Астрахань：издательство Астраханского государственного униве рситета, 2004.

［76］ Эйдман И. В. Прорыв в будущее：социология интернет－революции ［М］. Москва：ОГИ, 2007.

［77］ Квинт В. Л. Стратегическое управление и экономика на глобальном формирующемся рынке ［М］. Москва: БЮДЖЕТ, 2012.

［78］ Под общ. ред. В. К. Егорова. Межкультурный и межрелигиозный диалог в целях устойчивого развития：материалы международной конференции ［М］. Москва: РАГС, 2007.

［79］ Вернадский Г. В. Опыт истории Евразии. Звенья русской культуры. ［М］. Москва: КМК, 2005.

［80］ Селезнева А. В. Молодежь в современной Россий：политические ценности и предпочтения ［М］. Москва: АРГГАМАК-МЕДИА, 2014.

［81］ Грушевицкая Т. Г. Основы межкультурной коммуникации：учебник для вузов ［М］. Москва: Изд-во ЮНИТИ-ДАНА, 2003.

［82］ Добреньков В И. Глобализация и Россия: Социологический анализ ［М］. Москва: ИНФРА-М, 2006.

［83］ Дробижева Л. М. и др. Консолидирующие и модернизационный ресурс в Татарстане ［М］. Москва: Изд - во Федеральное государственное бюджетное учреждение науки Институт социологии Российской академии науки, 2012.

〔84〕Апрелева В. А. Очерки по философии русской культуры〔М〕. СПб: Инфо-да, 2005.

〔85〕Эпштейн М. Н. Философия возможного〔М〕.СПб. : Алетейя, 2001.

〔86〕Поташник М. М. , Моисеев А. М. Управление развитием современной школы〔М〕. Москва: Новая школа, 1997.

〔87〕Под ред. О. Б. Карповой. Школьный музей: жизнь в творчестве: методические рекомендации〔М〕. Вологда - Молочное: ИЦ ВГМХА, 2006.

〔88〕Коноплев А. Ю. , Салахиев Р. Р. , Салахиева М. Ю. , Кислицина Т. Н. Имена из солдатских медальонов Т. 10〔М〕. Казань: « Отечество », 2020.

〔89〕Чуракова Р. Г. Региональные особенности управления содержанием дошкольного и общего образования〔М〕. Москва: Академкнига, 2020.

〔90〕Косарецкий С. Г. , Павлов А. В. , Марцалова Т. А. , Анчиков К. М. Мониторинг экономики образования〔М〕. Москва: Национальный исследовательский университет « Высшая школа экономики », 2020.

五、俄文期刊

〔91〕Тимошина Е. В. Теория « Третьего Рима » в сочинениях « Филофеева цикла »〔J〕. Правоведение, 2005 (4).

〔92〕Фирсов М. В. Анатолий Викторович Мудрик: Человек, Педагог, Эпоха〔J〕. Педагогическое образование и наука, 2016 (4).

〔93〕Мардахаев Л. В. Развитие А. В. Мудриком идеи социального воспитания〔J〕. Педагогическое образование и наука, 2016 (4).

〔94〕Ларионова И. А. Самообразование и самовоспитание как средства формирования субъектности специалиста〔J〕. Педагогическое образование в Росси, 2013 (2).

〔95〕Байлук В. В. Научно - педагогическая школа института социального образования: Самореализация субъектов социальной сферы в современномсоциуме〔J〕. Педагогическое образование в России, 2013 (2).

〔96〕Сурженко Л. В. Ценности личности: философский и психологический анализ понятия〔J〕. Научный журнал КубГАУ, 2011 (1).

〔97〕Юрьевич Б. К. , Дмитриевна М. М. Участие родителей в образовании своих детей и в образовательной политике школы〔J〕. Перспективы науки и образования, 2020 (5).

〔98〕Черник В. Э. Музей в системе подготовки учителя〔J〕. Среднее профессиональное образование, 2010（10）.

［99］ Валькова М. В. Что необходимо при формировании школьного ученического самоуправления［J］. Инновации в образовательных учрежд ениях, 2013（6）.

［100］ Юрьевич Х. А. Студенческое самоуправление в контексте социального партнёрства［J］. Высшее образование в России, 2010（6）.

［101］ Петрова Г. М. Управление развитием организационной культуры школы［J］. Муниципальное образование: инновации и эксперимент, 2015（2）.

［102］ Ситаров В. А. Ценностные ориентиры в воспитании современной современной молодёжи［J］. Знание. Понимание. Умение, 2018（1）.

［103］ Грязнова Е. В. О соотношении понятий «ценности», «духовные ценности» и «культурные ценности»［J］. Инновационая экономика: перспективы развития и совершенствования, 2019（5）.

［104］ Слободчиков В. И. Духовные проблемы человека в современном мире［J］. Педагогика, 2008（9）.

［105］ Шакурова М. В. Субъекты и квазисубъекты воспитательного пространства: к постановке социально － педагогической проблемы［J］. Отечественная и зарубежная педагогика. Т. 2, 2017（1）.

［106］ Мудрик А. В. Социальное воспитание в воспитательных организациях［J］. Вопросы воспитания, 2010（4）.

［107］ Авдеева И. А. Формирование ценностей как философская, социальная и культурологическая проблема.［J］. Вестник Тамбовского университета, 2012（3）.

［108］ Резниченко А. П. Категория «образовательная стратегия», как методологический конструкт анализа образовательного пространства региона［J］. Вестник ТОГУ, 2015（4）.

［109］ Осинский И. И. Особенности развития Российской культуры в современных условиях［J］. Вестник Бурятского государственного универс итета. Педагогика. Филология. Философия, 2014（1）.

［110］ Мудрик А. В. Воспитание как составная часть процесса социализации［J］. Вестник ПСТГУ. Серия 4: Педагогика. Психология, 2008（3）.

［111］ Суслов И. Н. Способы мотивирования, стимулирования и организации нравственной деятельности студентов технического университета в образовательном процессе кафедры иностранных языков ［J］. Омский научный вестник，2010 （3）.

［112］Смакотина Н. Л.，Хвыля－Олинтер Н. А. Методология и методы социологических исследований ［J］. Вестн. моск. ун－та，2010 （2）.

［113］Неронов А. В. Культурная идентичность и картина мира ［J］. Вестник Ленинградского государственного университета им. А. С. Пушкина，2011 （2）.

［114］Матузкова Е. П. Культурная идентичность：к определению понятия ［J］. Вестник Балтий ского федерального университета им. И. Канта，2014 （2）.

［115］Пузанова Ж. В.，Ларина Т. И. Патриотическое воспитание молодёжи в России：проблемы，мнения，экспертные оценки ［J］. Вестник РУДН. серия：политология，2017 （1）.

［116］Заборова Е. Н. Образовательные стратегии：подходы к определению понятия и традиции исследования ［J］. Известия Уральского федерального университета. Сер. 1，Проблемы образования，науки и культуры，2013 （3）.

［117］Чухин С. Г.，Чухина Е. В. Научно－педагогическая школа М. И. Аплетаева «воспитание и развитие личности в нравственной деятельности» ［J］. Гуманитарные исследования ，2020 （2）.

［118］Маршак А. Л. Культурная идентичность как фактор укрепления целостности России ［J］. Экономические и социальныеперемены：факты，тенденции，прогноз，2014 （5）.

［119］Тихомирова Е. Л.，Шадрова Е. В. Методика оценки сформированности инклюзивной культуры вуза ［J］. Историческая и социально－образовательная мысль，2016 （8）.

［120］Темрюков Ю. Ю. Формирование и развитие организационной культуры в общеобразовательной школе ［J］. Преподаватель XXI век，2008 （2）.

［121］Фролова Е. В. Рогач О. В. Роль социальных институтов в формировании ценностных установок восприятия российским обществом его историко－культурного наследия ［J］. Социодинамика，2018 （2）.

［122］Княгинина Н. В. Правовое регулирование мониторинга системы образования в Российской Федерации на федеральном，региональном и муниципальном уровнях ［J］. Ежегодник российского образовательного законодательства，2016 （11）.

六、俄文政策文件

［123］Об утверждении Основ государственной политики по сохранению и укреплению традиционных российских духовно-нравственных ценностей ［Z］. 2022-11-09.

［124］Стратегия развития воспитания в Российской Федерации на период до 2025 года ［Z］. 2015-05-29.

［125］Основы государственной культурной политики ［Z］. 2014-12-24.

［126］Стратегия государственной культурной политики на период до 2030 года ［Z］. 2021-06-22.

［127］Концепция модернизации российского образования на период до 2010 года ［Z］. 2002-02-11.

［128］Государственная программа « Патриотическое воспитание граждан Российской Федерации на 2001-2005 годы » ［Z］. 2001-02-16.

［129］О государственной программе « Патриотическое воспитание граждан Российской Федерации на 2006-2010 годы » ［Z］. 2005-07-11.

［130］О государственной программе « Патриотическое воспитание граждан Российской Федерации на 2011-2015 годы » ［Z］. 2010-10-05.

［131］Государственная программа « Патриотическое воспитание граждан Российской Федерации на 2016-2020годы » ［Z］. 2015-12-30.

［132］Федеральный государственный образовательный стандарт начального общего образования ［Z］. 2021-05-31.

［133］Федеральный государственный образовательный стандарт основного общего образования ［Z］. 2021-05-31.

［134］Федеральный государственный образовательный стандарт среднего общего образования ［Z］. 2022-11-23.

［135］Примерная основная образовательная программа начального общего образования ［Z］. 2022-03-18.

后　记

从人类发展进程来看，每一个时代都进行着主流价值观念的再生产，并试图通过价值观教育帮助社会成员寻找"自我"以及对所属社会群体的归属感，进而理解所处的社会、所居的世界。习近平总书记曾多次指出，"文明因交流而多彩，文明因互鉴而丰富"。价值观教育是人类社会的共有现象，更是具有非凡意义的教育实践活动，其自身葆有的浓重历史印迹、深刻民族特质、鲜明时代定位，无不于当下汇聚为强大的生命力，使其在不同国家、不同地区异彩纷呈，也吸引着无数研究者跨越文化差异踏上域外价值观教育的学术探索之旅，希冀以开放包容自信的姿态去探寻其中蕴含的文化密码。

长久以来，俄罗斯自诩为"第三种文明"。"东方与西方两股世界之流在俄罗斯发生碰撞，俄罗斯处在二者的相互作用之中，俄罗斯民族不是纯粹的欧洲民族，也不是纯粹的亚洲民族。俄罗斯是世界的一个完整部分，是一个巨大的东西方，它将两个世界结合在一起。"[1] 古往今来，各国学界也曾尝试揭开俄罗斯民族特殊性的面纱，却又不断慨叹其所具有的"不可预测性"，这无疑也为我们所踏上的跨文化学术之旅增添了难度，但也正因为此，这份研究工作才更具意义和价值。

关于价值观与价值观教育问题的理论探讨，是当前俄罗斯学界关注的热点。进入 21 世纪以来，在重新审视"全盘西化"为俄罗斯带来的根本性变革，以及客观分析国家发展困境与改革失败成因的基础上，俄罗斯政府冲破意识形态领域各种社会思潮的纷繁羁绊，基于俄罗斯民族特有的精神道德价值观和文化传统，积极推动国家核心价值观建设，并制定符合社会发展需要的前瞻性、系统性价值观教育战略，从根本上提高了全体公民的道德水平，提升了社会的凝聚力，同时也促进实现了国家文化认同和强国形象塑造。那么，俄罗斯政府为何选择民族传统文化作为核心价值观塑造的精神源泉，为何以"战略"谋划布局

---

[1]　尼・别尔嘉耶夫. 俄罗斯思想［M］. 北京：三联书店，1995：2.

价值观教育，为何在起初阶段选择以爱国价值观作为全体社会成员的价值共识，俄罗斯政府在价值观教育进程中确立了哪些战略导向、实施了哪些实践策略……无数个疑问和对疑问的持续回答贯穿研究始终，也逐渐勾画出更为清晰的当代俄罗斯价值观教育战略的真实图景。

感谢这段学术之旅，让我于思辨中深刻体认当代俄罗斯价值观教育的独特性，于感悟中真切体察俄罗斯民族强大的文化基因。感谢这段学术之旅，让我于历史演进中观俄罗斯政治经济文化的转型发展，于宽广视野中思俄罗斯价值观教育的未来之路。最后，感谢这段学术之旅，希冀可为破解人类精神价值领域的共通性问题，创造一点有益的理论观点和实践思考。

雷　蕾

2023 年 9 月